智慧門市管理

收銀大師2

流通管理資訊系統

☑ 門市收銀系統 ☑ 管理系統模組設計

推薦序

育德送來 2022『收銀大師 2 流通管理資訊系統』著實讓我驚艷，個人從商近四十年，始終都是以人腦克服許多問題，但在這資訊無所不在的年代，人腦出錯的機會也無所不在，而『收銀大師 2 流通管理資訊系統』對於有興趣開店的經營者，無疑是一大福音，得力的助手。

門市的成功要素在 7、80 年代，首重地點，產品次之，服務再次之。而在 IT 系統創新的時代，門市的成功要素，如廣告、管理卻是躍居首位。產品行銷要選對受眾群，方能精準行銷，但工具太多，卻得花更多資源，效果卻不一定如預期。而管理卻是可以透過教學工具，達到精準而萬無一失，除非是人為疏失，所以可想見工具書的重要性。

育德這幾年來專精於商業系統的創新，如何在門市管理系統上達到事半功倍，增加經營者的基本功，花費許多心思，恭喜育德終於有機會可以協助初學者解決門市創新經營的煩惱，這是門市人員的福音。也希望藉由『收銀大師 2 流通管理資訊系統』這本書的學習能嘉惠大眾，讓商業更蓬勃發展，大家都能生意長虹、鴻圖大展。

臺北市商圈產業聯合會 理事長

洪文和 2022.11

作者序

門市是所有商業活動最前線也是最基本的行為，在日常生活中每天每人或多或少都會與之接觸，而門市所需要的經營管理人才也是最多且最普遍。「工欲善其事，必先利其器」，商業系統工具的開發過程，是因應原有實務上的商業行為自動化系統化後產生。因此所有的系統開發原理、原則都是大同小異，再加上現代資訊產業科技的普及簇擁下，學會如何運用這些工具協助門市營運管理，已經是現代經營者所必須要具備的基本能力。

目前普遍商管學院的學生，在受過專業的商業教育訓練課程後，雖然具備門市經營管理的知識與能力，但對於如何執行門市導入管理資訊系統實作仍是一知半解，分析造成該現況的主因，是沒有一套系統能夠符合國內多業種業態的開放型套裝軟體供其使用，因此，本書還有隨書附贈 240 天的學員版以供教學與自學使用。

本書除商管學群科系學校適用外，更非常適合餐飲餐旅科系學校資訊課程使用。書中共分為七個章節，其編排順序是以門市導入管理資訊系統作業的流程安排逐步分析，讀者只要依照章節操作，就必能輕鬆地完成案例系統架設與運作。

筆者期許本書除了能對在學的學生有所助益外，更希望能讓有心創業及欲從事門市經營管理的人士，能再次重獲審視自己的計劃和準備的機會，進而提升創業的成功率和營運的績效。

本書內容編寫上已是慎之又慎，但如有發現缺漏、錯誤、不完善之處，敬請多加包涵，筆者誠心歡迎各位來信指教，筆者也一定會謹慎修正，謝謝。

呂育德 謹識

目錄

CHAPTER 1 系統啟用篇

1-1 系統取得與安裝說明 1-3

1-1-1 雲端下載取得系統 1-3

1-1-2 安裝收銀大師 2 主程式 1-3

1-1-3 系統啟用相容設定 1-5

1-1-4 系統啟用 1-6

1-2 系統模式說明 1-7

1-3 教學情境範例說明 1-9

CHAPTER 2 系統設定篇

2-1 環境設定作業 2-3

2-1-1 門市環境設定 – 基本 2-4

2-1-2 門市環境設定 –【收銀前檯頁面】外觀設定作業 2-5

2-1-3 門市環境設定 –【收銀操作】介面設定作業 2-7

2-1-4 門市環境設定 – 組態設定作業 2-13

2-1-5 門市環境設定 – 作業流程設定作業 2-15

2-1-6 門市環境設定 – 支援設定作業 2-16

2-1-7 門市環境設定 – 標題設定作業 2-18

2-1-8 門市環境設定 – 應用串接設定作業 2-18

2-1-9 門市環境設定 – 線上訂單設定作業 2-19

2-2 操作設定作業 2-20

2-2-1 門市操作設定 – 收銀設定作業
【收銀設定 A、收銀設定 B、收銀設定 C】........................2-21
2-2-2 門市操作設定 – 消費流程操作設定作業【消費方式設定、外送選項擴充、消費扣抵、計時商品、票券商品】...........2-24
2-2-3 門市操作設定 – 結帳相關操作設定作業............................2-25
2-2-4 門市操作設定 – 付款相關操作設定作業............................2-27
2-2-5 門市操作設定 – 交班相關操作設定作業............................2-28
2-2-6 門市操作設定 – 統計相關操作設定作業............................2-29
2-2-7 門市操作設定 – 桌單相關操作設定作業............................2-32
2-2-8 門市操作設定 – 其他相關操作設定作業............................2-36
2-3 硬體設定作業 2-41
2-3-1 門市硬體設定 – 發票機設定作業......................................2-42
2-3-2 門市硬體設定 – 消費明細設定作業 2-43
2-3-3 門市硬體設定 – 帳條設定作業..2-46
2-4 功能鍵設定作業 2-49
2-4-1 門市功能鍵設定 – 觸控按鍵設定......................................2-49
2-4-2 門市功能鍵設定 – 電腦鍵盤設定......................................2-52
2-5 報表設定作業 2-53
2-5-1 門市報表設定 – 報表資訊設定..2-53
2-5-2 門市報表設定 – 印表機設定 2-54
2-5-3 門市報表設定 – 格式設定 2-55
2-6 資料匯出匯入作業 2-56
2-6-1 門市工具設定 – 建檔作業【轉出 / 轉入】作業 2-56
2-6-2 門市工具設定 – 系統資料表【匯出 / 匯入】作業 2-58
2-6-3 門市工具設定 – 上傳線上【類別 / 商品】..........................2-58

CHAPTER 3 收銀結帳篇

3-1 零售業結帳模式 3-4

3-2 快餐先結帳模式 3-10

3-3 餐飲後結帳模式 3-14

CHAPTER 4 行銷組合篇

4-1 促銷活動管理作業 4-3

4-1-1 期間折扣 4-4

4-1-2 期間變價 4-10

4-1-3 買 N 件送 M 件 4-14

4-1-4 數量優惠組合 4-18

4-1-5 買 N 件打 X 折 4-22

4-1-6 買 N 件減 Y 元 4-23

4-1-7 第 N 件打 X 折 4-24

4-1-8 數量組合贈送 4-25

4-1-9 紅綠標商品折價 4-26

4-1-10 組合 N 件送 M 件 4-27

4-1-11 超額免費優惠 4-28

4-1-12 滿額結帳優惠 4-29

4-2 會員促銷管理作業 4-30

4-2-1 會員等級維護作業 4-31

4-2-2 會員資料維護作業 4-32

4-2-3 會員特價設定作業 4-34

4-2-4 會員記帳統計作業 4-35

4-2-5 會員相關統計作業....4-36

4-3 優惠券會員促銷管理作業....4-38

4-3-1 折價券設定....4-39

4-3-2 禮券設定....4-40

4-3-3 禮券統計....4-41

4-4 儲值 / 紅利設定作業....4-43

4-4-1 儲值紅利設定....4-44

4-4-2 儲值紅利餘額....4-48

4-4-3 儲值紅利統計....4-48

4-4-4 紅利加價購....4-52

4-4-5 交易寄存設定....4-54

CHAPTER 5 銷售帳務篇

5-1 交班日結作業....5-2

5-1-1 交班作業....5-3

5-1-2 日結作業....5-5

5-1-3 期間帳條....5-7

5-1-4 歷史紀錄....5-9

5-2 銷售統計作業....5-10

5-2-1 營運統計....5-12

5-2-2 交易統計....5-14

5-2-3 品項統計....5-21

5-2-4 期間營收....5-30

5-2-5 時段統計....5-33

5-2-6 其他統計....5-36

5-2-7 桌位統計 5-37
5-2-8 毛利統計 5-40

CHAPTER 6 收銀客製篇

6-1 帳號管理作業（人力資源管理） 6-3
6-1-1 人員帳號 6-3
6-1-2 出勤設定 6-6
6-1-3 人員排班 6-8
6-1-4 出勤記錄 6-9
6-1-5 銷售獎金設定 6-10
6-1-6 業績統計 6-11
6-2 商品管理作業（零售業系統） 6-13
6-2-1 類別資料 6-14
6-2-2 商品資料 6-15
6-2-3 PLU 設定：PLU 為類別快捷鍵 6-17
6-2-4 商品包裝 6-18
6-2-5 組合商品設定 6-19
6-2-6 匯入建檔 6-20
6-3 進貨管理作業（供應鏈管理） 6-21
6-3-1 廠商資料 6-22
6-3-2 進貨資料 6-24
6-3-3 進貨價【設定】作業 6-26
6-3-4 進貨統計作業 6-27
6-4 庫存管理作業 6-32
6-4-1 異動項目 6-33

6-4-2 異動作業....6-34
6-4-3 異動統計....6-34
6-4-4 商品進銷存表....6-37
6-4-5 商品盤點....6-38
6-4-6 庫存結轉....6-39
6-4-7 BOM 表格....6-40
6-4-8 每日庫存作業....6-41
6-4-9 庫存統計：資料列出提供檢視....6-43

6-5 會員管理作業（顧客關係管理）....6-44
6-5-1 會員等級....6-44
6-5-2 會員等級維護作業....6-46
6-5-3 會員價....6-48
6-5-4 記帳統計....6-49
6-5-5 會員統計....6-50

CHAPTER 7 設定客製篇 •PDF 檔，請線上下載•

7-1 主題一：【禮券管理】模組....7-2
7-2 主題二：【訂購單】模組....7-7
7-3 主題三：【電子發票】模組....7-13
7-4 主題四：【會員佣金】模組....7-20
7-5 主題五：【操作介面】....7-25
7-6 主題六：【毛利計算】....7-31
7-7 主題七：【診斷模式】....7-33
7-8 主題八：【促銷觸發】....7-37

APPENDIX A 功能表 •PDF 檔，請線上下載•

APPENDIX B 系統表格明細表 •PDF 檔，請線上下載•

◤線上下載

本書第七章以及附錄A、B的 PDF 檔，請至碁峰資訊網站下載：
http://books.gotop.com.tw/download/AEI007700
其內容僅供合法持有本書的讀者使用，未經授權不得抄襲、轉載或任意散佈。

1

CHAPTER

系統啟用篇

商用系統軟體的開發，希望將運行中的經營作業流程，作有效的資訊化與流程自動化，公司若引進一套成熟且完整的系統，除了可以解決現階段經營作業的需求外，更可運用系統來做為流程逆向之檢核，找出公司原有作業流程的問題並給予改善。

過往業界普遍將銷售時點資訊管理系統做為對 POS 系統的解釋，但是隨著科技的快速進步以及營運模式的多元化，促使許多商用軟體早已相互跨越其原有的功能領域，以收銀大師 2 POS 系統為例，該系統除了原有的**銷售時點管理功能**外，還有 **CRM 會員客戶管理**功能、**進銷存管理**功能、**促銷方案管理**功能、**人員時薪管理**功能等，這些功能雖然不及專業軟體功能強大，但就經營者需求來說，功能並非愈先進愈尖端就是愈好，主要是整合性高、要容易上手且適用就可以，因此對一般中小型商場來說，**收銀大師 2 流通管理資訊系統甚至可稱之為零售業的微型 ERP 系統**。

POS 系統是將商場販售的所有商品資料建立於電腦系統商品檔中，透過電腦與櫃台收銀設備連線，在收銀及相關作業時，使商品上的條碼經由收銀設備的條碼讀取器讀取，或是由收銀人員透過觸控螢幕手動點選商品項目，就可以立即顯示商品的相關資訊，提高收銀作業的正確性與速度，並且可將每筆商品銷售資料自動記錄下來，再經由系統提供各項統計分析作業後產生出對經營者有用的參數與報表以期提昇門市的營業效益。

一般簡易版的收銀系統僅能處理收銀、發票、結帳等簡單的銷售作業，可以提供管理的情報非常有限，無法提供經營者如營業毛利分析、單品交易統計查詢、庫存查詢、迴轉率、消費客層統計等等，而且也無法做到防止人為舞弊的基本控管，對於現今多元化的商業模式經營下，使用簡易版的收銀系統業者將會產生有許多盲點和無力感產生。

本章節將介紹收銀大師 2 流通管理資訊系統安裝與初始相關設定作業，及相關版本應用情境設定與轉換為商業正式授權版之流程說明。

1-1 系統取得與安裝說明

1-1-1 雲端下載取得系統

請將下列網址輸入於瀏覽器中執行「收銀大師 2 安裝檔」下載作業，或以 QRCode App 掃瞄下載。

網址 1：https：//drive.google.com/file/d/1AKKbG6bb3hNHjwvj15RPKvVVzD3KqJ04/view?usp=drivesdk

網址 2：https：//drive.google.com/file/d/1Ps_do8LEPCm7mIlMBJKBuXq6jUKzrJG2/view?usp=drivesdk

1-1-2 安裝收銀大師 2 主程式

(1) 開啟從雲端下載的收銀大師 2 安裝檔（壓縮檔），點選並**解壓縮**後將資料匣中的收銀大師 2 流通管理資訊系統安裝檔 移至電腦桌面。

(2) 開啟收銀大師 2 安裝檔 ，以滑鼠**右鍵**點選資料匣中的 POS2Setup.exe 執行檔，以系統管理員身分執行安裝。

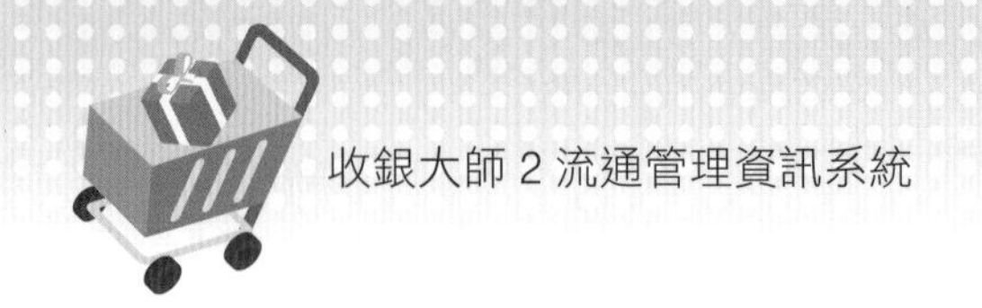

(3) 進入安裝程序後，點選**下一步**執行安裝。

系統提醒（登入帳號為 001，密碼為空值 ）

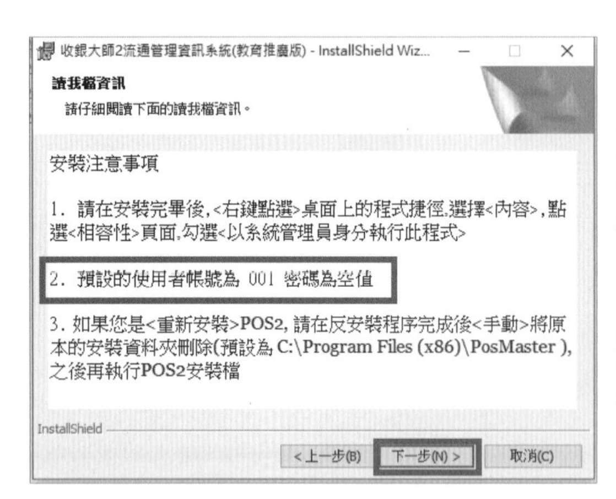

(4) 系統完成安裝後，電腦桌面會新增系統捷徑圖示  。

1-1-3 系統啟用相容設定

首次執行 Windows 系統前，務必依下列說明完成內容之相容性設定，以避免因操作權限而產生不必要之問題。

(1) 請以滑鼠右鍵 點擊桌面上 收銀大師 2 流通管理資訊系統之  捷徑圖示開啟對話框，點選對話框最下方之**內容**選項。

(2) 選擇**相容性**分頁， 以系統管理員的身分執行此程式 ➔ 點按【**套用**】鍵（務必點選）➔ 再點按【**確定**】鍵，關閉內容設定對話框即可完成。

收銀大師2流通管理資訊系統 - 內容

一般　捷徑　相容性　安全性　詳細資料　以前的版本

若此程式在此版本的 Windows 上無法正確運作，請嘗試執行相容性疑難排解員。

執行相容性疑難排解員

如何手動選擇相容性設定?

相容模式

以相容模式執行這個程式:

Windows Vista

設定

減少的色彩模式

8 位元 (256) 色

在 640 x 480 螢幕解析度下執行

停用全螢幕最佳化

以系統管理員的身分執行此程式

變更高 DPI 設定

變更所有使用者的設定

確定　取消　套用(A)

1-1-4 系統啟用

請以滑鼠左鍵點擊 收銀大師 2 流通管理資訊系統捷徑  即可啟用系統。（首次啟用或有執行更新作業時，系統會自行讀取更新資料）

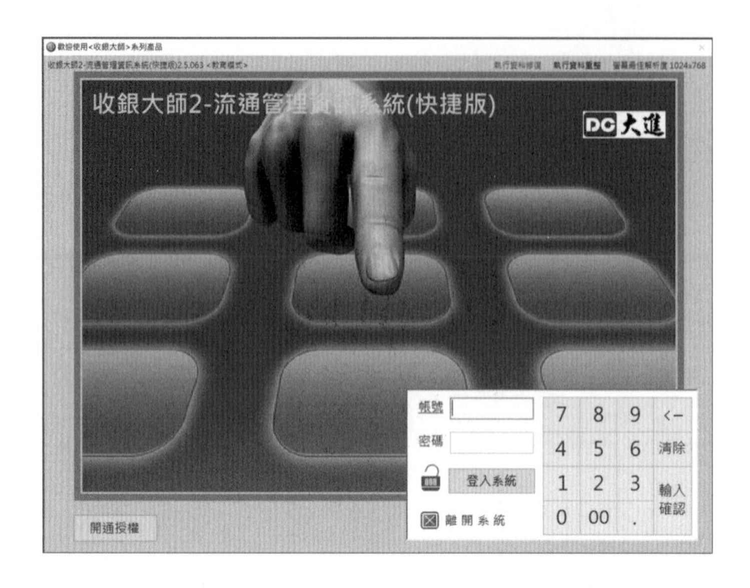

1-2 系統模式說明

為因應不同業態的營業模式，在系統啟用**前**請先設定合適的模式做對應。請以滑鼠左鍵點擊下列圖示**隱藏**捷徑後，開啟【系統模式設定】對話框 ➔ 點選欲開啟的模式後，**存檔**即可。

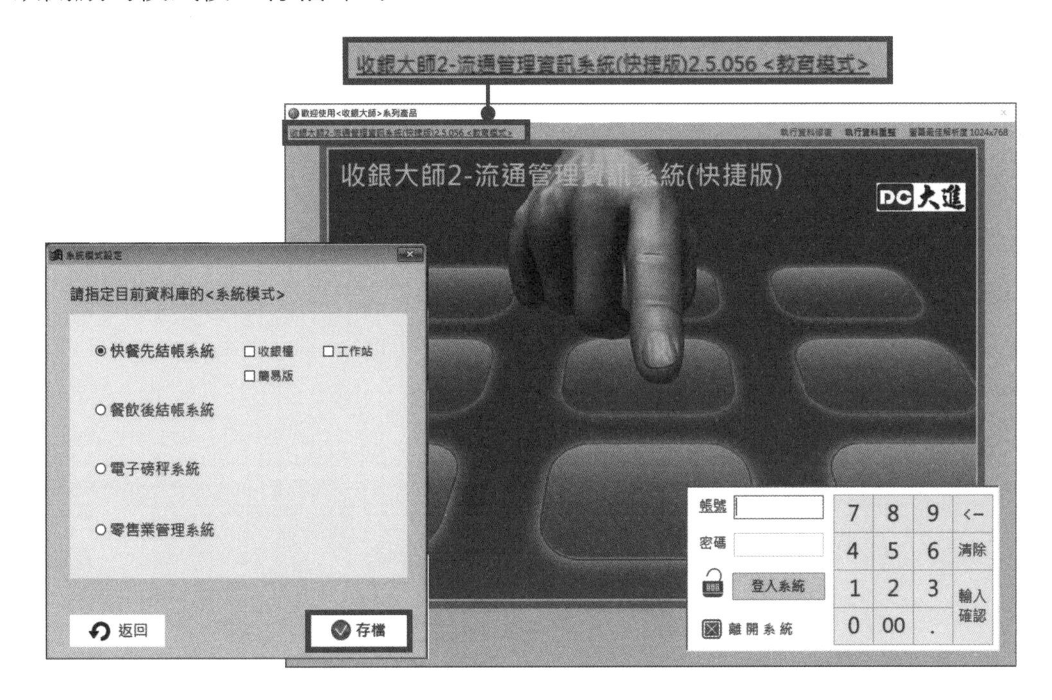

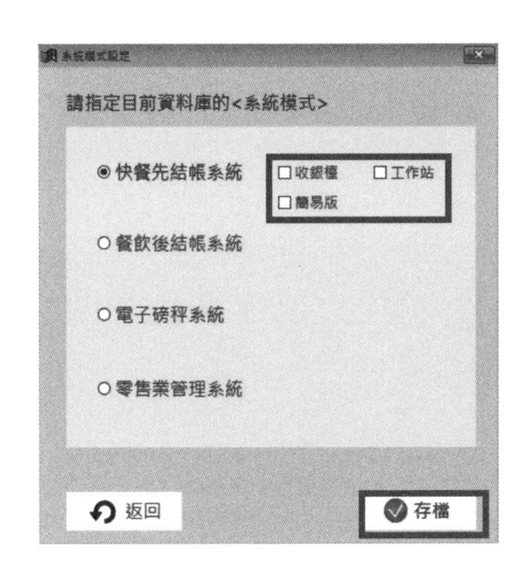

【系統應用情境】設定：系統預設為全無勾選之**前後檯**系統功能開啟模式。

勾選 ☑ 收銀檯，本機檯僅開啟**前檯**系統模式，

勾選 ☑ 工作站，本機檯僅開啟**後檯**系統模式，

簡易版是提供營業單純化模式的業者使用。

收銀大師 2 提供四種【系統模式】：

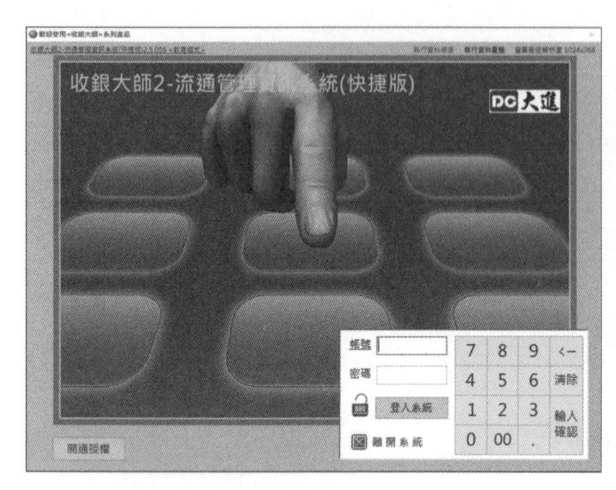

快餐先結帳：

屬於餐飲外帶版，例如清心福全、50 嵐、大苑子。

餐飲後結帳：

一般餐飲門市皆可，例如爭鮮、石二鍋、四海遊龍。

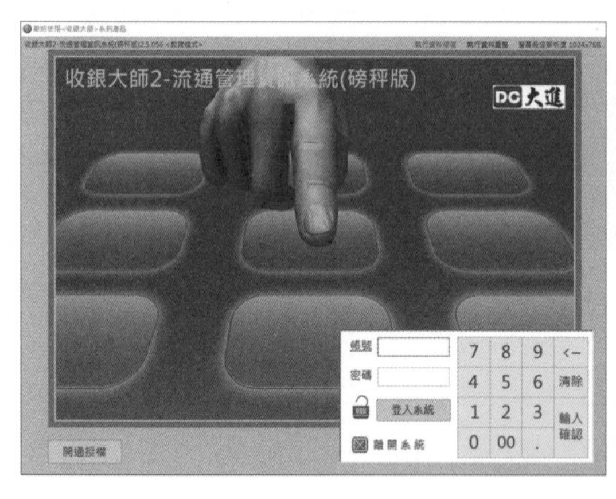

電子磅秤：

主要是針對**現場有磅秤計價**營業模式門市使用。

零售業：

一般買賣業或複合式營業模式門市使用。

1-3 教學情境範例說明

為便於教師教學及學生融入應用之情境，收銀大師 2 **提供三種業態資料庫**做為演示學習使用。

操作步驟

1. 在系統啟用**前**，以滑鼠左鍵點按【開通授權】捷徑 ➔ 開啟【背景資料庫】

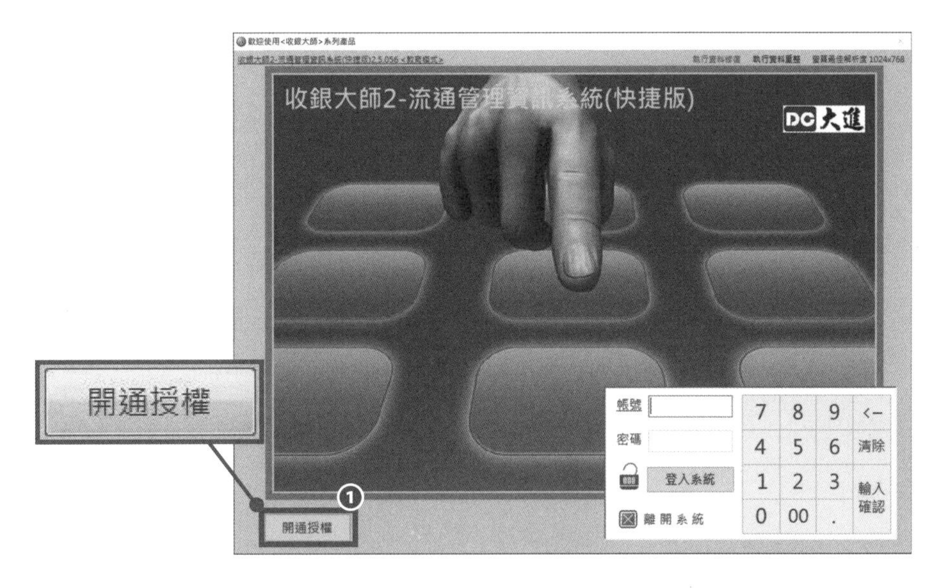

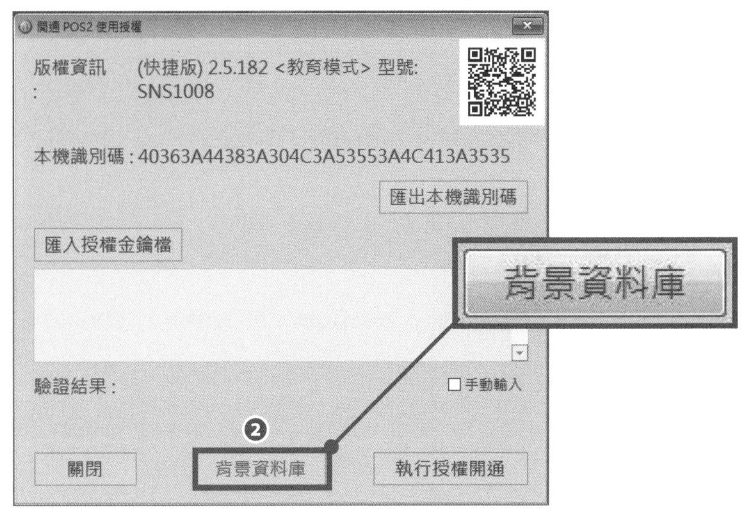

2. 點選**背景資料庫**捷徑後，直接點選欲使用的背景資料庫後，**存檔** 即可。

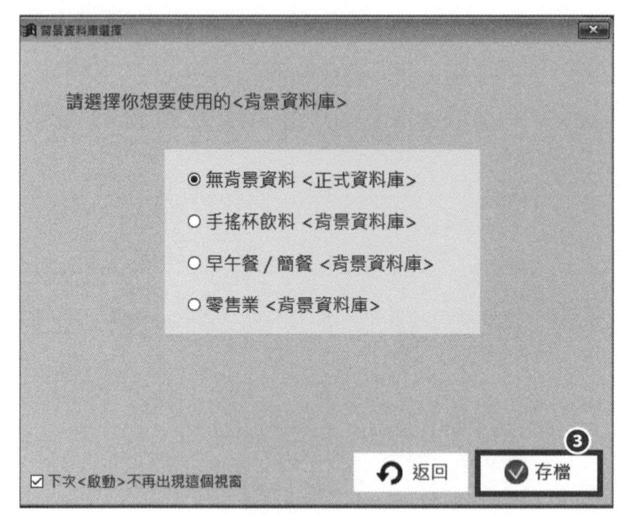

建議將**背景資料庫**對應**系統模式**使用，將更有助於理解系統之運用。

◉ 無背景資料 <正式資料庫> 類似開新檔重建資料庫使用。

對應資料庫路徑為

› 本機 › Windows (C:) › Program Files (x86) › PosMaster › P2-System › P2Data

◉ 手搖杯飲料 <背景資料庫> 外帶飲料店專用。

對應資料庫路徑為

› 本機 › Windows (C:) › Program Files (x86) › PosMaster › P2-System › P2Demo1

◉ 早午餐 / 簡餐 <背景資料庫> 餐飲店門市、複合式門店用。

對應資料庫路徑為

› 本機 › Windows (C:) › Program Files (x86) › PosMaster › P2-System › P2Demo2

◉ 零售業 <背景資料庫> 零售業專用。

對應資料庫路徑為

› 本機 › Windows (C:) › Program Files (x86) › PosMaster › P2-System › P2Demo3

2

CHAPTER

系統設定篇

好的開始就是成功了一半，在系統建構上也是相同的道理。系統期初設定若有偏差，隨著時間的推移，偏差就會持續地被放大化，如果到無法調整的階段，甚至只能放棄。因此在建構系統**初期一定要先確認門店經營的形態、規模與需求後，依照適合的模式進行套用，如此才能有事半功倍的效益產生**。

俗語說：「知己知彼才能百戰百勝」。在現今微利時代來臨，商場如戰場競爭激烈。經營者必須慎重衡量自身的實際能力與情況，確實了解各種公司的類別與權則，進而選擇出適合的經營形態與公司規模設定，避免產生瘦子穿胖子衣褲的窘境。

相同的企業門市在不同的商圈地點就會有不同營業需求產生，因此如果能夠先把每間門市的營業流程及作業規則做出明確訂定，這將會非常有助於企業門市達成專業化、簡單化、標準化的管理需求目標。

本章介紹系統設定含門市營運模式環境、收銀流程操作規則、周邊相關硬體啟用、觸控功能介面設定、營業報表格式、資料匯出匯入等作業說明。

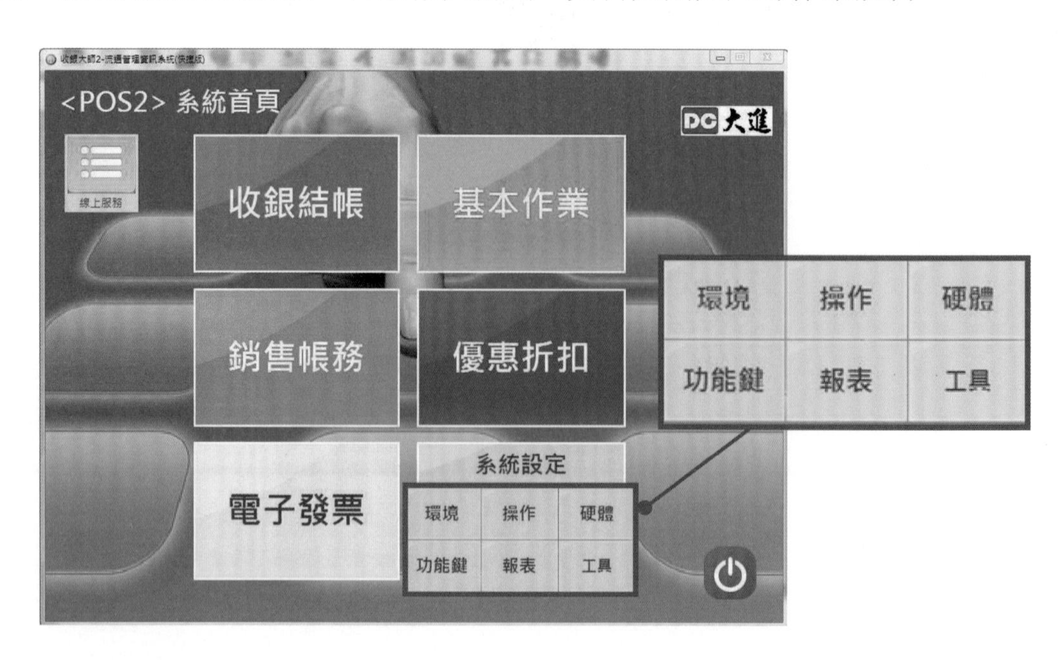

包含有【環境】、【操作】、【硬體】、【功能鍵】、【報表】、【工具】六大單元。以下將說明重點介紹，延伸應用部分於【**第七章 設定客製篇**】中介紹。

2-1 環境設定作業

案例介紹：【門市基本資料】

門市資料：大進文化圖書有限公司

統一編號：03768006
負責人：呂育德
公司電話：02-12345678
傳真電話：02-87654321
公司地址：台北市小安區快樂路美麗巷 162 號 10 樓之 2

操作步驟

登入系統後點選 < **系統設定** > 鍵後再點選 < **環境** > 鍵開啟環境設定作業頁面。

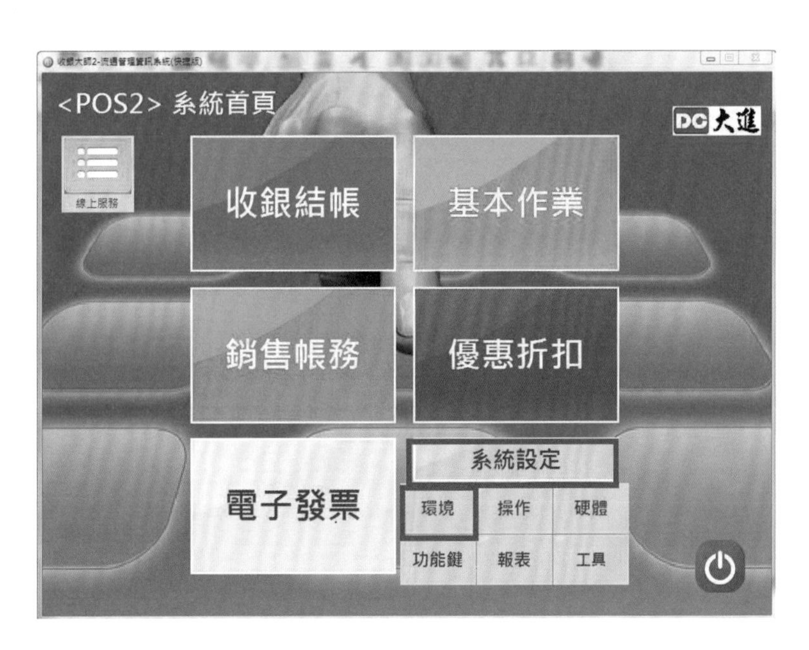

2-1-1 門市環境設定 – 基本

< 基本 > 頁下方採用勾選方式啟用設定。

❖〈**電子發票**〉模組：可啟用開立電子發票的作業模式。

❖〈**進貨 / 庫存**〉模組：可啟用進銷存的作業模式。

❖〈**訂購單**〉模組：可啟用預訂預購的作業模式（ 麵包店生日蛋糕預訂 ）。

❖〈**會員佣金**〉模組：可啟用會員佣金或抽成的作業模式。

❖〈**儲值 / 紅利**〉模組：可啟用儲值金消費或消費回饋累積紅利點數的作業模式。

❖〈**禮券管理**〉模組：可啟用發行禮券消費的作業模式。

詳細操作步驟及說明，於第六、七章說明。

2-1-2 門市環境設定 –【收銀前檯頁面】外觀設定作業

Ⓐ 店標題設定：

店標題設定
店招牌 / 分店名稱設定
大進茶飲萬華1店

B 登入底圖設定：

登入頁面底圖設定　　圖片最佳 寬度/高度 比為 3 : 2

RETAIL　選擇　清除

C 系統字型設定：

D 系統頁面解析度設定：

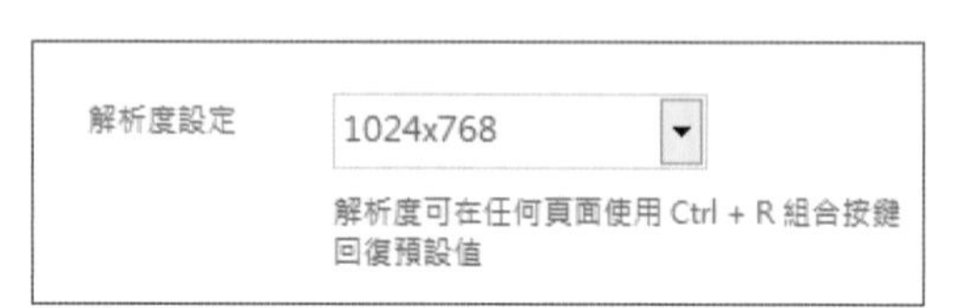

TIPS

螢幕頁面之解析度，但為避免調整過程中將解析度調至過大或過小而無法點選修改，可在任何頁面使用 Ctrl＋R 組合按鍵回復至原廠預設值。

E 其他【勾選】設定

□設定為<強制顯示收銀畫面>模式	設定為 < 強制顯示收銀頁面 > 模式，螢幕上就算是開了其他視窗（如網頁）也不會遮蔽到收銀頁面，除非將收銀程式縮進工具列才可以。
□設定為<固定收銀畫面>模式 (無法拖曳移動視窗)	設定為 < 固定收銀頁面 > 模式（無法拖曳移動視窗），避免工作人員將此設備拿來進行其他無關收銀的事項。
□登入畫面以及首頁顯示<打卡功能圖示>	登入頁面以及首頁顯示 < 打卡功能圖示 >，以方便員工進行上下班打卡作業。
□鎖定<收銀明細>欄位狀態	鎖定 < 收銀明細 > 欄位狀態，勾選後即使收銀欄位調整過，只要再重新登入作業即可恢復原有欄位狀態。

2-1-3 門市環境設定 –【收銀操作】介面設定作業

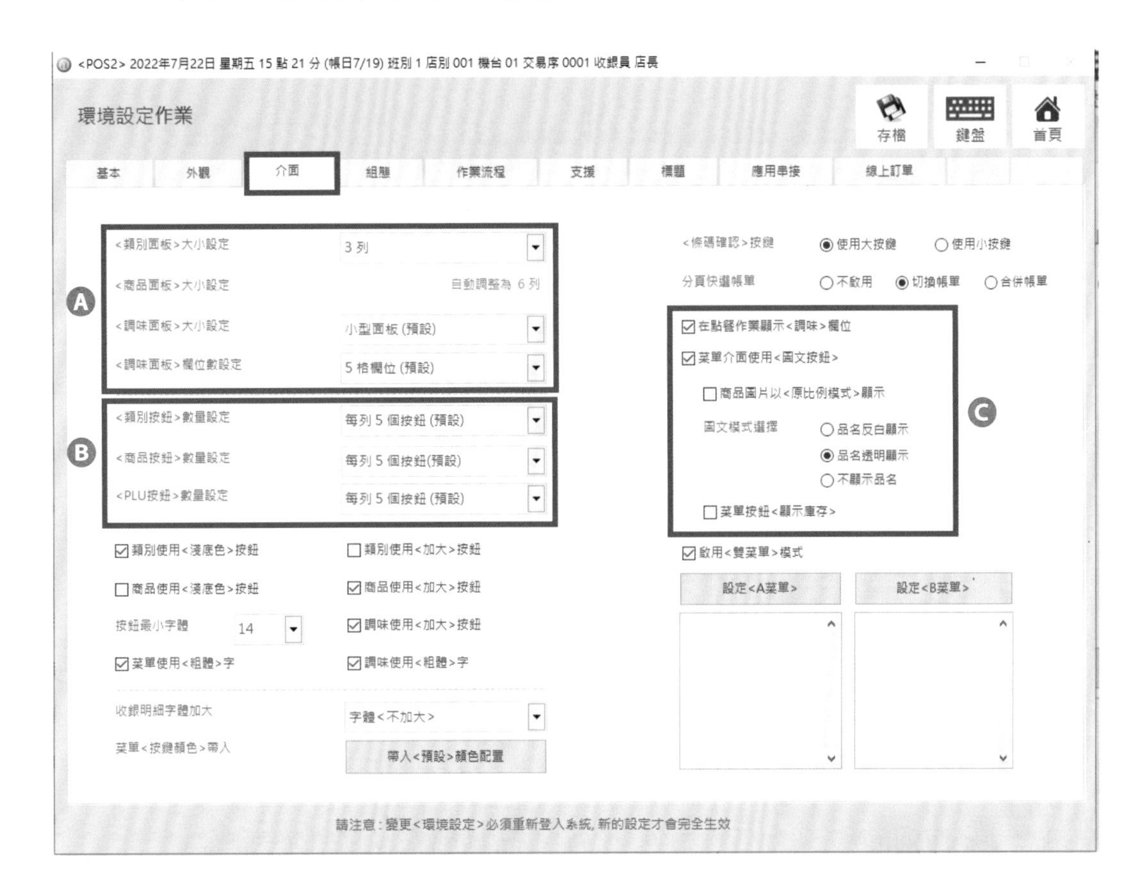

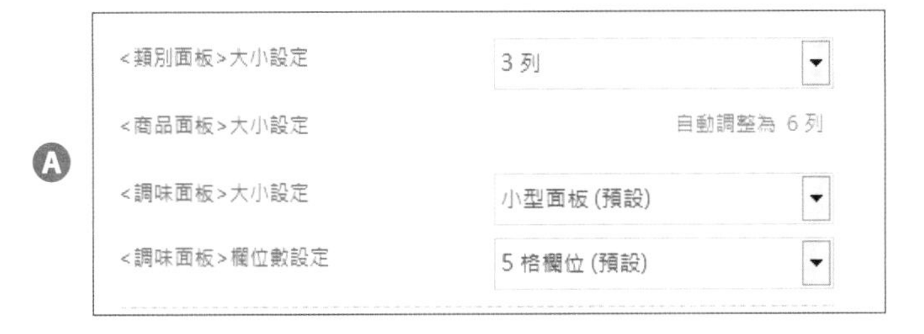

可針對收銀操作介面【類別面板大小】、【商品面板大小】、【調味面板大小】、【調味面板欄位數】，設定後點按＜存檔＞。

結帳面板設定：類別面板 & 商品面板相互影響，所以無法輸入 < 商品面板 > 大小。

但也因背景資料庫設定而有差異，請使用者依門市情況彈性選擇應用。

案例介紹：【以零售業態資料庫為例】

狀況一：< 類別面板 > 大小設定 **3** 列 ➔ < 商品面板 >（自動調整為 **6** 列）

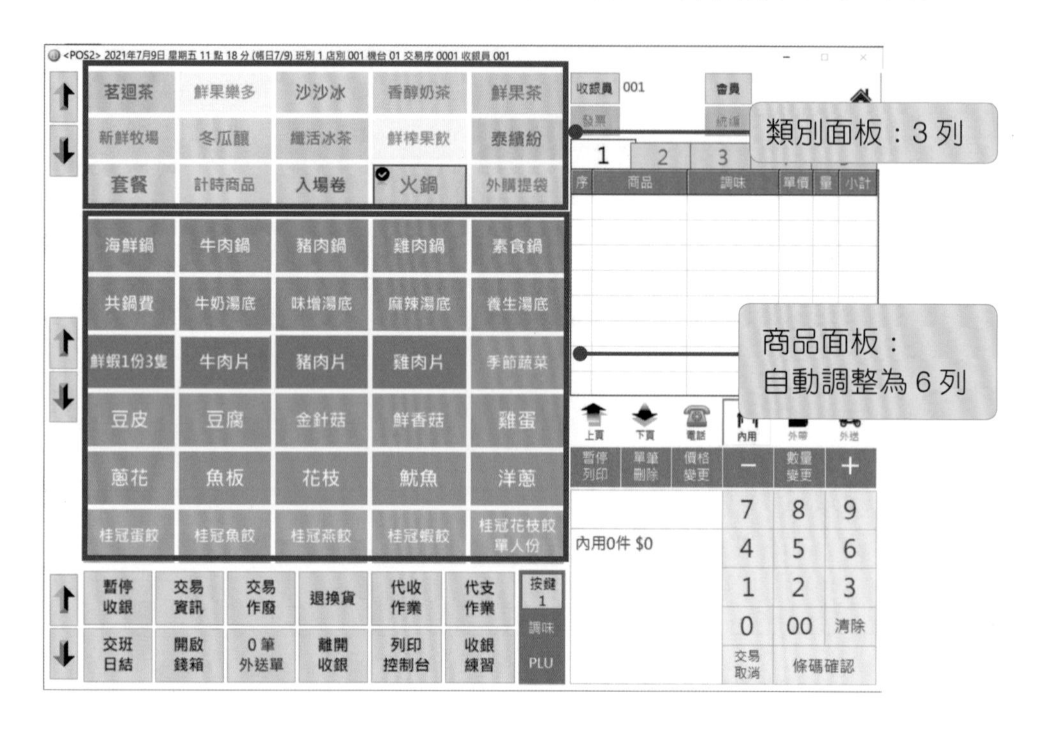

狀況二：< 類別面板 > 大小設定 **2** 列 ➔ < 商品面板 >（自動調整為 **7** 列）

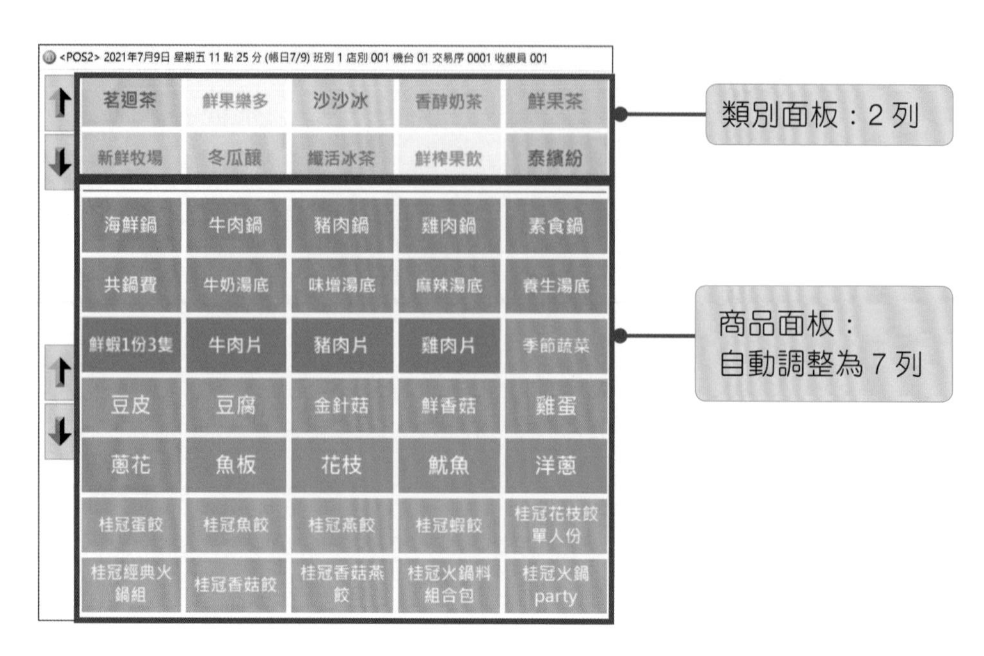

< 調味面板 > 大小設定：可設定為【小型面板（預設）、中型面板、大型面板】

<調味面板>大小設定　小型面板 (預設)

【小型面板】

<調味面板>大小設定　中型面板

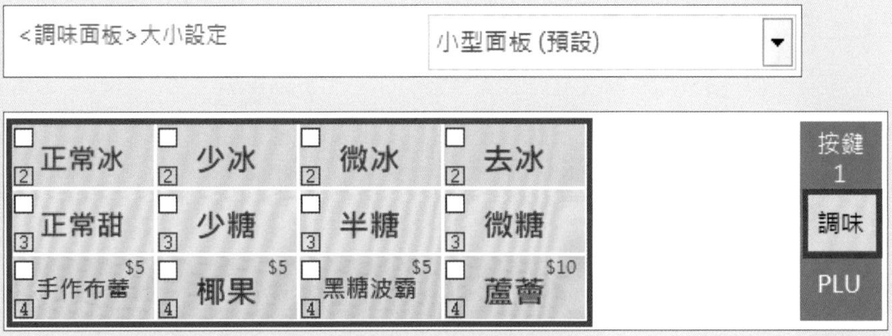

【中型面板】

<調味面板>大小設定　大型面板

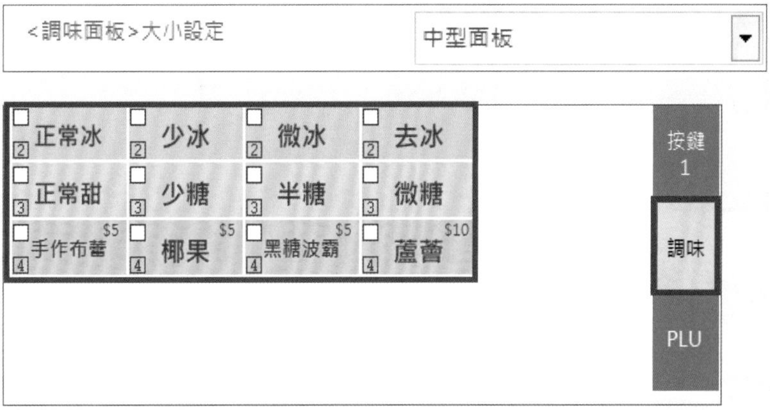

【大型面板】

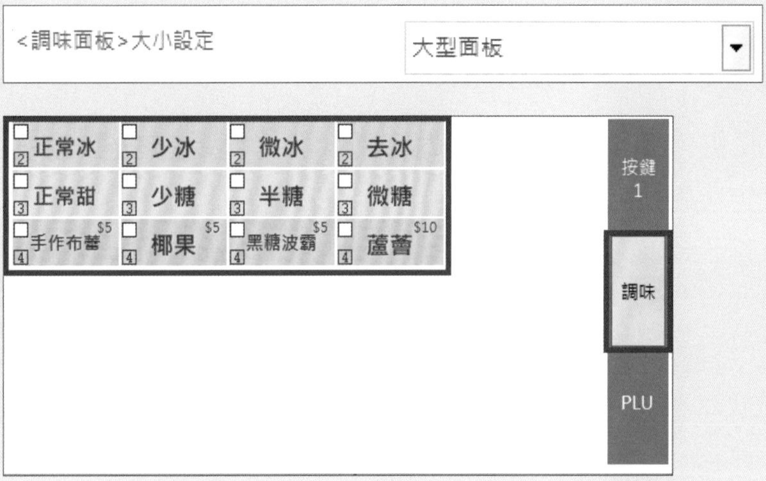

< 調味面板 > 欄位數設定：可設定為【5 格欄位（預設）、6 格欄位、7 格欄位、8 格欄位】

<調味面板>欄位數設定　5 格欄位 (預設)

<類別按鈕>數量設定

<商品按鈕>數量設定

5 格欄位 (預設)
6 格欄位
7 格欄位
8 格欄位

例：【5 格欄位】

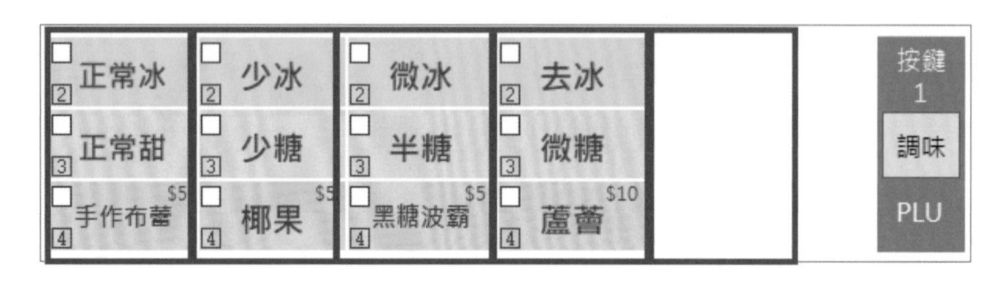

B

<類別按鈕>數量設定　每列 5 個按鈕 (預設)

<商品按鈕>數量設定　每列 5 個按鈕(預設)

<PLU按鈕>數量設定　每列 5 個按鈕 (預設)

可針對收銀操作介面【類別按鈕數量】、【商品按鈕數量】、【PLU 按鈕數量】，設定後點按 < 存檔 >。

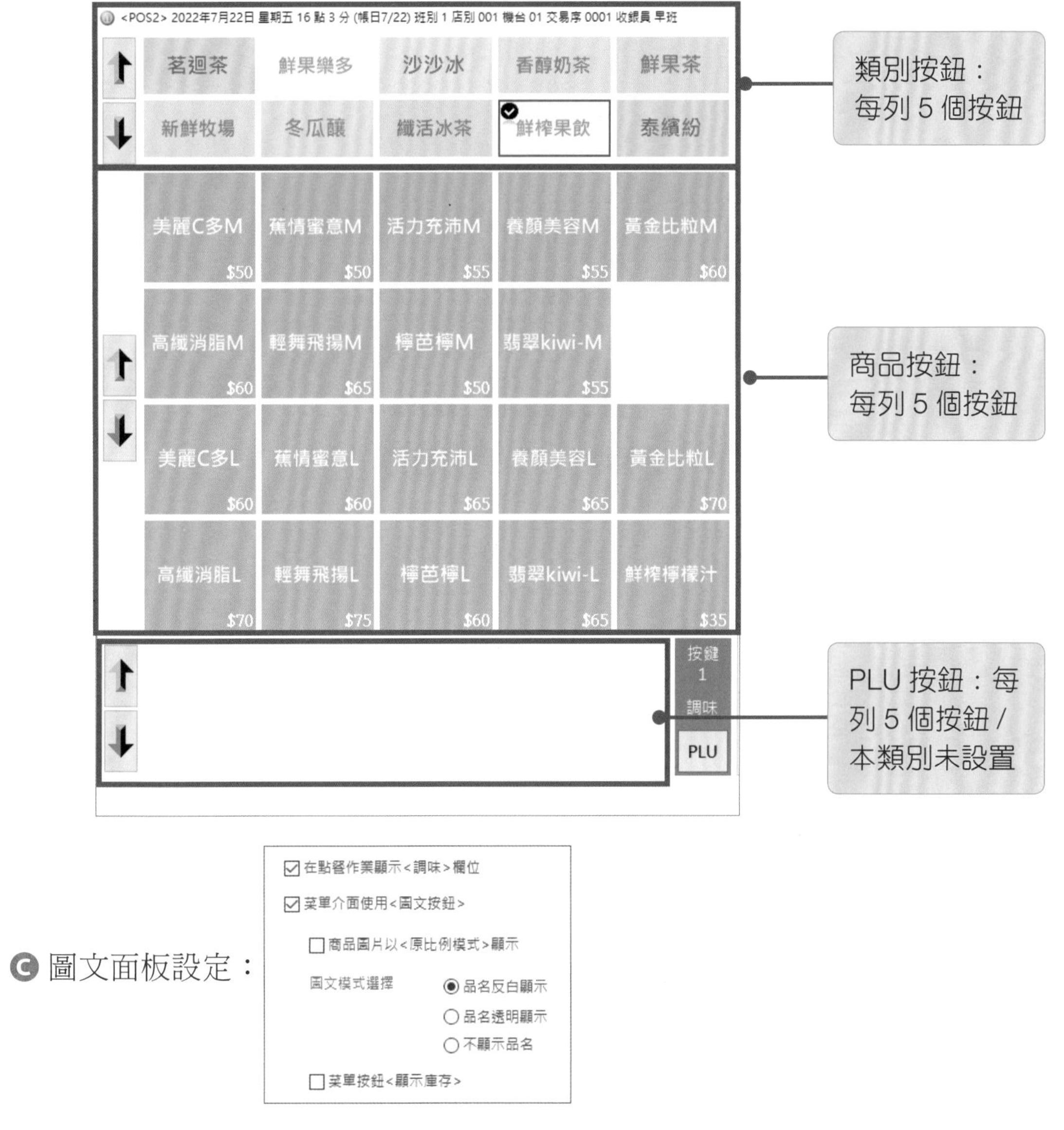

C 圖文面板設定：

☑ 在點餐作業顯示<調味>欄位

☑ 菜單介面使用<圖文按鈕>

☐ 商品圖片以<原比例模式>顯示

圖文模式選擇
◉ 品名反白顯示
○ 品名透明顯示
○ 不顯示品名

☐ 菜單按鈕<顯示庫存>

可針對菜單介面使用【圖文按鈕】相關設定，設定後點按 < 存檔 >。

菜單介面使用 < 圖文按鈕 >，必須先完成設定。
操作：< 基本作業 > 的 < 商品 > 作業中開啟 <1 菜單配置 > 點選欲置入圖片的商品後，按下 **< 指定圖片 >** 功能鍵設定對應之圖片。

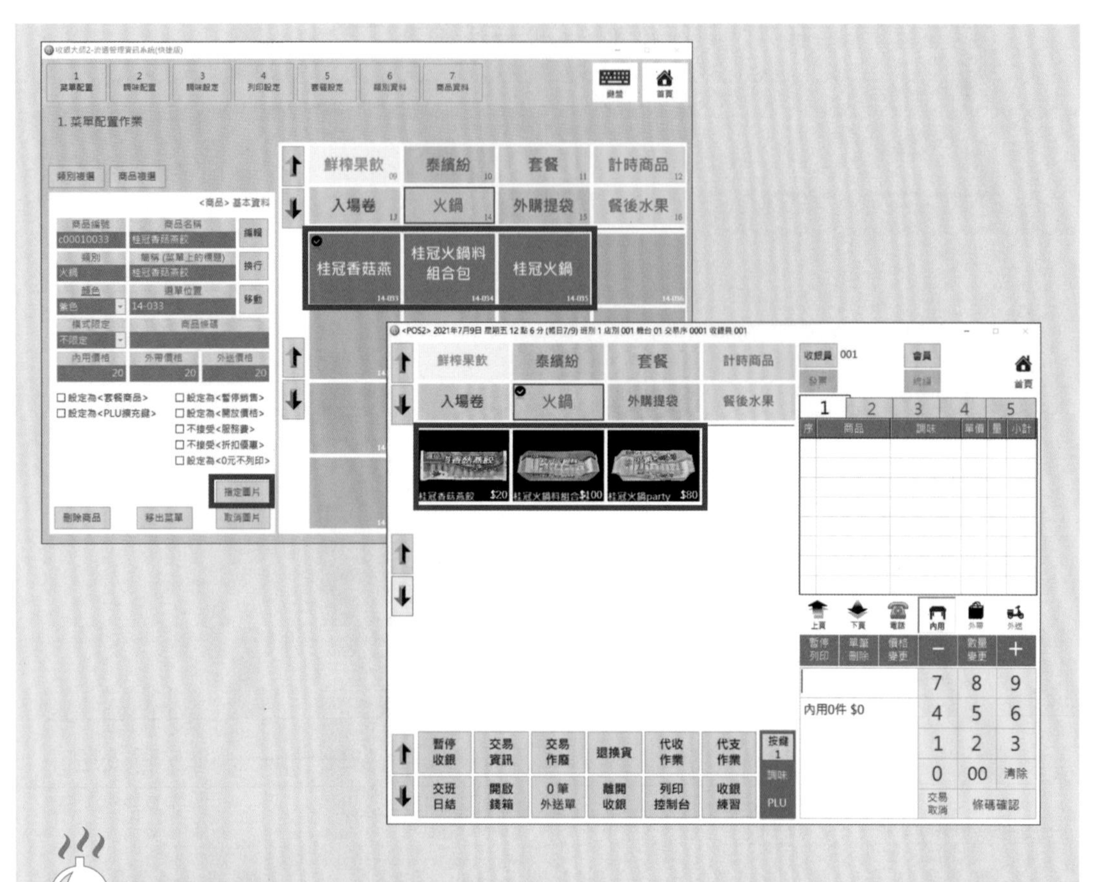
1. 菜單配置作業
鮮榨果飲
泰繽紛
套餐
計時商品
入場卷
火鍋
外購提袋
餐後水果
桂冠香菇燕
桂冠火鍋料組合包
桂冠火鍋
暫停收銀
交易資訊
交易作廢
退換貨
代收作業
代支作業
交班日結
開啟錢箱
0 筆外送單
離開收銀
列印控制台
收銀練習
內用0件 $0
條碼確認

案例介紹：【使用圖文按鈕】

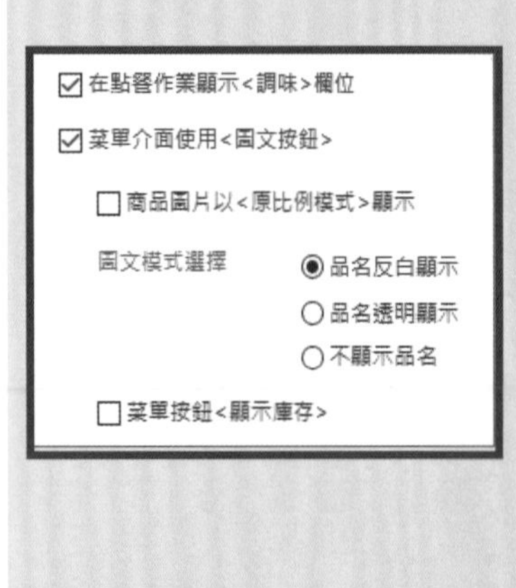
☑ 在點餐作業顯示<調味>欄位
☑ 菜單介面使用<圖文按鈕>
☐ 商品圖片以<原比例模式>顯示
圖文模式選擇
◉ 品名反白顯示
○ 品名透明顯示
○ 不顯示品名
☐ 菜單按鈕<顯示庫存>

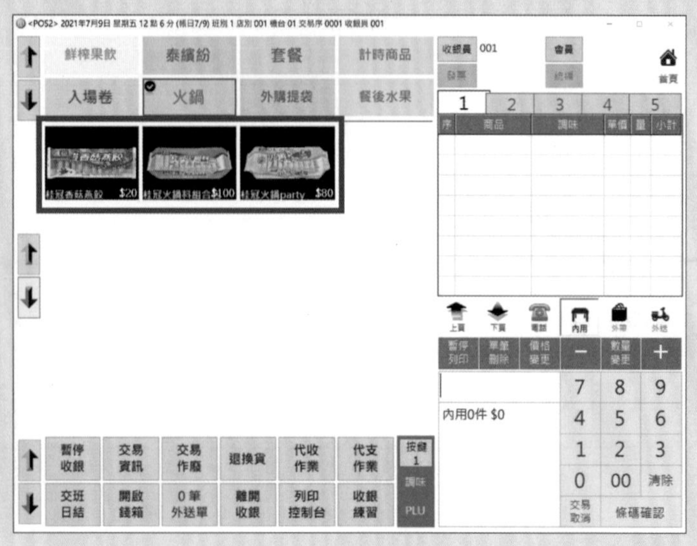
鮮榨果飲
泰繽紛
套餐
計時商品
入場卷
火鍋
外購提袋
餐後水果
暫停收銀
交易資訊
交易作廢
退換貨
代收作業
代支作業
交班日結
開啟錢箱
0 筆外送單
離開收銀
列印控制台
收銀練習
內用0件 $0
條碼確認

2-1-4 門市環境設定 – 組態設定作業

為配合門市業務性質，對於系統的日期格式、隔日時間、交易序號重置模式、毛利計算方式、帳號密碼位元、計稅模式、小數位數、金額進位模式提供調整設定功能。

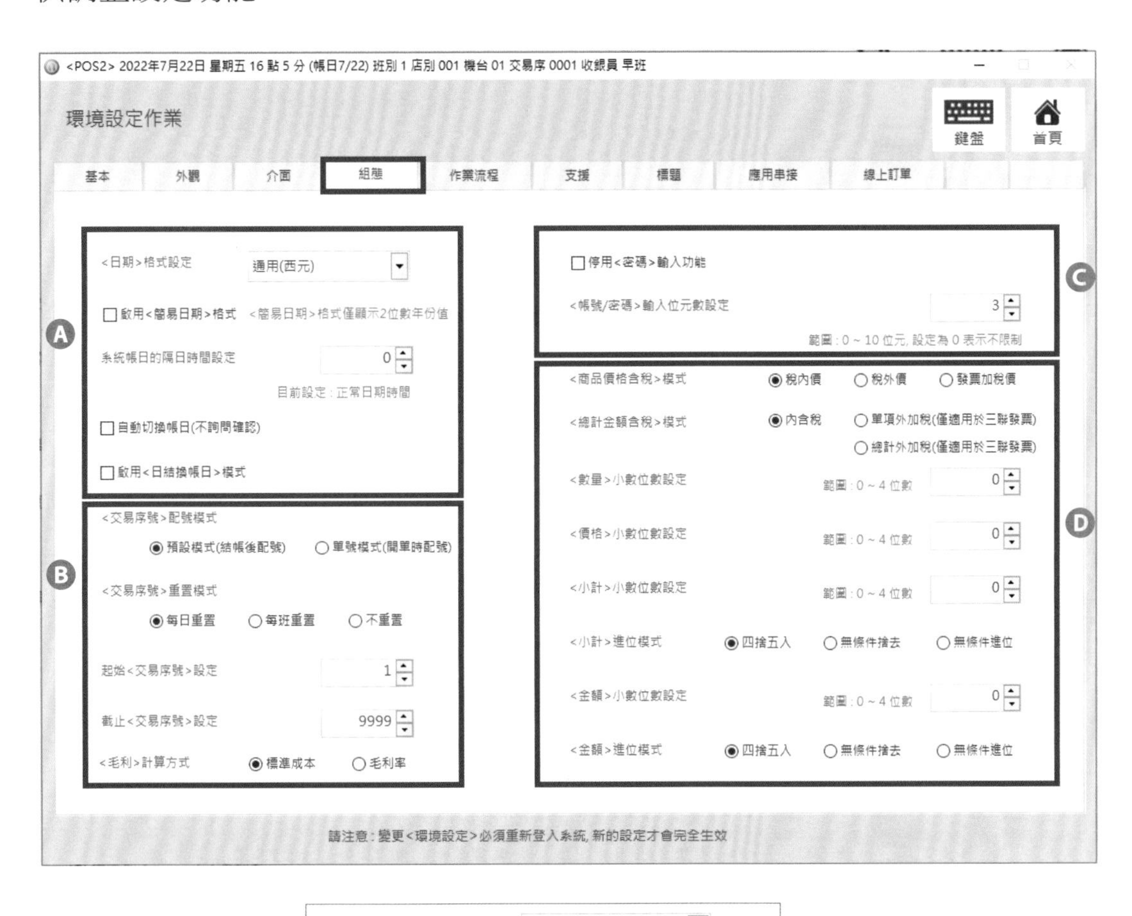

A 日期相關設定：

< 日期 > 格式設定：可設定【通用（西元）】&【台灣（民國）】

系統帳的隔日時間設定：

B 交易序號相關設定：

說明 1

- < 結帳後配號 > 就是結帳才會拿到交易序號
- 單號模式 < 開單取號 > 就是一開桌就會拿到號碼，這是對應後結帳作業在開桌送單（未結帳）時廚房單的單號比較好統一辨認。

說明 2

毛利計算方式可分為 < 標準成本 > 及 < 毛利率 >，設定 < 存檔 > 後可於 < 基本作業 > 中的 < 商品 > 編輯發現其計算的差異。計算差異列入**【第七章 設定客製篇】**說明。

C 密碼設定：

D 金額相關設定：

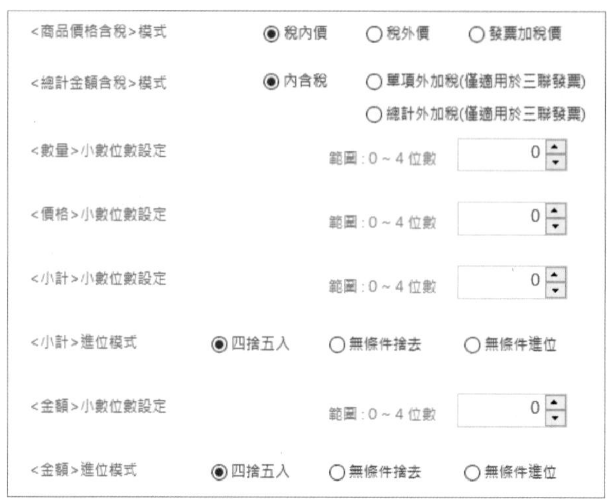

2-1-5 門市環境設定 – 作業流程設定作業

可針對主要流程、收銀品項、觸發變更、價格、調味、套餐、閒置等模式調整。

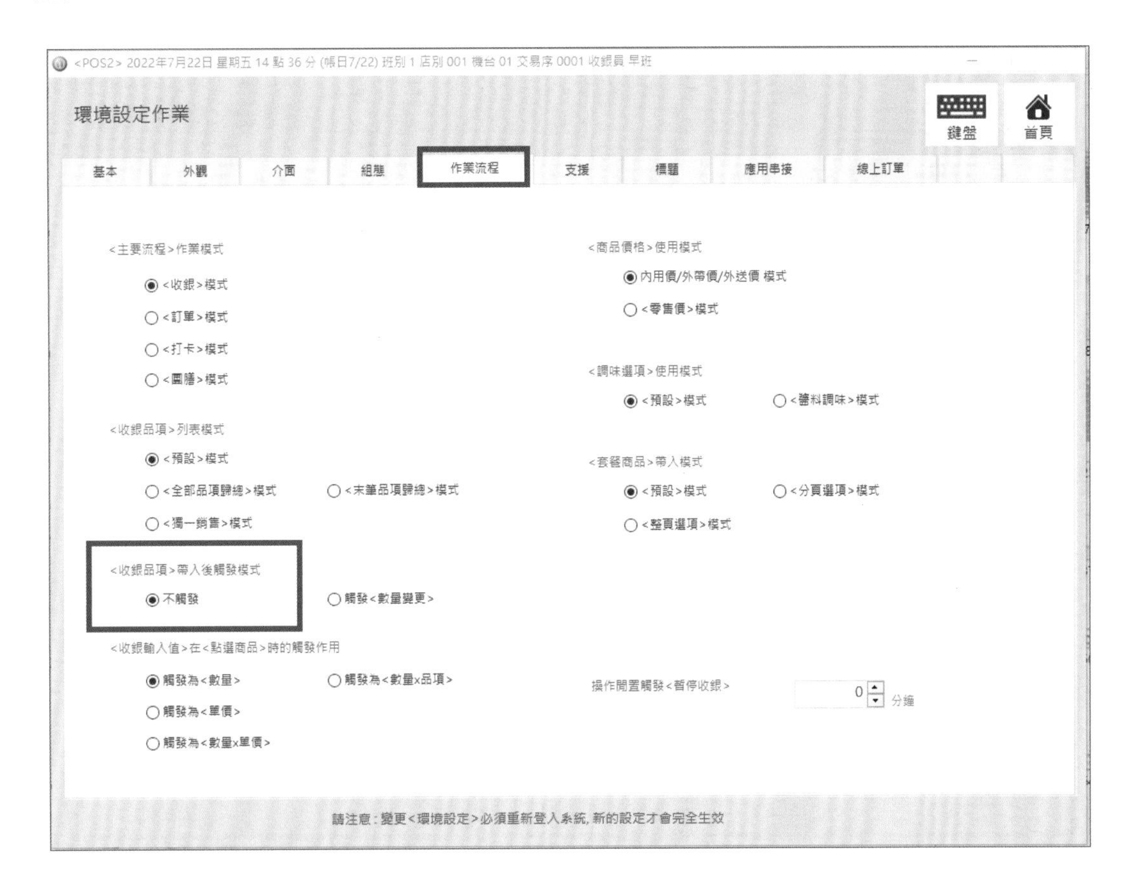

例：<收銀品項>帶入後觸發模式：

<收銀品項>帶入後觸發模式
◉ 不觸發　　○ 觸發<數量變更>

觸發模式：可設定【不觸發】&【觸發<數量變更>】

適用時機：通常單品購買數量大於 1 的時候，直接觸發變更數量

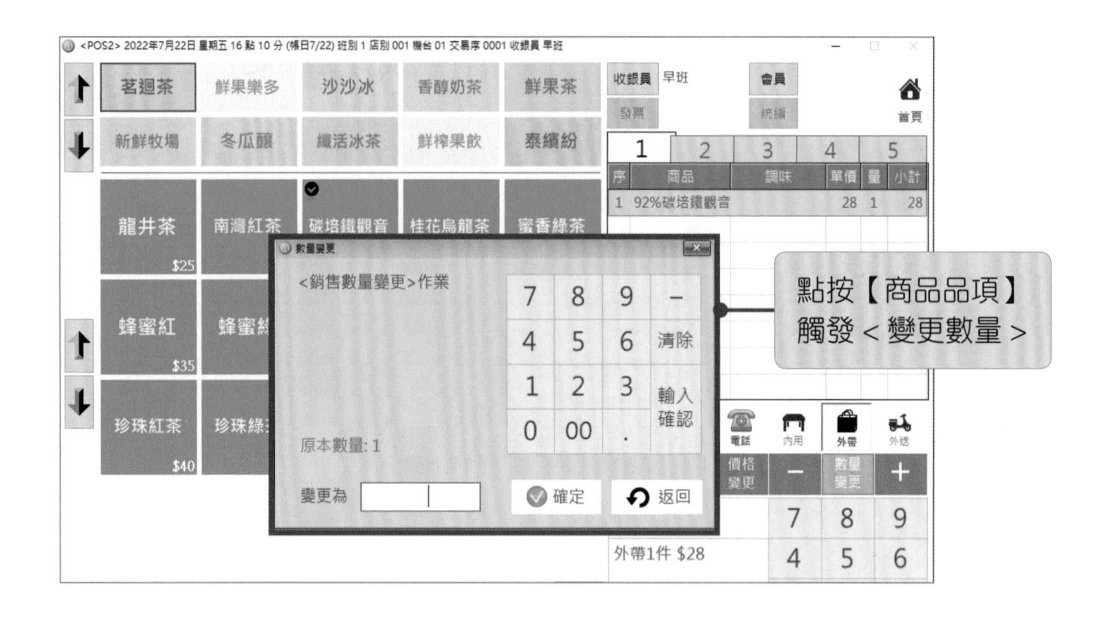

2-1-6 門市環境設定－支援設定作業

可針對資料備份、雲端報表、系統調整、委託排程等進階或擴充功能設定。

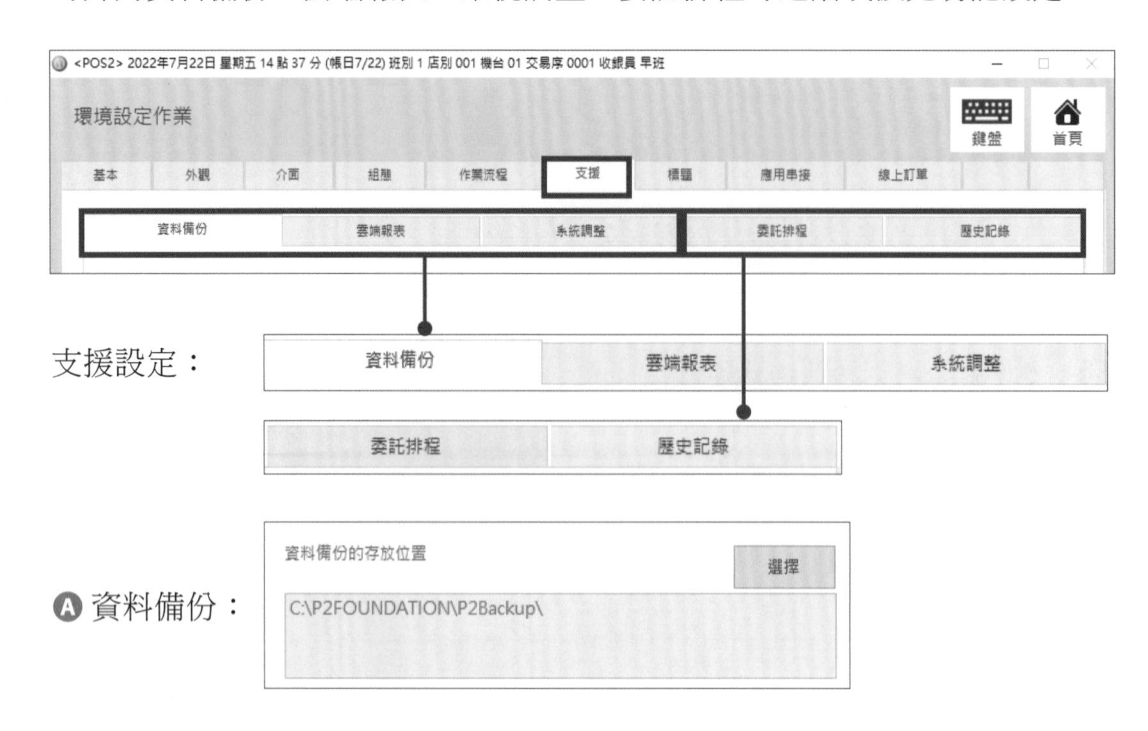

B 雲端報表：

C 系統調整：

系統開帳日期
請注意：重設<開帳日期>將會清除<開帳日期>之前的所有<進銷貨資料>！
重設開帳日期

同步電腦帳日
請注意：同步<電腦帳日>可以透過調整電腦日期之後將帳日強制變更到該日期
同步電腦帳日

變更班別
請注意：<變更班別>可以調整<目前班別>然後進行班別帳務調整
變更班別

特殊設定
請注意：<特殊設定>可以處理特殊情況下的作業需求, 設定值受到密碼保護
特殊設定

盤點期末日期調整　目前期末日期為: 16/08/31
請注意：調整<盤點期末日期>可以回朔到之前的期間進行重新盤點
☐ 同時將<目前庫存>結轉至<期初庫存>
調整期末日期

期初庫存量重置　目前期初日期為: 16/08/01
請注意：<期初庫存量>重置將會設定所有商品的期初庫存量為 0, 並且無法回復
重置期初庫存量

銷售明細資料重複回傳檢核
請注意：<銷售明細回傳檢核>只會排除因為資料回傳時網路狀態不穩造成的明細重複問題
銷售明細回傳檢核

☐ 每次開啟系統自動執行<資料重整>

系統提供

1. 系統開帳日期
2. 同步電腦帳日
3. 變更班別
4. 特殊設定
5. 盤點期末日期調整
6. 騎出庫存重置
7. 銷售明細資料重複回傳檢核
8. 每次開啟系統自動執行 < 資料重整 > 等調整功能，提供實務使用

D 委託排程：

系統排程器觸發週期 (分鐘)　0

（對應電子發票平台加值中心資料上傳週期設定）

2-1-7 門市環境設定－標題設定作業

可依據各業種業態之門市相關作業之專有慣用名詞或術語做**客製化標題**的設定。

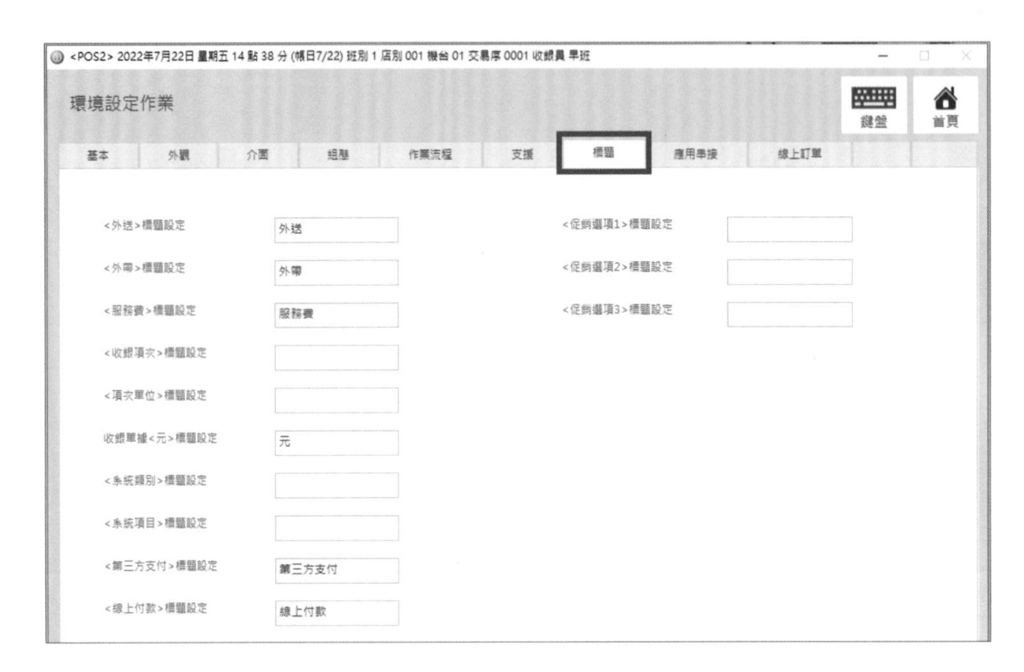

2-1-8 門市環境設定－應用串接設定作業

可設定應用 < 手機看帳 > 功能，但必須額外支付費用才能授權啟用。

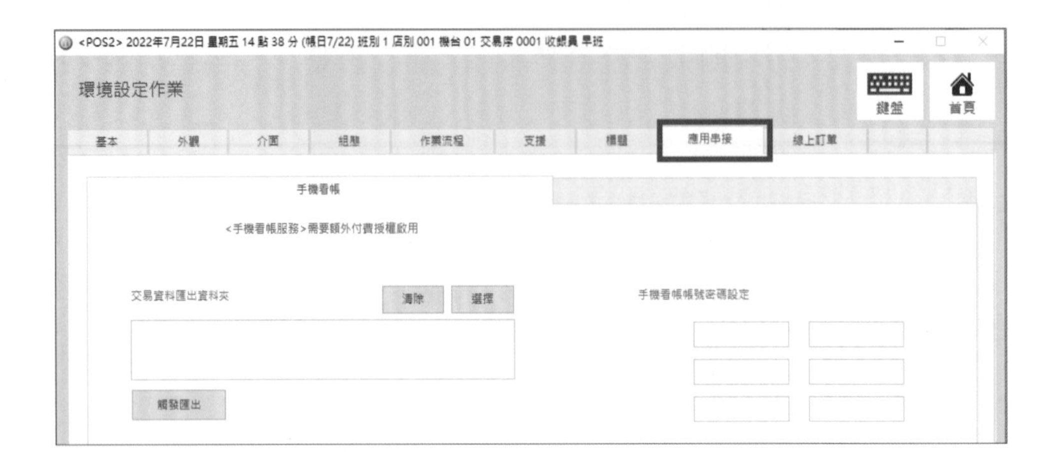

2-1-9 門市環境設定 – 線上訂單設定作業

可設定與 <自建站台> 或平台業者 <快一點><UberEats><foodpanda> 連線使用 <線上訂單> 功能，但必須額外支付費用才能授權啟用。

<線上訂單>需要額外付費授權啟用

<POS2> 2022年7月22日 星期五 16 點 15 分 (帳日7/22) 班別 1 店別 001 機台 01 交易序 0001 收銀員 早班

環境設定作業

存檔 鍵盤 首頁

基本 外觀 介面 組態 作業流程 支援 標題 應用串接 線上訂單

<線上訂單>需要額外付費授權啟用

自建站台 快一點 UberEats foodpanda

串接標的 YUMMY<正式站台>

API_URL

API_訂單資料夾 api/transactionPayment

線上店號設定

API 金鑰

單據列印標題 自點

線上商品反建檔設定參考品項

帶入

接收資料後設定單據的列印狀態
- 設定為<未列印> (從 POS 端印單)
- 設定為<已列印> (從線上系統印單)

<線上已付款訂單>系統送單列印時是否自動結帳
- 不要自動結帳 (手動帶入結帳)
- 自動結帳 (不包含未付款訂單)

<未列印單據>處理機制
- 跳出<詢問視窗>手動確認
- 不需詢問, 系統直接<自動列印>

<刪除訂單>功能鍵
- 不開放功能鍵
- 開放功能鍵

基本設定欄位：

串接標的 不串接

API_URL

線上店號設定

單據列印標題 線上

線上商品反建檔設定參考品項

帶入

2-2 操作設定作業

登入系統後點選 < **系統設定** > 鍵後再點選 < **操作** > 鍵，開啟環境設定作業頁面。

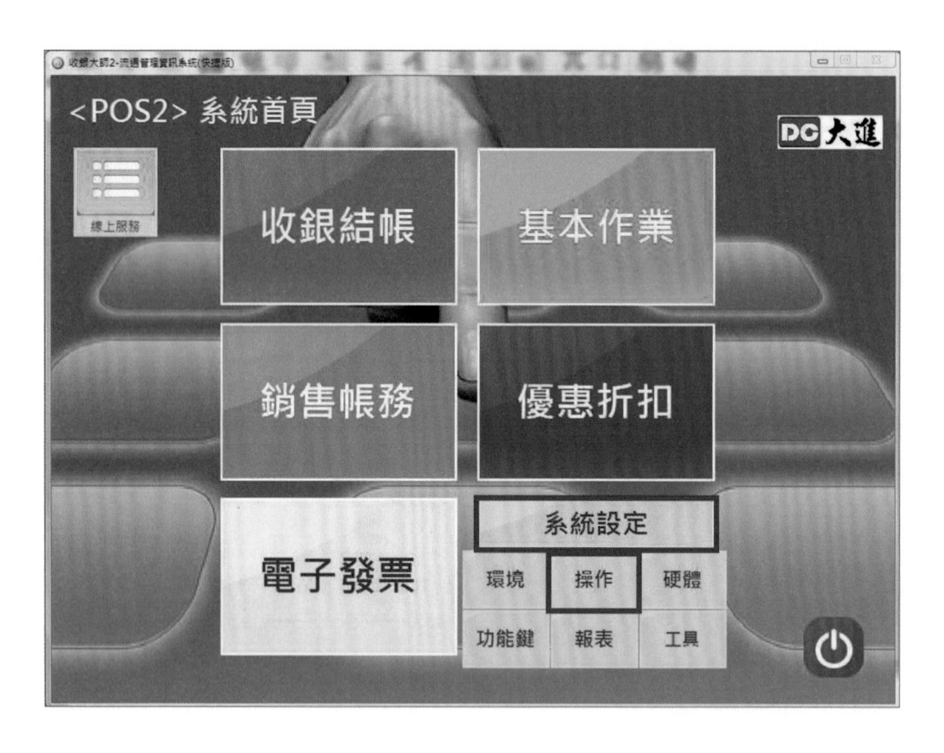

包含有【收銀】、【消費方式】、【結帳】、【付款】、【交班】、【統計】、【桌單】、【其他】八大單元。以下將重點說明介紹，延伸應用部分於【**第七章 設定客製篇**】介紹。(以餐飲後結帳系統為例)

收銀	消費方式	結帳	付款

+

交班	統計	桌單	其他

2-2-1 門市操作設定 – 收銀設定作業【收銀設定 A、收銀設定 B、收銀設定 C】

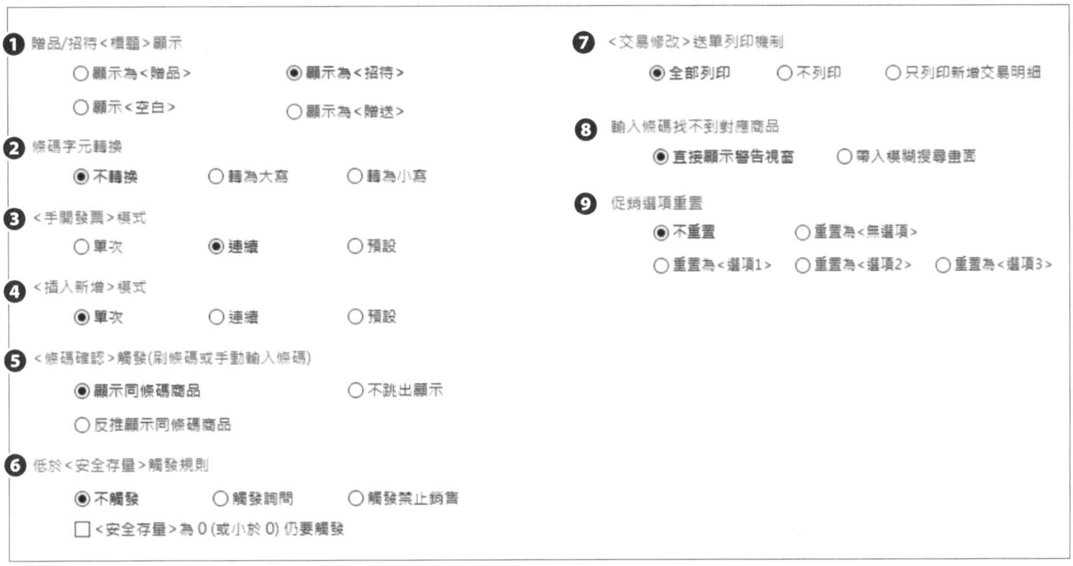

❶ 贈品/招待<標題>顯示
◯顯示為<贈品> ◉顯示為<招待>
◯顯示<空白> ◯顯示為<贈送>

❷ 條碼字元轉換
◉不轉換 ◯轉為大寫 ◯轉為小寫

❸ <手開發票>模式
◯單次 ◉連續 ◯預設

❹ <插入新增>模式
◉單次 ◯連續 ◯預設

❺ <條碼確認>觸發(刷條碼或手動輸入條碼)
◉顯示同條碼商品 ◯不跳出顯示
◯反推顯示同條碼商品

❻ 低於<安全存量>觸發規則
◉不觸發 ◯觸發詢問 ◯觸發禁止銷售
☐<安全存量>為 0 (或小於 0) 仍要觸發

❼ <交易修改>送單列印機制
◉全部列印 ◯不列印 ◯只列印新增交易明細

❽ 輸入條碼找不到對應商品
◉直接顯示警告視窗 ◯帶入模糊搜尋畫面

❾ 促銷選項重置
◉不重置 ◯重置為<無選項>
◯重置為<選項1> ◯重置為<選項2> ◯重置為<選項3>

Ⓐ 收銀設定 A：收銀設定 A 區為常用的項目，採選項式勾選設定。

1. 贈品 / 招待 < 標題 > 顯示：

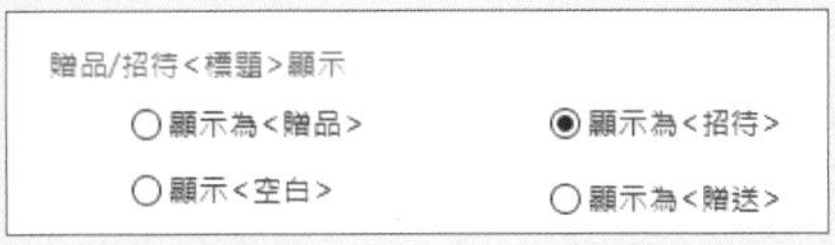

贈品/招待<標題>顯示
◯顯示為<贈品> ◉顯示為<招待>
◯顯示<空白> ◯顯示為<贈送>

2. 條碼字元轉換：

條碼字元轉換
◉不轉換 ◯轉為大寫 ◯轉為小寫

3. 手開發票模式：

<手開發票>模式
◯單次 ◉連續 ◯預設

4. < 插入新增 > 模式：

<插入新增>模式
◉單次 ◯連續 ◯預設

5. < 條碼確認 > 觸發【條碼商品】：

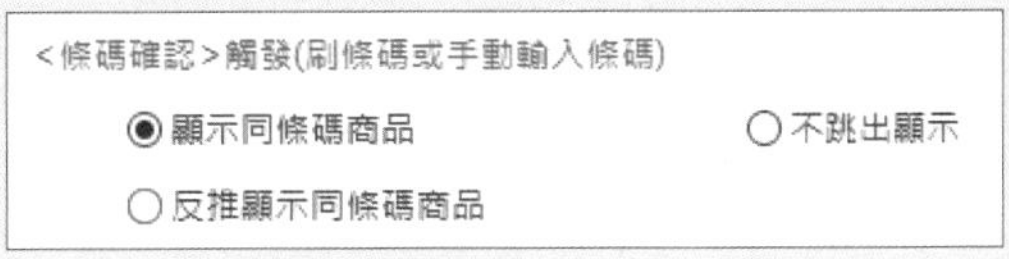

<條碼確認>觸發(刷條碼或手動輸入條碼)
◉顯示同條碼商品 ◯不跳出顯示
◯反推顯示同條碼商品

6. 低於 < 安全存量 > 觸發規則：

低於<安全存量>觸發規則
◉ 不觸發　○ 觸發詢問　○ 觸發禁止銷售
☐ <安全存量>為 0 (或小於 0) 仍要觸發

7. < 交易修改 > 送單列印機制：

<交易修改>送單列印機制
◉ 全部列印　○ 不列印　○ 只列印新增交易明細

8. 輸入條碼找不到對應商品：

輸入條碼找不到對應商品
◉ 直接顯示警告視窗　○ 帶入模糊搜尋畫面

9. 促銷選項重置：

促銷選項重置
◉ 不重置　○ 重置為<無選項>
○ 重置為<選項1>　○ 重置為<選項2>　○ 重置為<選項3>

☐ 切換到<診斷模式>：於【**第七章 設定客製篇**】介紹。

Ⓑ 收銀設定 B：收銀設定 B 區為**常用的**項目採**勾選**啟用設定

☐ <交易中>禁止返回首頁
☐ <開啟錢箱>時要求輸入帳號/密碼
☐ 禁止銷售<單價為 0 >的商品
☐ 允許<變更/刪除>已經<列印/出單>的品項
☐ <手動變價>時自動回寫商品價格
☐ 外送交易啟用<掛帳/沖銷> 功能
☐ 外送沖銷啟用<外送員沖銷> 功能
☐ 啟用<商品反建檔> 功能
☐ 啟用<作廢取消>功能
☑ 啟用<收銀結帳>回寫<即時庫存>功能
☐ <收銀練習>觸發單據列印
☐ <退換貨>列印全部送單明細

☐ <手開發票>觸發<結帳註記>功能
☐ <收銀發票>觸發<結帳註記>功能
◉ 標準調味模式
○ 總和調味模式 1
○ 總和調味模式 2
☐ 使用<全畫面>調味選項
☑ 點餐時自動帶出<調味>頁面
☐ <總合調味>結帳時強制選入(調味不可為空白)
☐ <整頁/分頁模式套餐>帶入後彙整排序
☐ 套餐帶入後<交易標示>指向明細
☐ 啟用<其他價格>快選功能列
☐ <貼杯標籤>標示餐點<熱量/咖啡因>含量
☐ <消費明細>標示全部餐點<熱量(卡)>加總含量

C 收銀設定 C：收銀設定 C 為**特殊收銀規則**需求設定

1.

☐ <不接受折扣優惠商品>同時也不接受<會員折扣>計算
此設定在判定<會員折扣>時為最優先觸發設定

2.

☐ <開放價格/價格變更功能>觸發<會員折扣>計算
生鮮條碼讀取<非秤重商品>時等同觸發<開放價格>機制

3.

☐ <秤重商品>觸發<會員折扣>計算
此設定僅作用於生鮮條碼讀取<秤重商品>時

4.

☐ <單筆折扣>對比<會員折扣>擇優觸發
<單筆折扣>或<會員折扣>只會觸發其中一項<較優惠>設定

5.

☐ <結帳折扣>排除<不接受折扣優惠商品以及促銷商品>計算
此設定將會觸發<不接受折扣優惠商品以及促銷商品>排除結帳分攤計算

6.

☐ <結帳折扣>先加入<服務費>再做計算
此設定將會以加入服務費後的金額再做折扣計算

7.

<單筆數量>上限	999
<單價金額>上限	99999

8.

☑ 顯示變價功能的<折扣>鈕

95 %	90 %	85 %
80 %	75 %	70 %
65 %	60 %	50 %
	+	-

顯示效果：

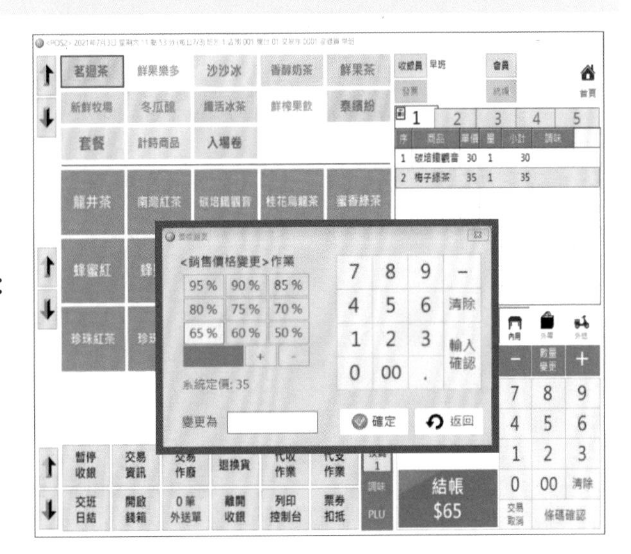

2-2-2 門市操作設定 – 消費流程操作設定作業【消費方式設定、外送選項擴充、消費扣抵、計時商品、票券商品】

Ⓐ 消費方式設定。

1. 可因應餐飲營業模式之內用、外帶、外送做預設調整設定：

預設的消費方式

○內用 ◉外帶 ○外送 ○無預設

2.

消費方式選擇

○固定模式 (一律套用 <預設的消費方式>)

○收銀前確認 (點餐中無法再進行變更)

◉收銀中確認 (點餐中可以調整變更)

☐關閉<內用> ☐關閉<外帶> ☐關閉<外送>

3.

不同消費方式的結帳規則

<內用>服務費 加 0.00 %

0 : 0 ~ 23 : 59

☐以<原本定價>收取服務費

☐預設為<不收取>服務費

<外帶>折扣 範圍：50-100 100.00 折

<外送>運費 $ 0 元

<外送>免運費最低消費額 $ 0 元

設定為 0 元代表外送交易都要收取運費

4.

☑啟用<電話點餐>功能 ☐<電話點餐>觸發登記表單

☐<電話點餐>觸發回存<暫存單>

<電話點餐>連動的消費方式

◉不連動 ○內用 ○外帶 ○外送

☐點選消費方式時<連動觸發>電話點餐

5.

最低消費模式

◉沒有低消 ○每次低消 ○每人低消

6.

☐收銀金額為 0 時仍要計算<接受費用加成品項>的服務費

Ⓑ **外送選項擴充**：☐ 啟用<外送選項擴充>功能（擴充設定於【**第七章 設定客製篇**】說明）

Ⓒ **消費扣抵**：須先完成相關設定，才能使用本功能，設定流程於【**第七章 設定客製篇**】說明。

Ⓓ **計時商品**：須先完成相關設定，才能使用本功能，設定流程於【**第七章 設定客製篇**】說明。

Ⓔ **票券商品**：須先完成相關設定，才能使用本功能，設定流程於【**第七章 設定客製篇**】說明。

2-2-3 門市操作設定 – 結帳相關操作設定作業

此功能頁面提供結帳時，門市能夠達到管理的管理設定功能。

1. 設定 < 結帳金額 > 上限以防止不正常金額產生。

<結帳金額>上限　999999

2. < 兌贈 > 標題設定：

<兌贈>標題　兌贈

請輸入<兌贈折價>功能的顯示標題, 如<集點兌贈>表示集點活動可兌贈等同?元金額的商品

3. 條件或觸發設定：

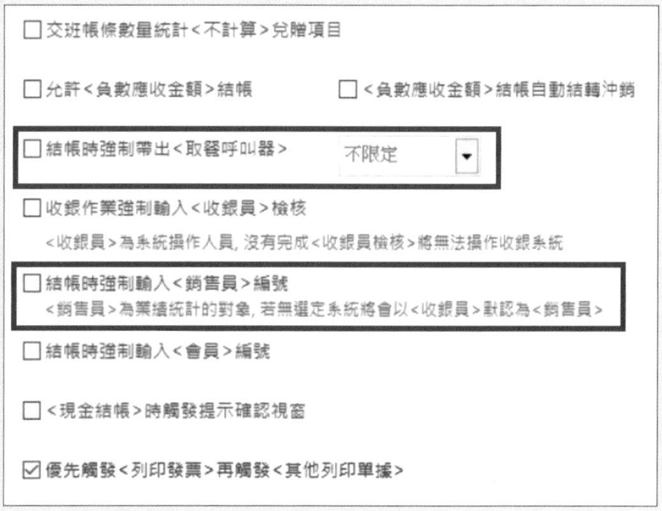

☐ 交班帳條數量統計<不計算>兌贈項目

☐ 允許<負數應收金額>結帳　☐ <負數應收金額>結帳自動結轉沖銷

☐ 結帳時強制帶出<取餐呼叫器>　不限定

☐ 收銀作業強制輸入<收銀員>檢核

<收銀員>為系統操作人員, 沒有完成<收銀員檢核>將無法操作收銀系統

☐ 結帳時強制輸入<銷售員>編號

<銷售員>為業績統計的對象, 若無選定系統將會以<收銀員>默認為<銷售員>

☐ 結帳時強制輸入<會員>編號

☐ <現金結帳>時觸發提示確認視窗

☑ 優先觸發<列印發票>再觸發<其他列印單據>

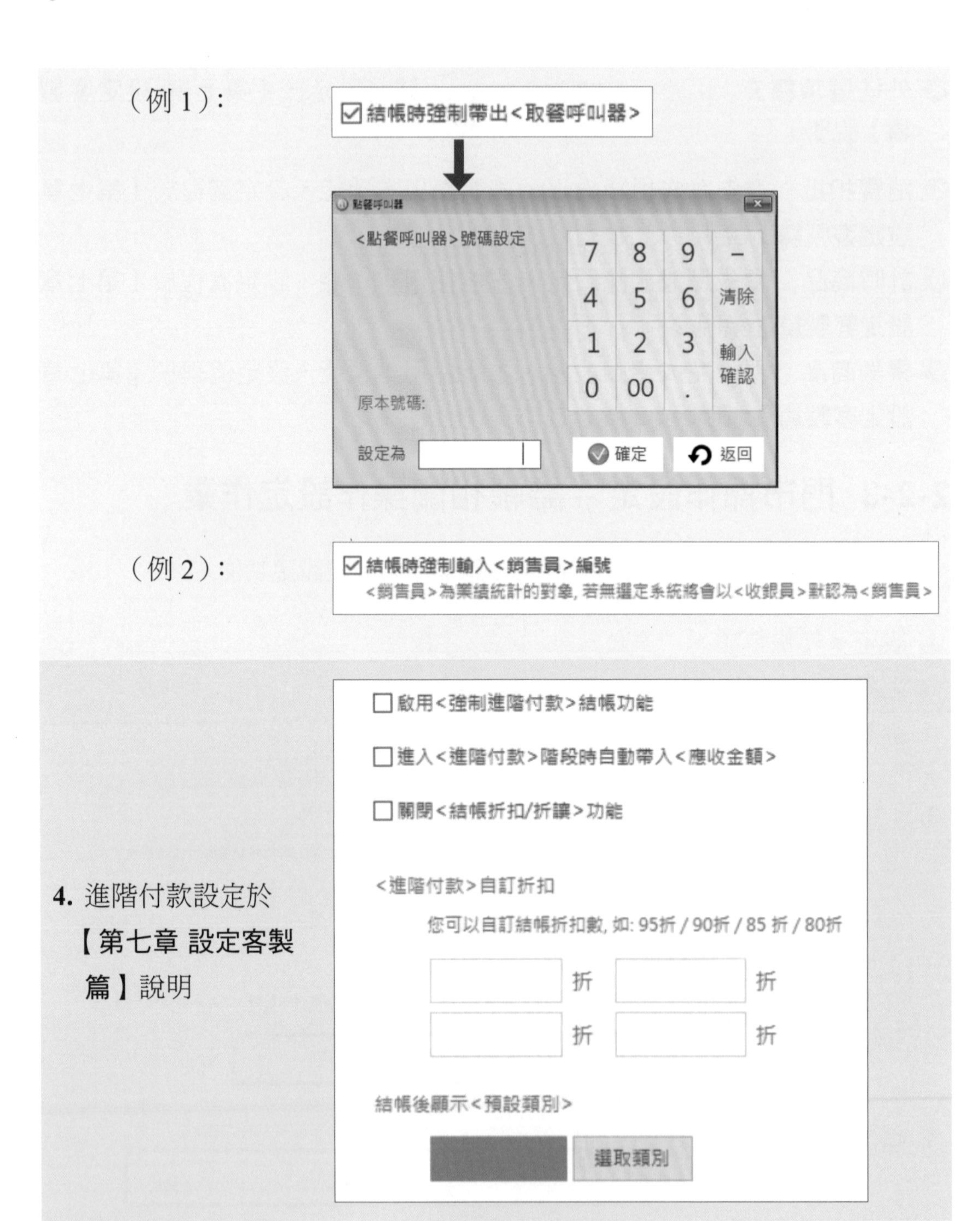

4. 進階付款設定於【第七章 設定客製篇】說明

5. 特殊功能：結帳金額播報

☑啟用<結帳金額>播報功能

2-2-4 門市操作設定 – 付款相關操作設定作業

現今多元支付已是國內外門店交易的主流趨勢，再加上近年來全球遭受 COVID-19 疫情的催化下，消費者由現金交易的習慣已快速轉向無接觸式的交易模式，收銀大師 2 提供信用卡、禮券、其他付款等對應設定外，更有提供悠遊卡支付及第三方付的 LINE Pay 付款功能選項，未來系統開發商也會持續增設對應主流市場中的第三方支付介面以提供經營者更多元化的選擇。

Ⓐ **信用卡付款設定**：選啟用 < 信用卡付款 > 功能後系統會出現信用卡卡別設定，可自行修改門店所接受的卡別。

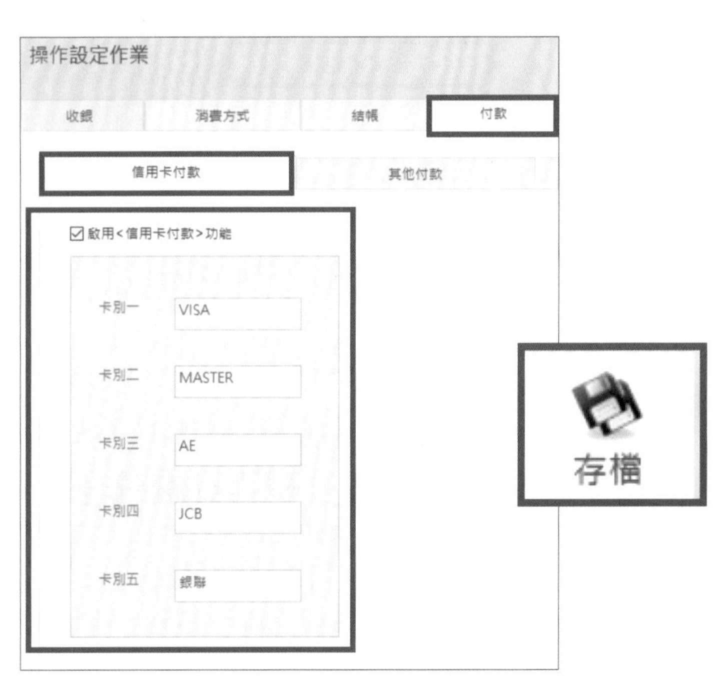

TIPS

啟用 < 信用卡付款 > 功能後於 < 收銀結帳 > 作業的 < 進階付款作業 > 中會新增出 <F2 信用卡 > 付款選項。

★須先至第二章（2-2-3）勾選啟用 < 強制進階付款 > 結帳功能。

B 其他付款設定：勾選啟用 < 其他付款 > 功能後系統會出現其他付款設定，門市可自行定義其他付款的對應名稱。

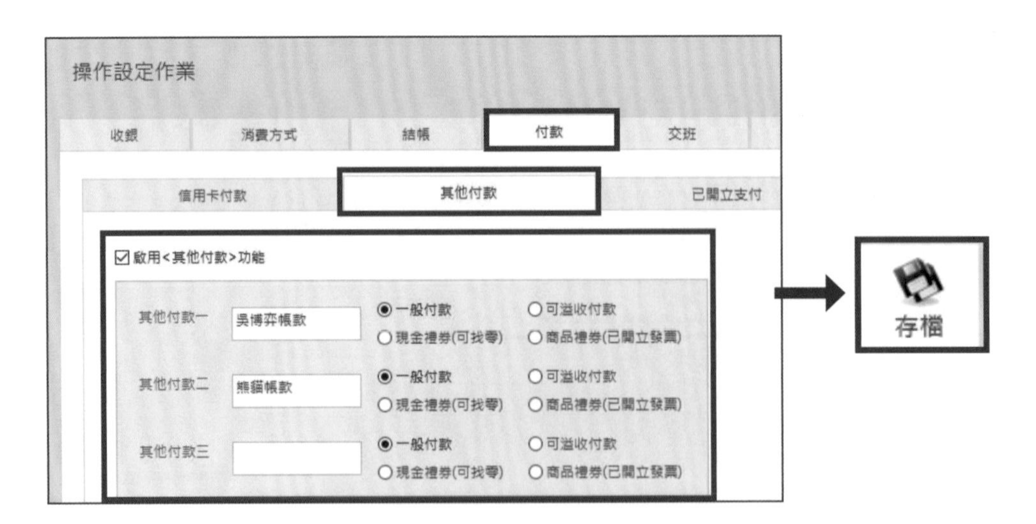

2-2-5 門市操作設定 – 交班相關操作設定作業

門市收銀 < 交班 > 事項最重要的項目之一，就是點交現金。收銀大師 2 為配合門市政策提供多元選擇。

Ⓐ 設定 < 代收 > 及 < 代付 > 之項目：

<代收/代支>開啟錢箱時機

◉ <先開啟>錢箱　　○ <後開啟>錢箱

☐ <代收/代支>啟用輸入備註

☐ <代收/代支>不列入<交班現金>計算

配合門市交班政策 ☐ <代收/代支>不列入<交班現金>計算 。

Ⓑ < 營業本金（找零金）預設 >：

調整後將於營業隔日系統才會自動帶入。

Ⓒ 金額點收之習慣設定以面額 < 數量 > 或面額 < 金額 > 計算：

2-2-6 門市操作設定 – 統計相關操作設定作業

Ⓐ 時段項目設定：門市可自行設定班別含名稱、起始與終止的時段項目，設定時段班別後，可於結帳作業 < 交班作業 > 中的 < 期間帳條 > 以 < 時段銷售帳條 > 點選 < 依自訂時段 > 作列印帳條統計。

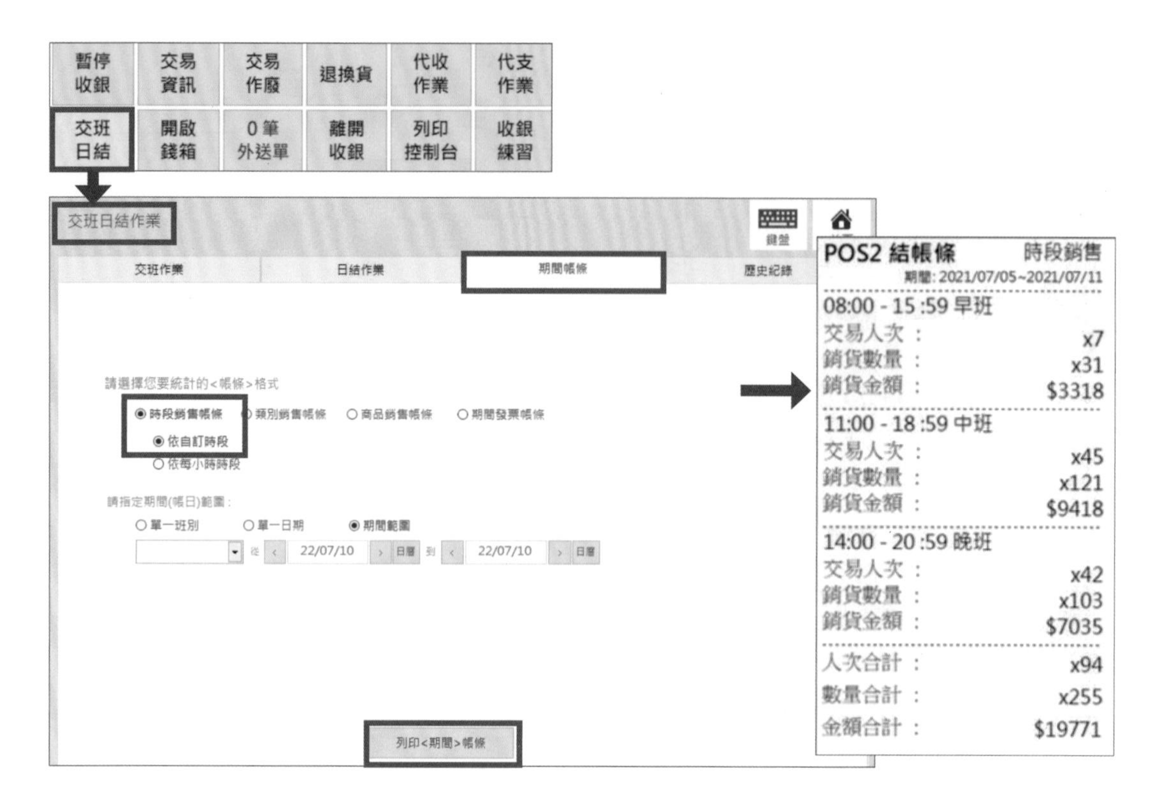

亦可於 < 銷售帳務 > 作業中 < 統計 > 的 <S1 營運統計 > 執行 < 營收概況表 > 可呈現 < 時段消費統計 > 資訊。

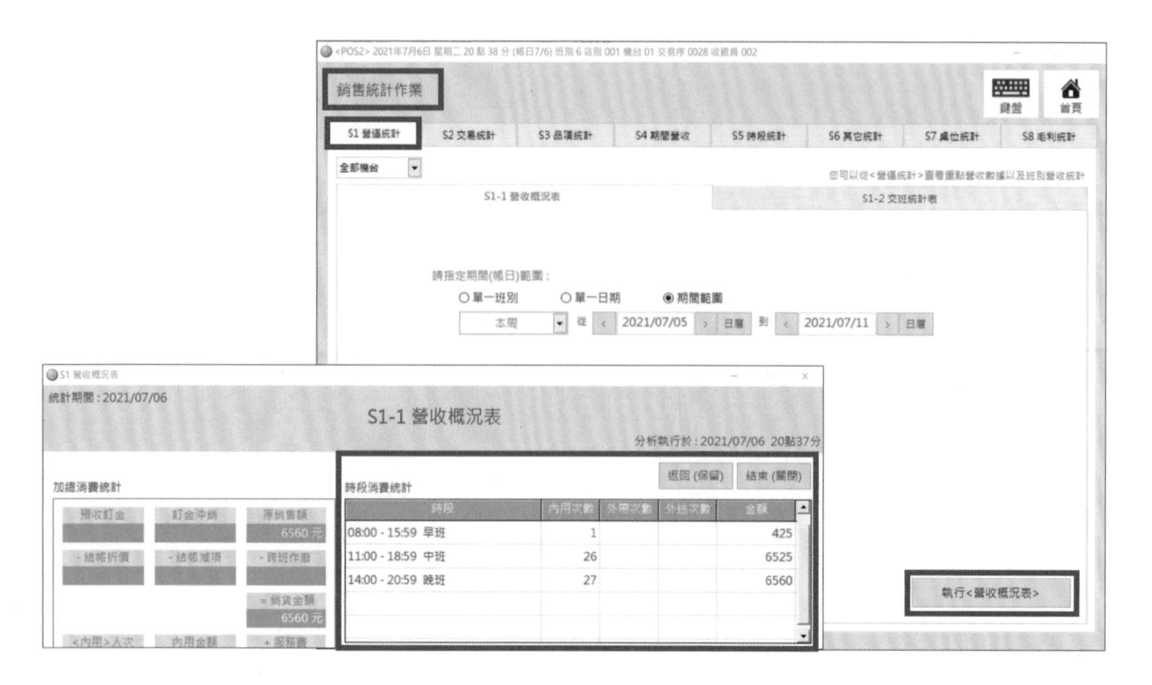

B 消費客層設定

此統計作業可自行設定欲統計的消費客層別項目，設定後必須點選 < 存檔 >。

設定完成後系統將會在 < 收銀結帳 > 作業時自動帶出輸入 < 消費客層 > 的選項分頁。並於列印交班結帳條中呈現。

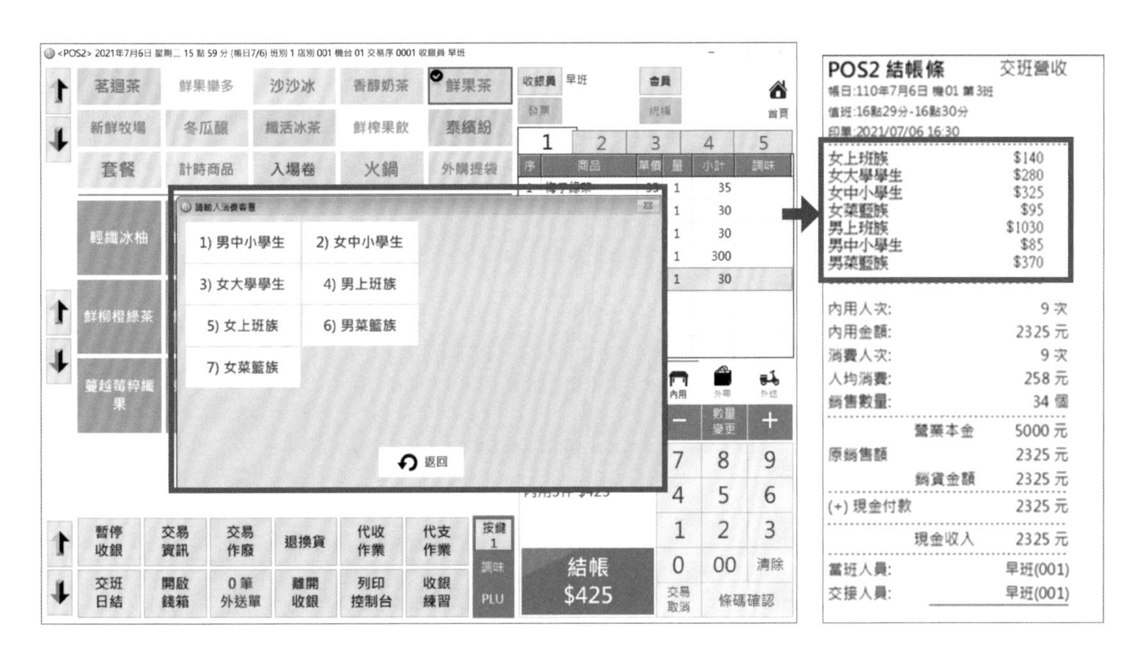

2-2-7 門市操作設定 – 桌單相關操作設定作業

Ⓐ **1. 桌號設定功能**：此功能可以為簡易的餐飲版使用

勾選 < 內用結帳 > 時啟用 < 輸入桌號 > 功能後，< 存檔 >。

啟用前，須先至第二章（2-2-2）勾選啟用 < 內用 > 消費模式。

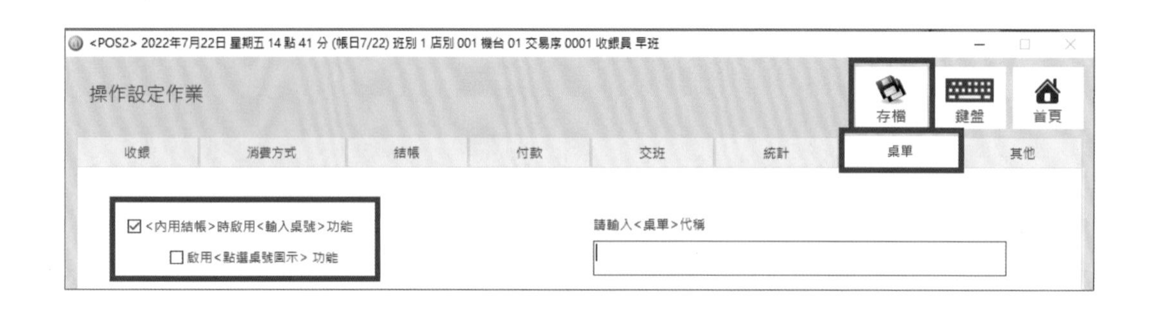

啟用效果：收銀大師 2 將於 < 收銀結帳 > 作業時，**自動彈出輸入 < 標示桌號 >** 的使用對話框。

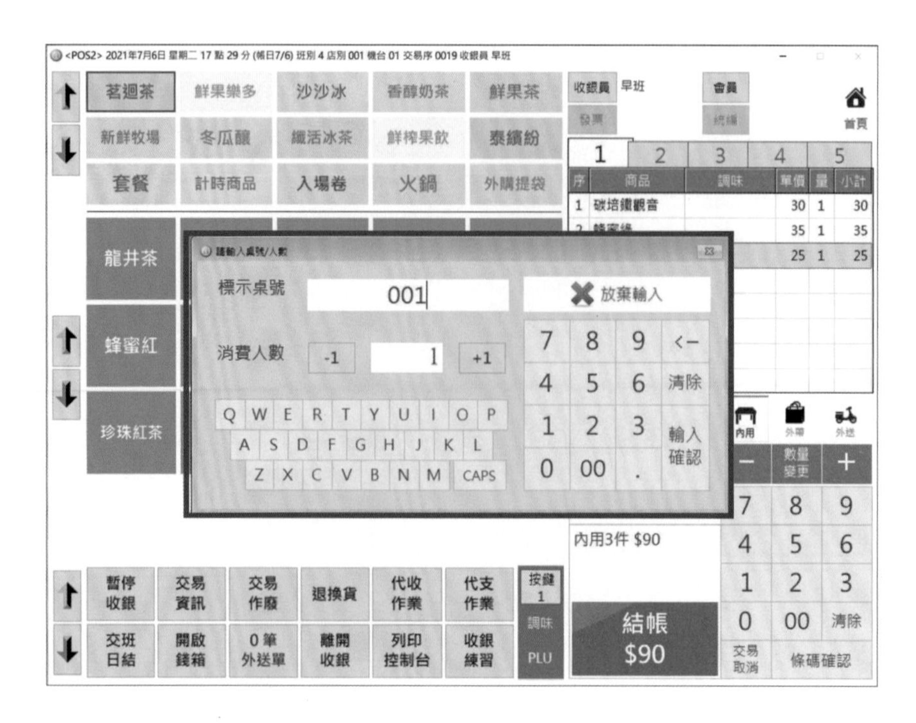

Ⓐ 2. 勾選啟用 < 點選桌號圖示 > 功能設定後，< 存檔 >。

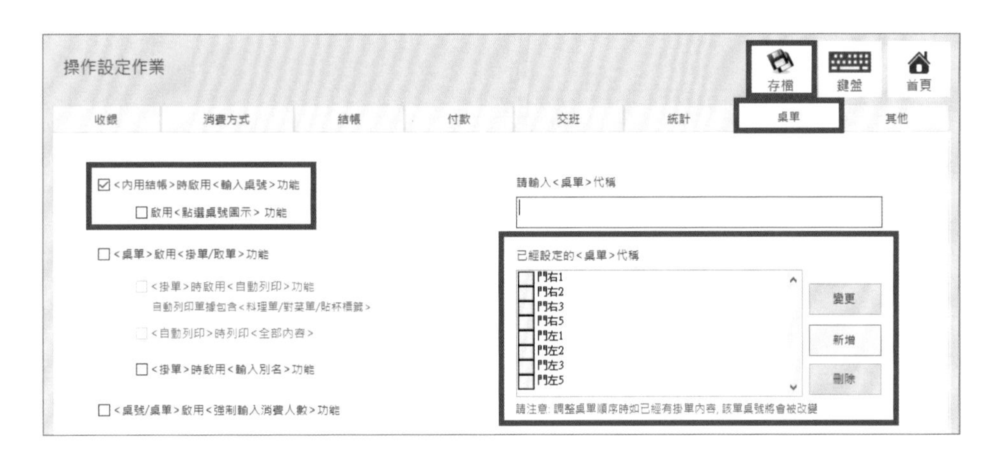

啟用效果：收銀大師 2 將於 < 收銀結帳 > 作業時自動彈出輸入 < 桌號代碼 > 的選擇按鈕對話視窗，可供該筆交易選擇對應的桌號使用。

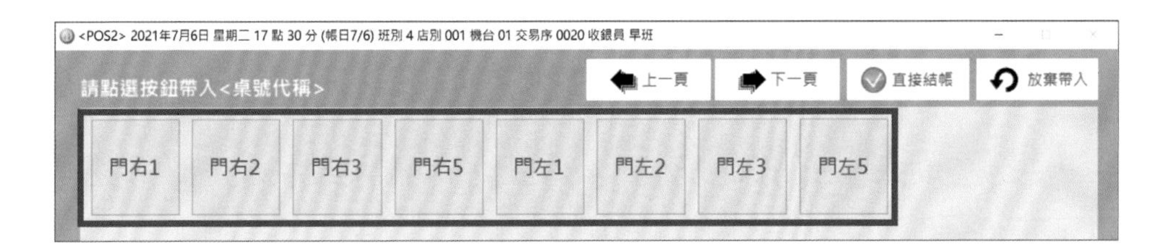

Ⓑ 桌號掛單 / 取單功能：

勾選啟用 < 桌單 > 啟用 < 掛單 / 取單 > 功能設定後，< 存檔 >。

啟用 < 桌單 > 功能，可設定此功能於餐廳業內用點餐後先掛單，待顧客用餐完畢後離場取單再結帳之模式使用。

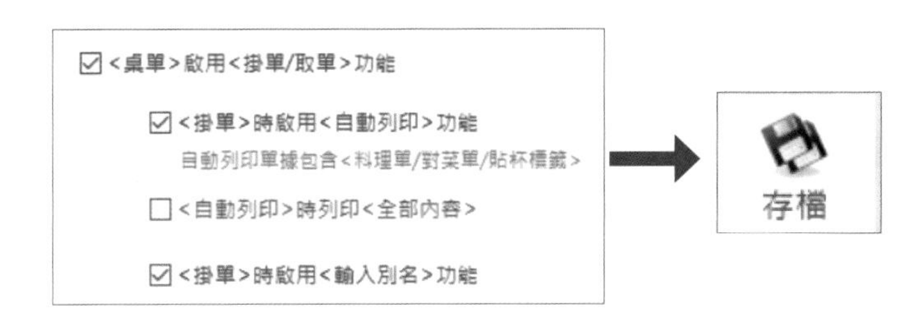

啟用效果：收銀大師 2 於 < 收銀結帳 > 作業帶入交易明細後，不執行 < 結帳 > 作業，改點選 < 掛單 > 功能鍵使用。

<POS2> 2021年7月7日 星期三 14 點 37 分 (帳日7/7) 班別 1 店別 001 機台 01 交易序 0004 收銀員 001

茗迴茶 鮮果樂多 沙沙冰 香醇奶茶 鮮果茶
新鮮牧場 冬瓜釀 纖活冰茶 鮮榨果飲 泰繽紛
套餐 計時商品 入場卷 火鍋 外購提袋
海鮮鍋 牛肉鍋 豬肉鍋 雞肉鍋 素食鍋
共鍋費 牛奶湯底 味增湯底 麻辣湯底 養生湯底
鮮蝦1份3隻 牛肉片 豬肉片 雞肉片 季節蔬菜
豆皮 豆腐 金針菇 鮮香菇 雞蛋
暫停收銀 交易資訊 交易作廢 退換貨 代收作業 代支作業 按鍵 1 調味
交班日結 開啟錢箱 0 筆外送單 離開收銀 列印控制台 掛單 PLU

收銀員 001 會員 發票 統編 首頁

序	商品	調味	單價	量	小計
1	雞肉鍋		300	1	300
2	豬肉鍋		300	1	300
3	麻辣湯底		30	1	30
4	豬肉片		50	1	50
5	冬瓜紅		35	1	35
6	冬瓜綠		35	1	35

上頁 下頁 電話 內用 外帶 外送
暫停列印 單筆刪除 價格變更 − 數量變更 +
內用6件 $750
7 8 9 4 5 6 1 2 3 0 00 清除
結帳 $750 交易取消 條碼確認

點選 < 掛單 > 功能鍵後系統會彈出 < 桌單別名 > 輸入對話框，使用者可註記 < 時間 > 或 < 交貨日期 >，選擇後點選 < 帶入 >。

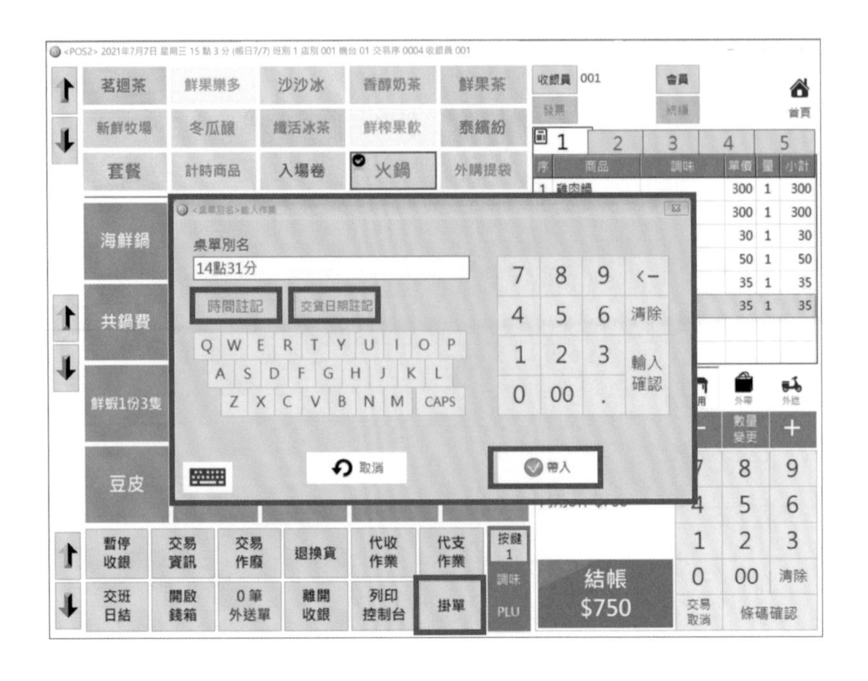

點選 < 帶入 > 後，再點選欲帶入的桌單選項後，系統會帶出輸入 < 消費人數 > 的對話框。設定後系統會可列印出對帳單或對菜單（須至硬體作業作設定）。

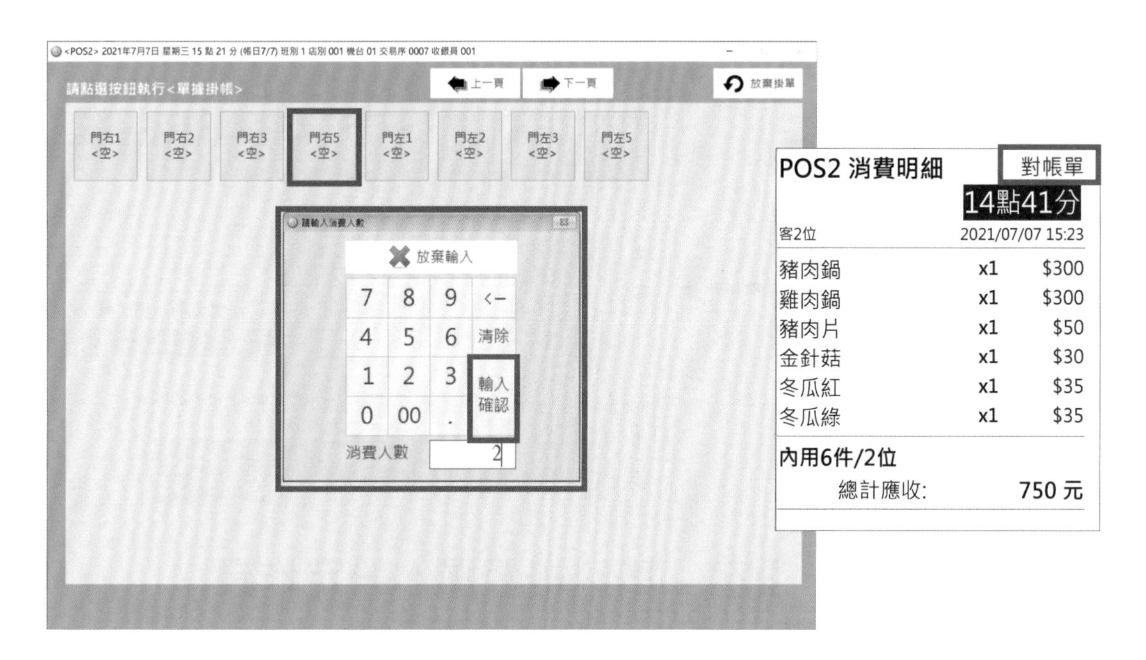

待顧客用餐完畢後至櫃檯結帳時，點選 < 取單 > 功能鍵。

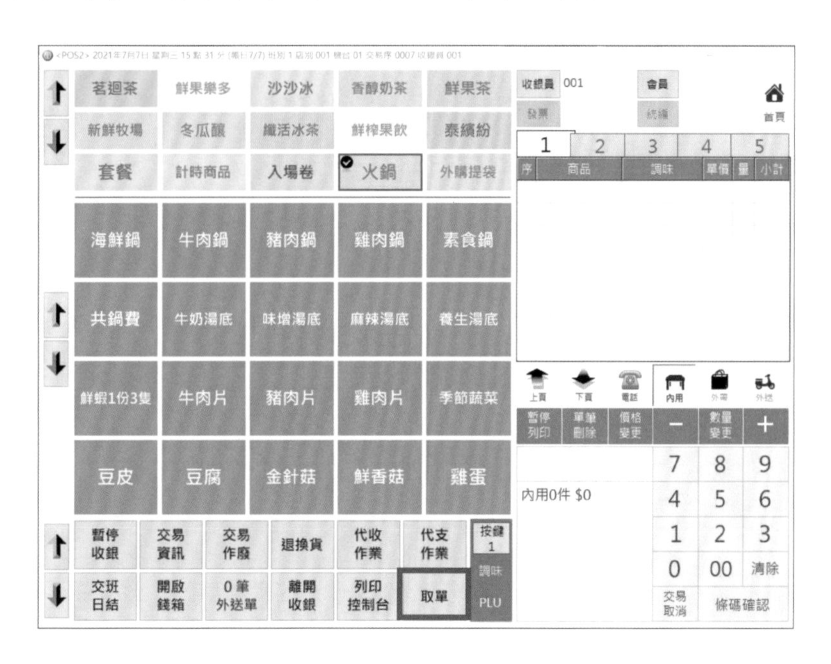

點選 < 取單 > 功能鍵後，系統會彈出桌單選擇頁面，點選欲結帳的 < 桌單 > 後，系統會回復至該筆交易明細作業即可完成 < 結帳 >。

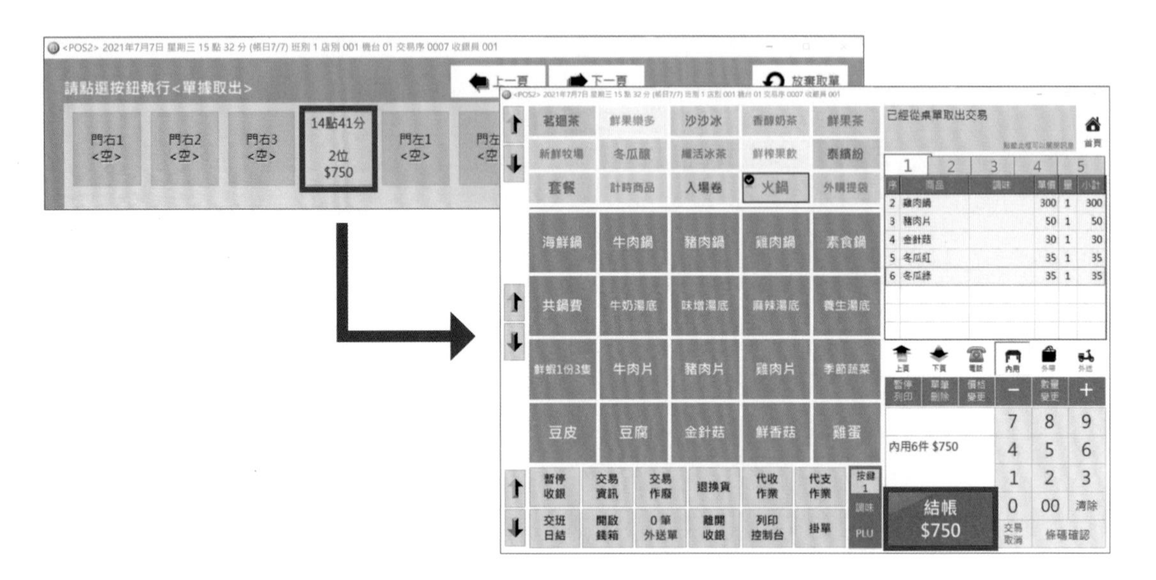

2-2-8 門市操作設定 – 其他相關操作設定作業

Ⓐ 其他規則

此功能分頁主要是依據**稅別**、**退換貨期限天數**、**套餐計件**方式等**客製化**功能的需求做設定，設定後 < 存檔 >。

欲使用 < 每日庫存 > 功能須於第二章(2-1-1)啟用 < 進貨 / 庫存 > 模組才可使用。

B 會員規則：此分頁是對應會員相關制度規劃做調整設定，設定後 < 存檔 >。

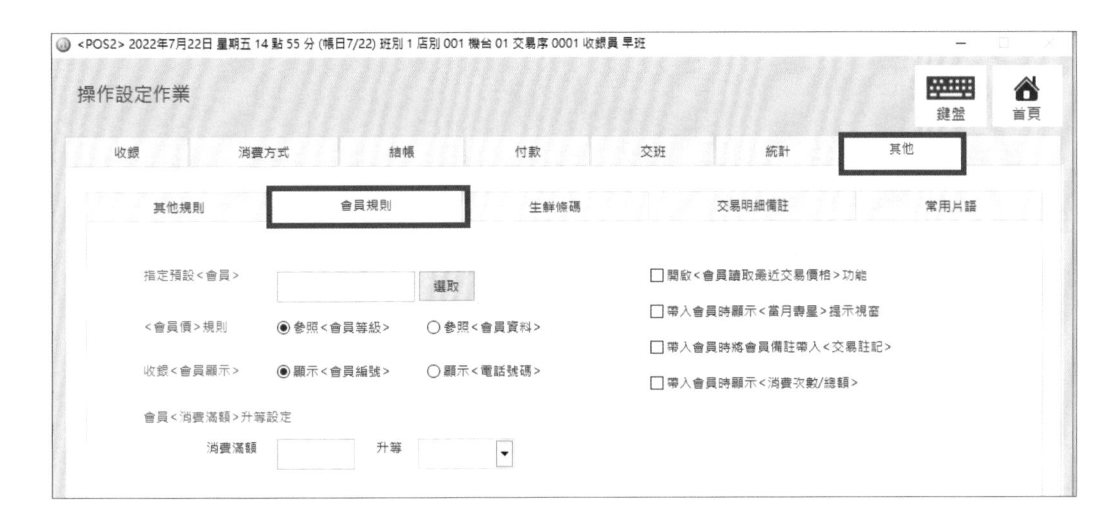

C 生鮮條碼： 此分頁是對應生鮮商品條碼相關制度做調整設定，設定後 < 存檔 >。

D 交易明細備註：此分頁提供特定之商品於交易過程中顯示欲備註提醒的文字說明，設定後 < 存檔 >。

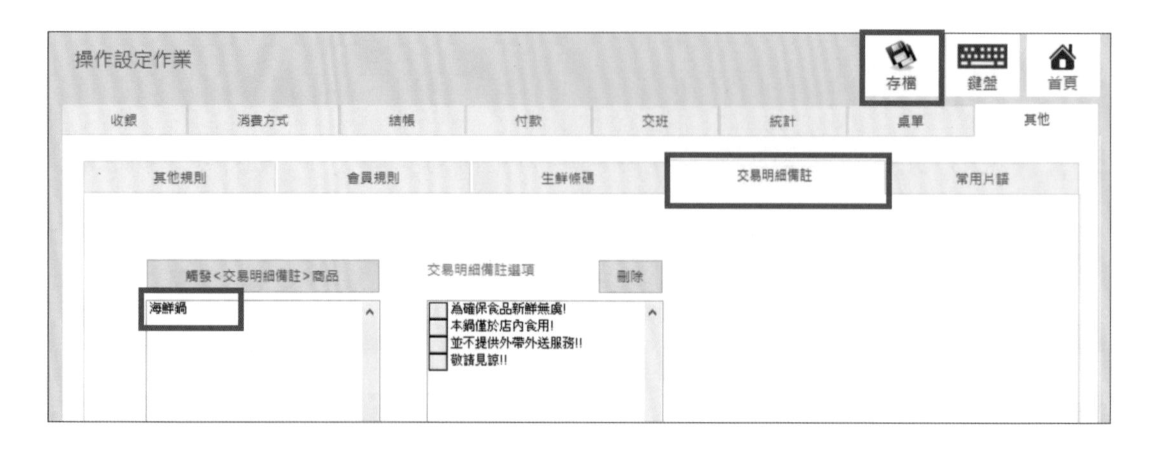

啟用效果：使用者於 < 收銀結帳 > 中如點選該商品時即會彈出備註欄。

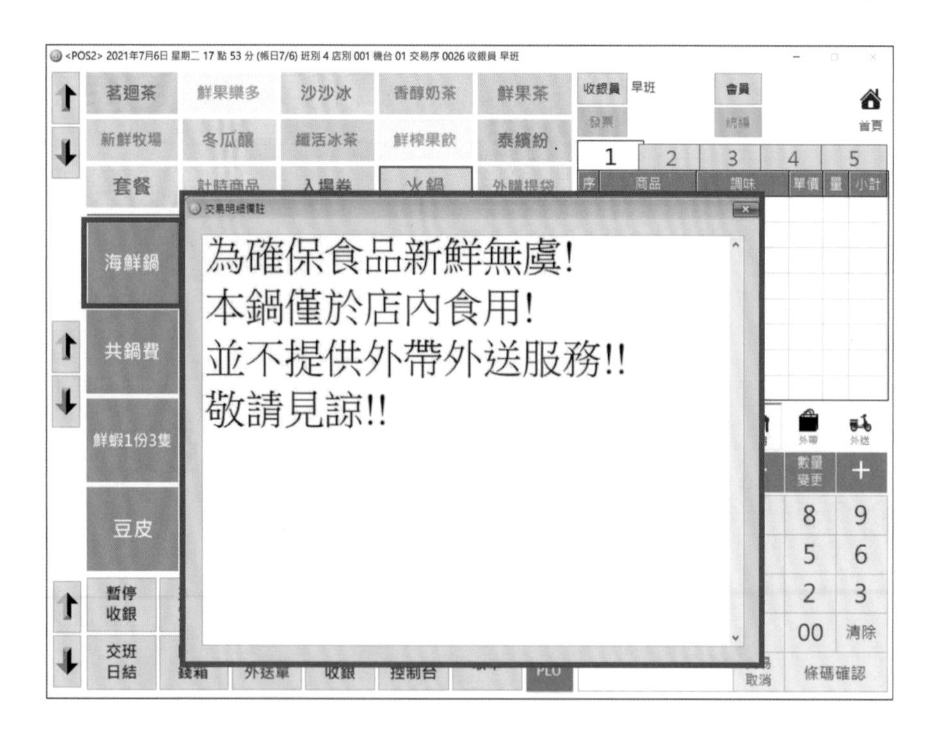

Ⓔ 1. **常用片語**：此功能是提供門市常用的 **<PLU> 片語**做調整設定，設定後 < 存檔 >。

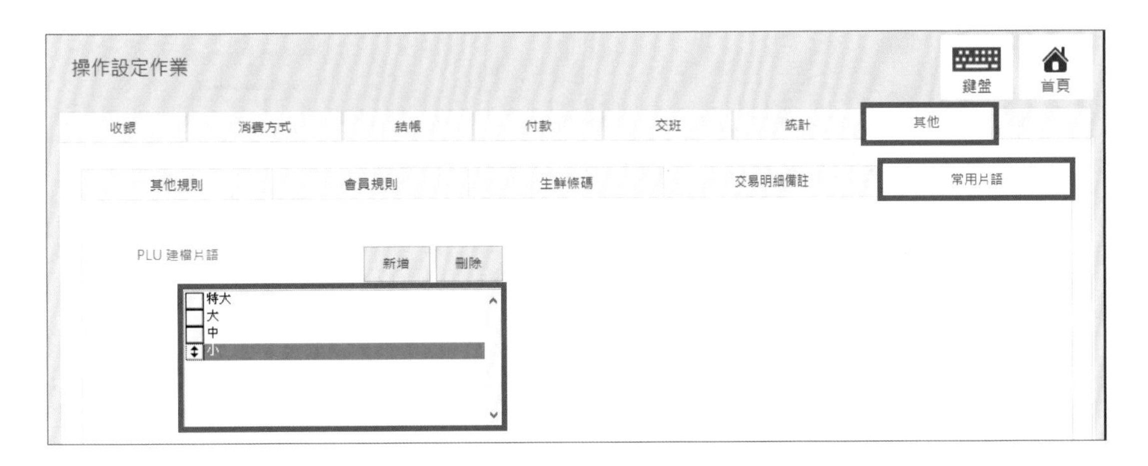

啟用效果：設定後，於 < 基本作業 > 的 < 商品 > 設定中商品 < 編輯作業 > 點選 < 片語 > 功能鍵後將片語帶入 < 商品名稱 > 中以提升商品建檔流程之作業，設定後點選 < 存檔 >。

Ⓔ 2. 此功能是提供門市常用的 < **前綴字** > **片語**做調整設定，設定後 < 存檔 >。

操作設定作業
存檔 鍵盤 首頁
收銀 消費方式 結帳 付款 交班 統計 其他
其他規則 會員規則 生鮮條碼 交易明細備註 常用片語
PLU 建檔片語 新增 刪除
特大
大
中
小
單人份
指定單號<前綴字>片語 新增 刪除
學生特惠
小確幸下午茶
溫馨時光
期待明天

啟用效果：設定後於 < 系統設定 > 的 < 功能鍵 > 設定中 < 觸控按鍵 ><2. 指定功能選項 > 將 < 指定單號 > 功能設定於觸控按鍵上才能啟用。之後於 < 收銀結帳 > 作業中點選 < 指定單號 > 開啟單號輸入作業，結帳後可於消費明細中呈現 < 前綴字 >。

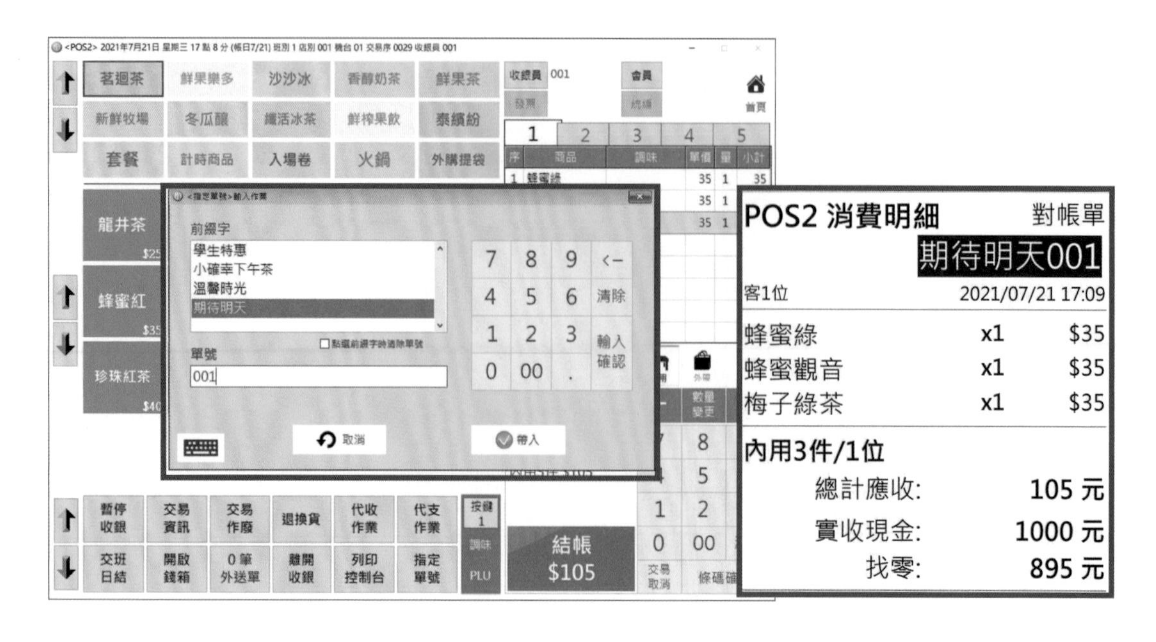

2-3 硬體設定作業

收銀大師 2 提供 < 收銀結帳 > 作業的硬體設備使用，可依據營業現場實際需求進行增減。登入系統後點選 < 系統設定 > 鍵後再點選 < 硬體 > 鍵開啟環境設定作業頁面。

操作步驟

登入系統後點選 **< 系統設定 >** 鍵後再點選 **< 硬體 >** 鍵，開啟環境設定作業頁面。

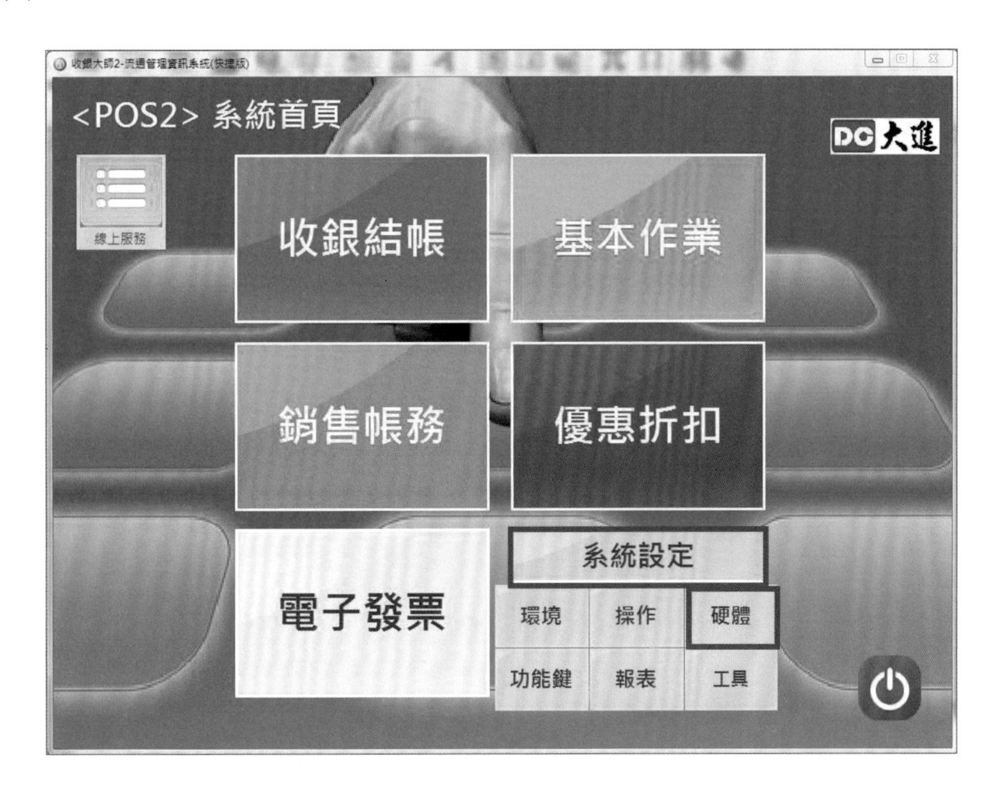

進入硬體設定作業頁面後，點選右下角 < 啟用 / 關閉硬體設備 > 鍵開啟勾選對話框，勾選欲使用的設備後，< 存檔 > 完成啟用。

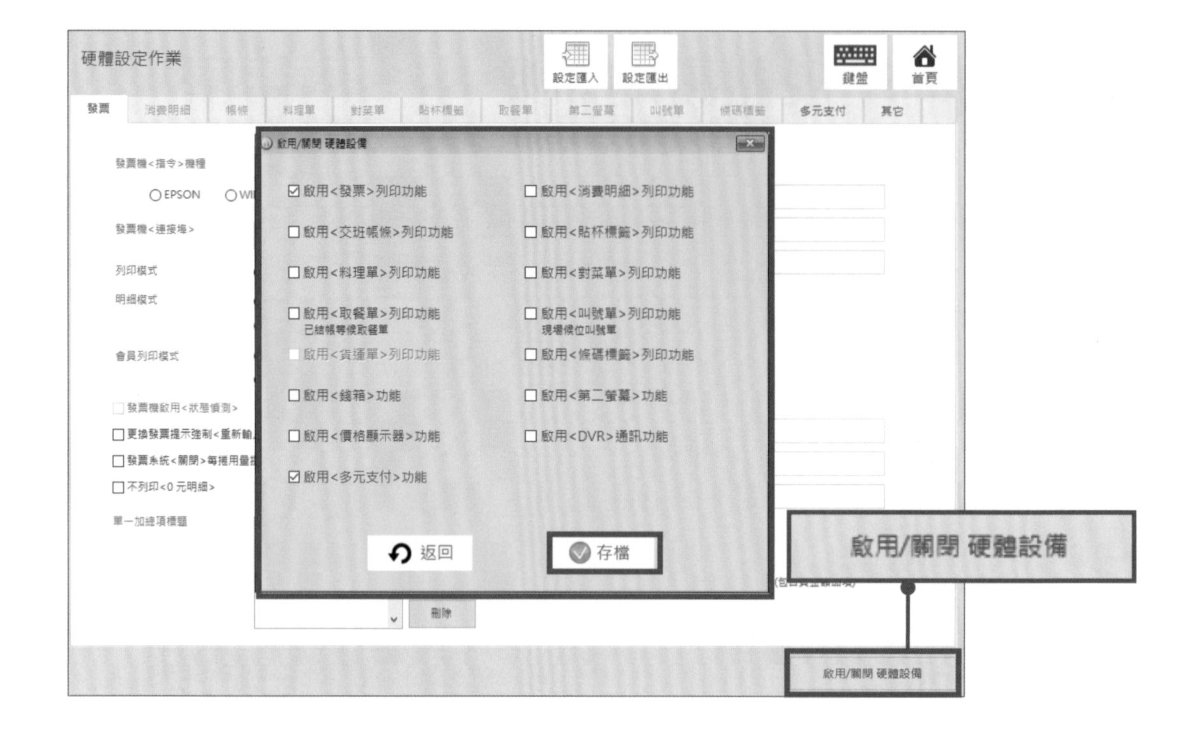

2-3-1 門市硬體設定 – 發票機設定作業

勾選啟用 < 發票 > 列印功能後，開啟【發票】功能。

Ⓐ 選擇發票機機種：

設定為發票機 < 連接埠 > 要確實對應，設定後必須點選 < 存檔 > 完成啟用。

Ⓑ 其他相關列印選項：

列印模式　◉ 直接列印　○ 詢問列印
明細模式　◉ 收銀明細(品名)　○ 收銀明細(編號)　○ 單一加總項
會員列印模式　◉ 不列印　○ 列印會員編號　○ 列印會員名稱<公司抬頭>

列印<原價 / 優惠>金額
◉ 不列印　○ 列印　○ 列印(包含負金額品項)

Ⓒ 其他相關設定選項：

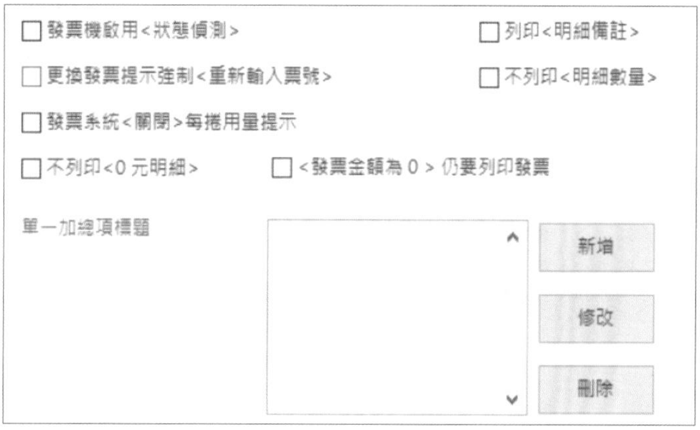

☐ 發票機啟用<狀態偵測>　☐ 列印<明細備註>
☐ 更換發票提示強制<重新輸入票號>　☐ 不列印<明細數量>
☐ 發票系統<關閉>每捲用量提示
☐ 不列印<0 元明細>　☐ <發票金額為 0 > 仍要列印發票
單一加總項標題　新增　修改　刪除

Ⓓ 表頭、表底設定：

表頭設定

表底設定

2-3-2 門市硬體設定 – 消費明細設定作業

勾選啟用 < 消費明細 > 功能。

Ⓐ **消費明細設定**：設定 < 收銀結帳 > 作業時欲列印的**消費明細格式**、**模式**、**內容**、**抬頭**、**表頭**、**字體大小**等資料設定，設定後 < 存檔 >。

發票 消費明細 帳條 料理單 對菜單 貼杯標籤 取餐單 第二螢幕 叫號單 條碼標籤 多元支付 其它

消費明細設定 外送單設定 對帳單設定 其他設定

消費明細表(8cm)格式1 選擇格式 選擇 清除

列印模式 ◉直接列印 ○詢問列印 ○不列印

明細模式 ◉收銀明細 ○類別排序 ○單一加總項

☐只列印有金額品項 ☐列印價格折數 ☐相同品項合併

☐不列印<調味>內容 ☐不列印套餐明細 ☐套餐品項加總

☐列印分隔線

<內用>列印份數 列印 1 份 <電話點餐>列印份數 列印 1 份

<外帶>列印份數 列印 1 份

☐消費明細顯示<品名(單價)>模式 ☐列印會員<當月消費>金額

☐消費明細列印<退菜明細> ☐列印會員<電話/地址>資訊

☐套餐合併列印(細項併入調味) ☐列印<頁首分隔線> 0 換行數

<消費明細>列印 X 軸位移 0.0 <消費明細>列印寬度調整 1.00

抬頭設定<放大字型>

POS2 消費明細

表頭設定 表底設定

☐將本次交易所有列印序號集合顯示在表底

列印<原價 / 優惠>金額

◉不列印 ○列印 ○列印(包含負金額品項)

品項字體大小

◉標準字體 ○放大字體 ○縮小字體

○放大加粗

品項內容 ◉商品名稱 ○商品規格 ○商品簡稱

❸ **外送單設定**：設定 < 收銀結帳 > 作業時外送單內容資料列印設定，設定後必須 < 存檔 >。

TIPS

勾選列印 < 條碼 > 可搭配 < 外送員沖銷 > 作業使用。

C 對帳單設定：< 收銀結帳 > 作業時對帳單內容資料列印設定，設定後 < 存檔 >。

發票 消費明細 帳條 料理單 對菜單 貼杯標籤 取餐單 第二螢幕 叫號單 條碼標籤 多元支付 其它

消費明細設定 外送單設定 對帳單設定 其他設定

單據別名稱 對帳單

☐ 單據回存時觸發列印<對帳單>

<對帳單>的觸發時機與 對菜單/料理單/貼杯標籤 相同

☐ 對帳單僅列印<未出單>項目

未勾選此設定將會列印所有明細項目

對帳單列印金額

○ 列印 ○ 不列印 ○ 詢問

☐ 交易結帳時<不列印>對帳單

<對帳單>的列印設備參照<消費明細>的設定

D 其他設定：因應特殊需求業者而開發設定的（如百貨公司專櫃營業模式設定需求），設定後 < 存檔 >。

2-3-3 門市硬體設定 – 帳條設定作業

Ⓐ 交班帳條設定：設定交班結帳作業列印設備及內容與項目，設定後 <存檔>。

列印標題設定：

抬頭設定<放大字型>

POS2 結帳條

表頭設定

表底設定

其他：

<交班帳條>列印 X 軸位移 0.0

<交班帳條>列印寬度調整 1.00

B 其他帳條設定：設定交班結帳作業，< 類別銷售帳條 >< 商品銷售帳條 >< 時段銷售帳條 > 啟用列印需求設定，點選 < 存檔 >。

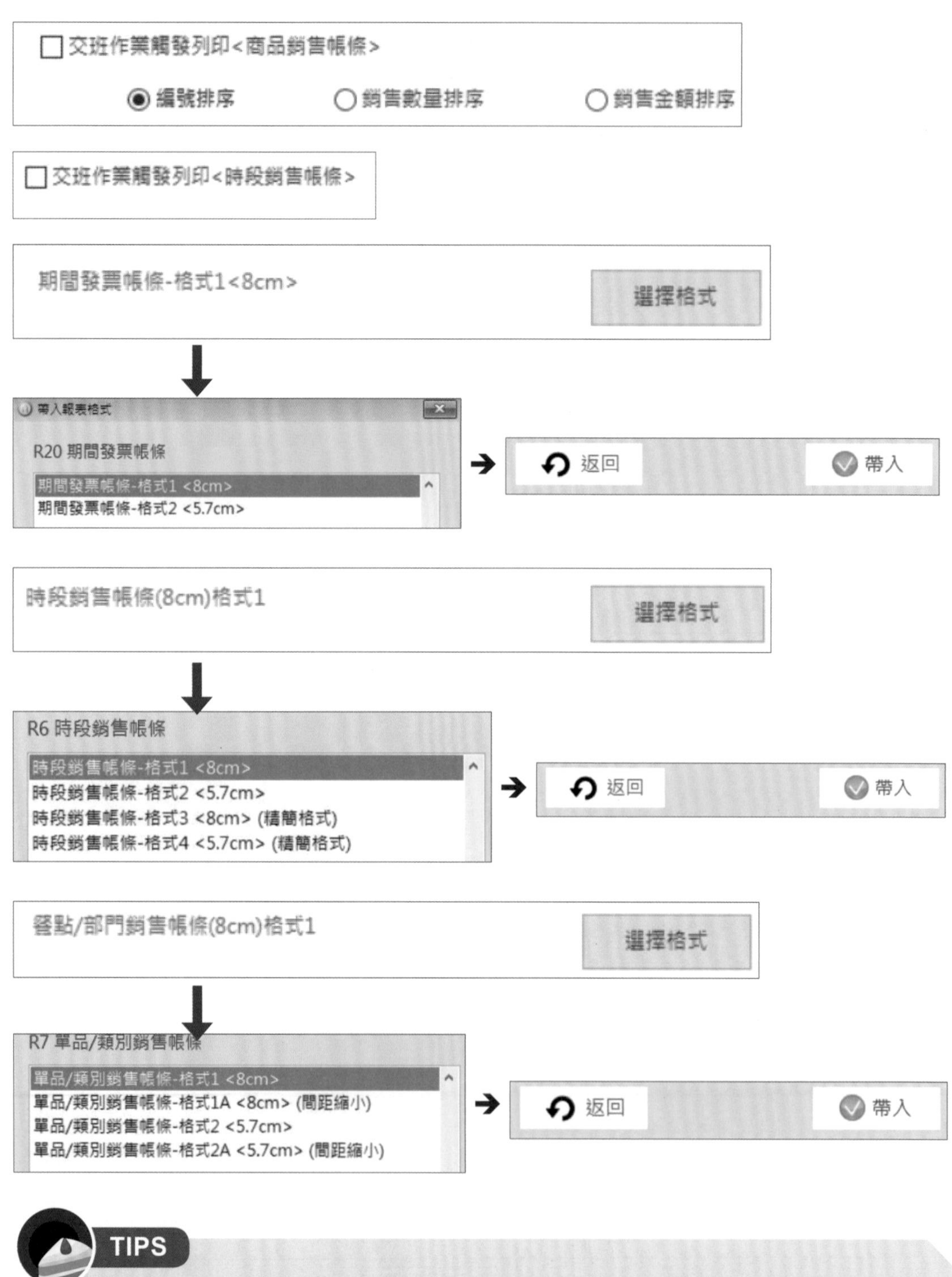

TIPS

其他細項主要針對餐飲業特殊設定使用，將於【第七章 設定客製篇】中介紹。

2-4 功能鍵設定作業

收銀大師 2 提供 < 收銀結帳 > 作業之頁面能有多元及彈性調整功能及收銀專用的可程式化鍵盤作設定，門市可依據營業現場實際需求進行修改設定。

操作步驟

登入系統後點選 **< 系統設定 >** 鍵後再點選 **< 功能鍵 >** 鍵，開啟環境設定頁面。

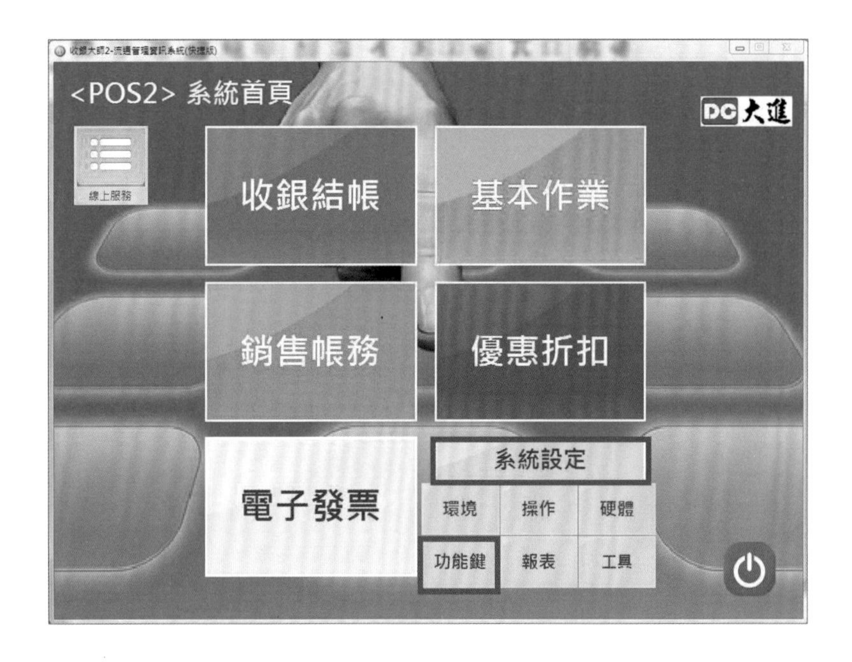

2-4-1 門市功能鍵設定 – 觸控按鍵設定

可調整按鍵介面的排列、數量、大小及功能定義，設定後 < 存檔 >。

零售版本的按鍵排列方式與快餐先結帳版、餐飲後結帳版、電子磅秤版有所不同，但功能完全相同。

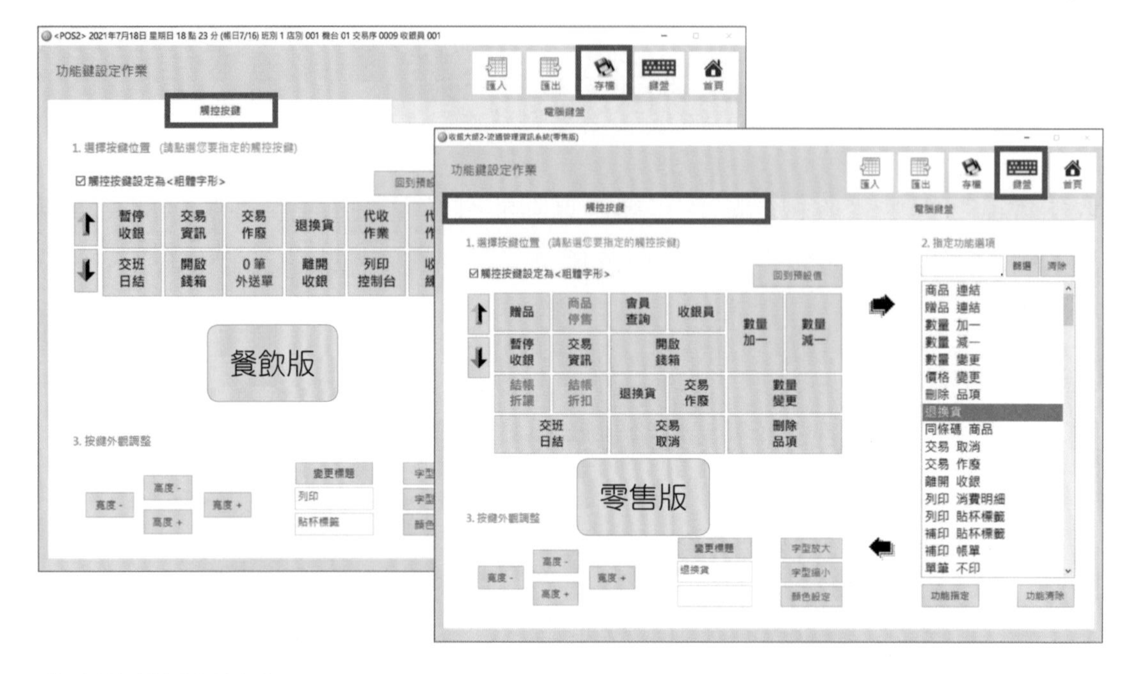

Ⓐ 選擇按鍵位置：

1. 選擇按鍵位置 (請點選您要指定的觸控按鍵)

☑ 觸控按鍵設定為<粗體字形>　　回到預設值

功能鍵分頁有 3 個分頁，每個分頁有 12 個按鍵，共有 36 個按鈕位置可做功能指定設定。

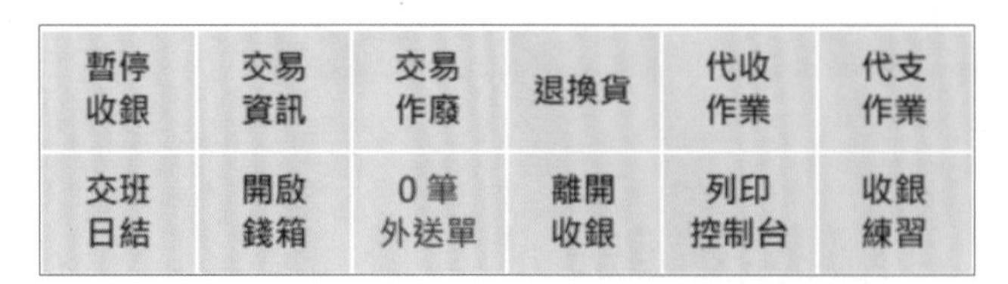

暫停收銀	交易資訊	交易作廢	退換貨	代收作業	代支作業
交班日結	開啟錢箱	0 筆外送單	離開收銀	列印控制台	收銀練習

【預設第一分頁：可自行替換變更】

<F211>	<F212>	<F213>	<F214>	<F215>	<F216>
<F221>	<F222>	<F223>	<F224>	<F225>	<F226>

【第二分頁】

<F311>	<F312>	<F313>	<F314>	<F315>	<F316>
<F321>	<F322>	<F323>	<F324>	<F325>	<F326>

【第三分頁】

Ⓑ 指定功能選項：

【下拉式功能選單】

步驟 1 < 點 > 選定好欲設置的功能鍵位置（A. 選擇按鍵位置）

步驟 2 下拉式功能選擇單中選擇【指定】功能 ➔ 點選 < 功能指定 >➔ 點選 < 存檔 >。

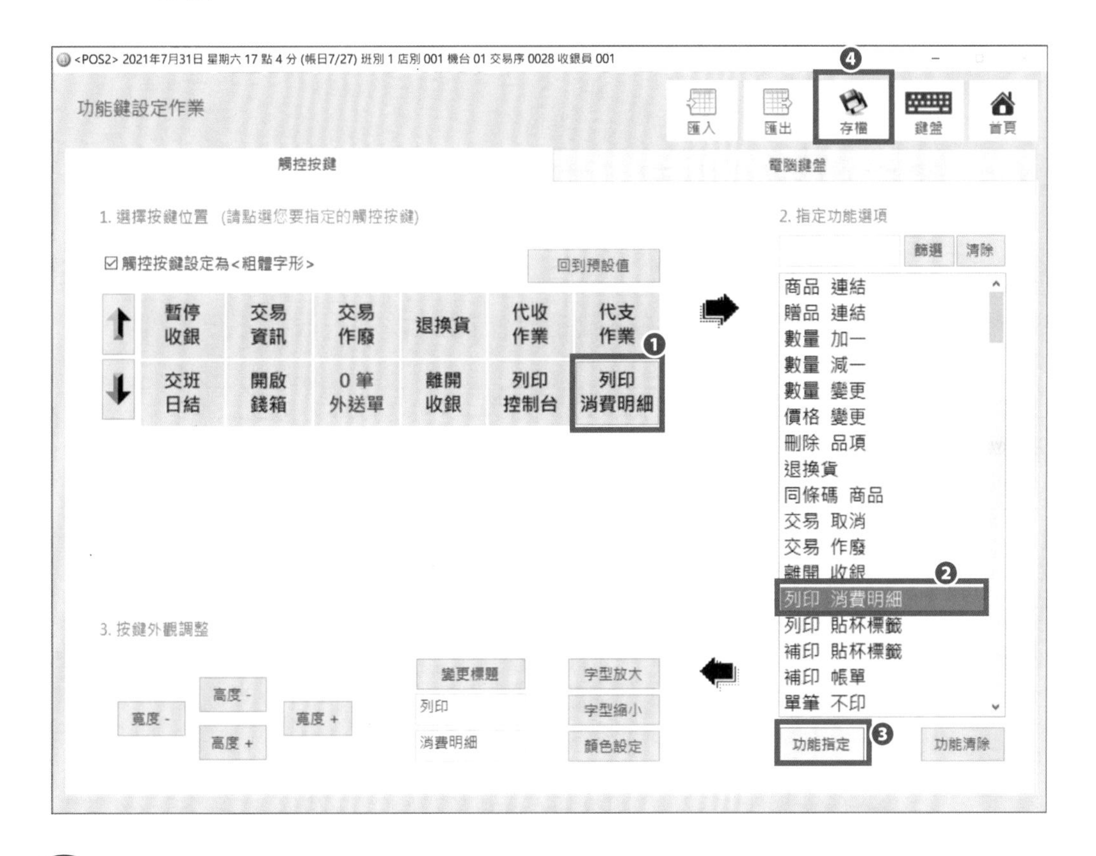

TIPS

功能的選項於【附錄 A 功能表】逐一說明，但會隨著業界經營實際的需求下陸續增減，特殊客製化所開發的功能也會陸續增列。

Ⓒ 按鍵外觀調整：使用者可依習慣及常用按鍵進行調整設定，設定後 < 存檔 > 完成。

步驟 1 < 點 > 選定好欲設置的功能鍵位置（A. 選擇按鍵位置）

步驟 2 點按 寬度 - 高度 - 高度 + 寬度 + 進行調整

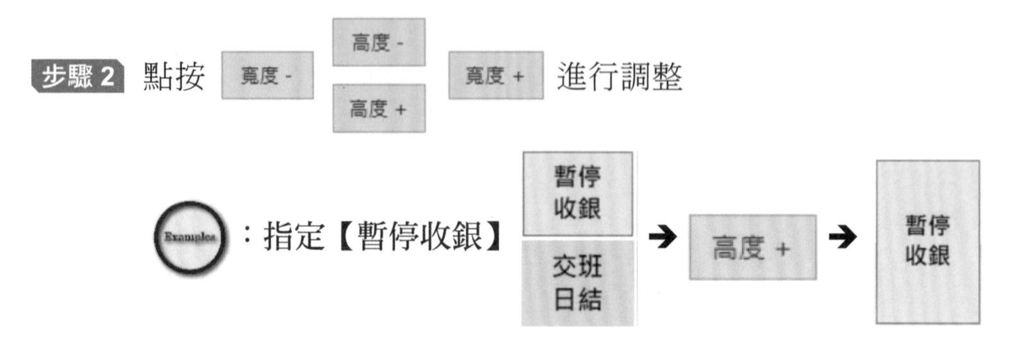

2-4-2 門市功能鍵設定 – 電腦鍵盤設定

收銀大師 2 除了可以將功能對應 POS 專用可程式鍵盤外，更可使用一般電腦鍵盤將所需的功能依各個按鍵名稱做指定快捷鍵設定，設定後 < 存檔 >。

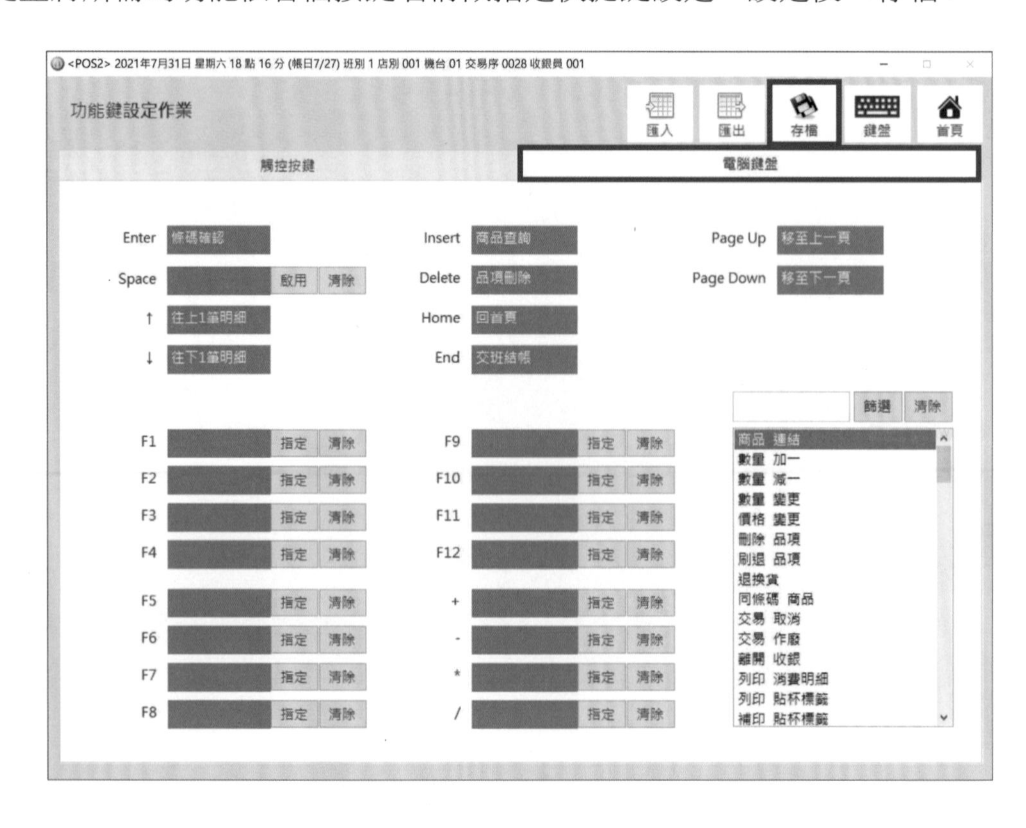

2-5 報表設定作業

登入系統後點選 < **系統設定** > 鍵後再點選 < **報表** > 鍵，開啟報表設定作業頁面。

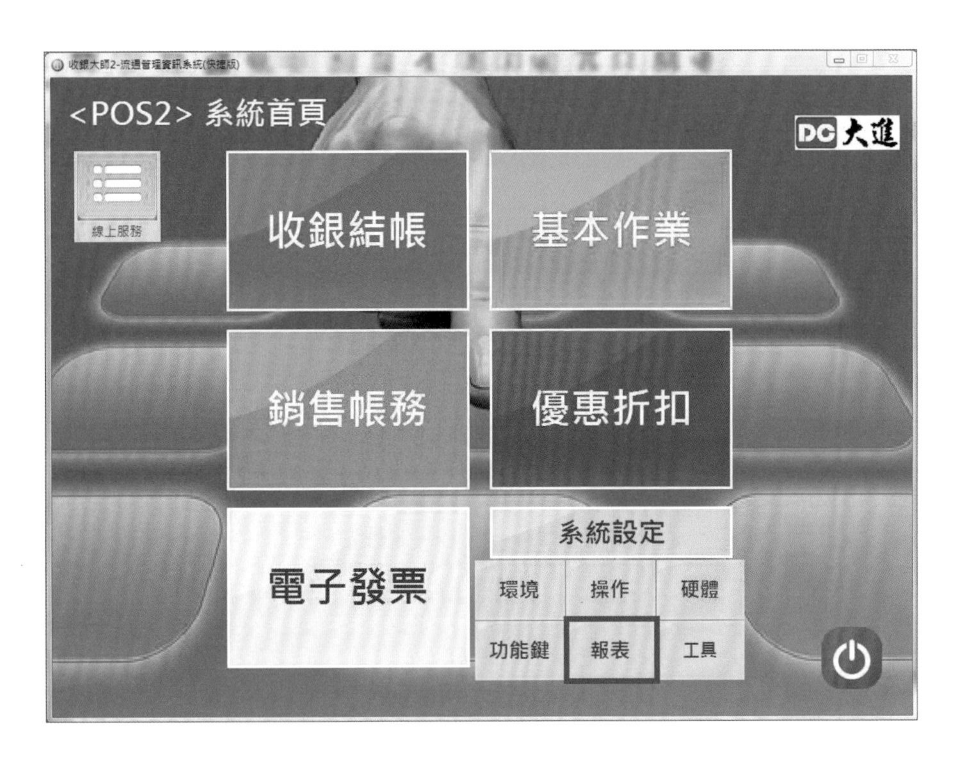

2-5-1 門市報表設定－報表資訊設定

輸入 < 公司簡稱 > 及 < 公司資訊及備註 >，設定後 < 存檔 >。

勾選啟用 < 舊版報表生成器 > 可避免因電腦顯示器比例縮放而造成報表失真狀況。

2-5-2 門市報表設定 – 印表機設定

選擇印表機列印，設定後 < 存檔 >。

TIPS

收銀大師 2 提供多張報表供門市使用，目前共計 48 張。列於附錄 B 系統表格明細表。

2-5-3 門市報表設定 – 格式設定

可針對各別點選的報表 < 選擇格式 > 做列印設定，及可針對 < 銷售統計作業 S1-S8 > 之報表 < 表底 > 做設定，設定後 < 存檔 >。

2-6 資料匯出匯入作業

收銀大師 2 提供系統設定 < 工具 > 功能，主要為協助門市新增供應商，需大量建置新商品資料以及連鎖加盟門市展店擴增時使用，可將原有門市系統之資料快速複製至新門市運作使用。

操作步驟

登入系統後點選 **< 系統設定 >** 鍵後再點選 **< 工具 >** 鍵，開啟設定作業頁面。

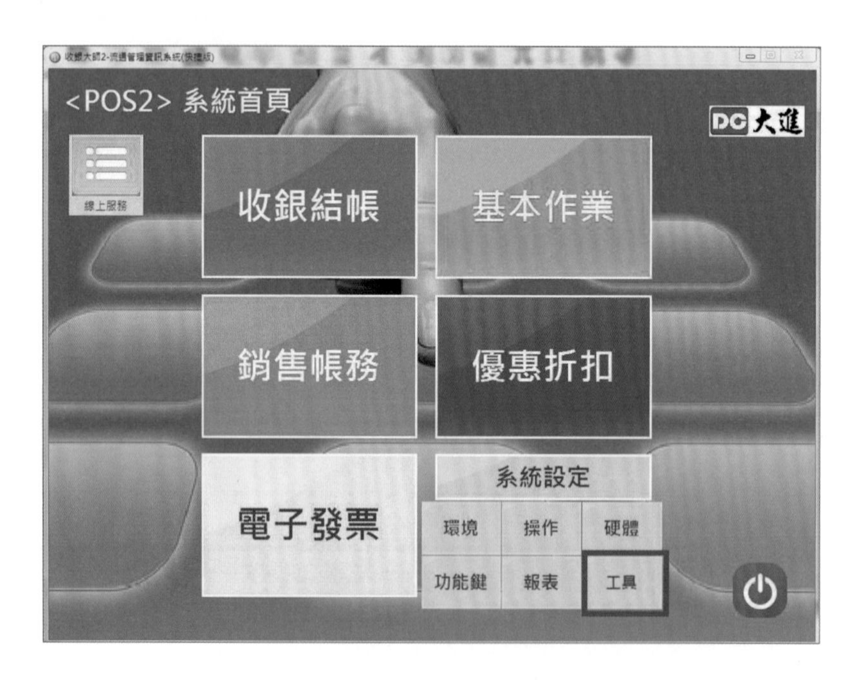

2-6-1 門市工具設定 – 建檔作業【轉出 / 轉入】作業

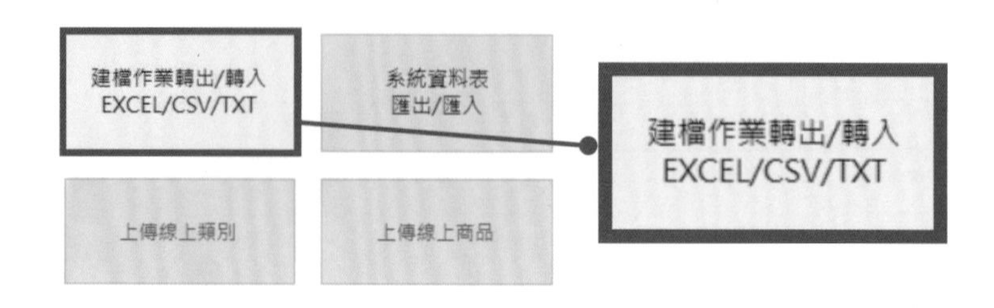

Ⓐ 選擇＜轉檔動作＞再選擇＜轉檔標的＞，設定＜轉檔格式＞後確認轉出或轉入檔案的存取位置，點選＜下一步＞進行＜檢視＞作業，確認無誤後點選＜執行轉檔＞，之後系統會在＜結果＞頁面做總結報告。

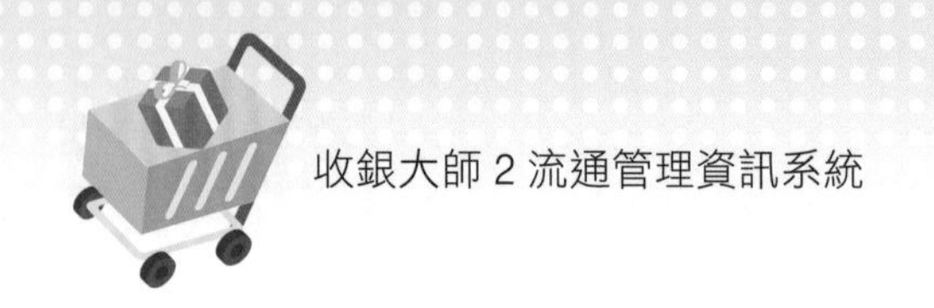

2-6-2 門市工具設定 – 系統資料表【匯出 / 匯入】作業

進入 < 工具 > 作業後再點選 < 系統資料表匯出 / 匯入 > 開啟勾選項目後，選擇執行 < 資料表匯入 > 或執行 < 資料表匯出 > 作業，完成後點選 < 結束離開 >。

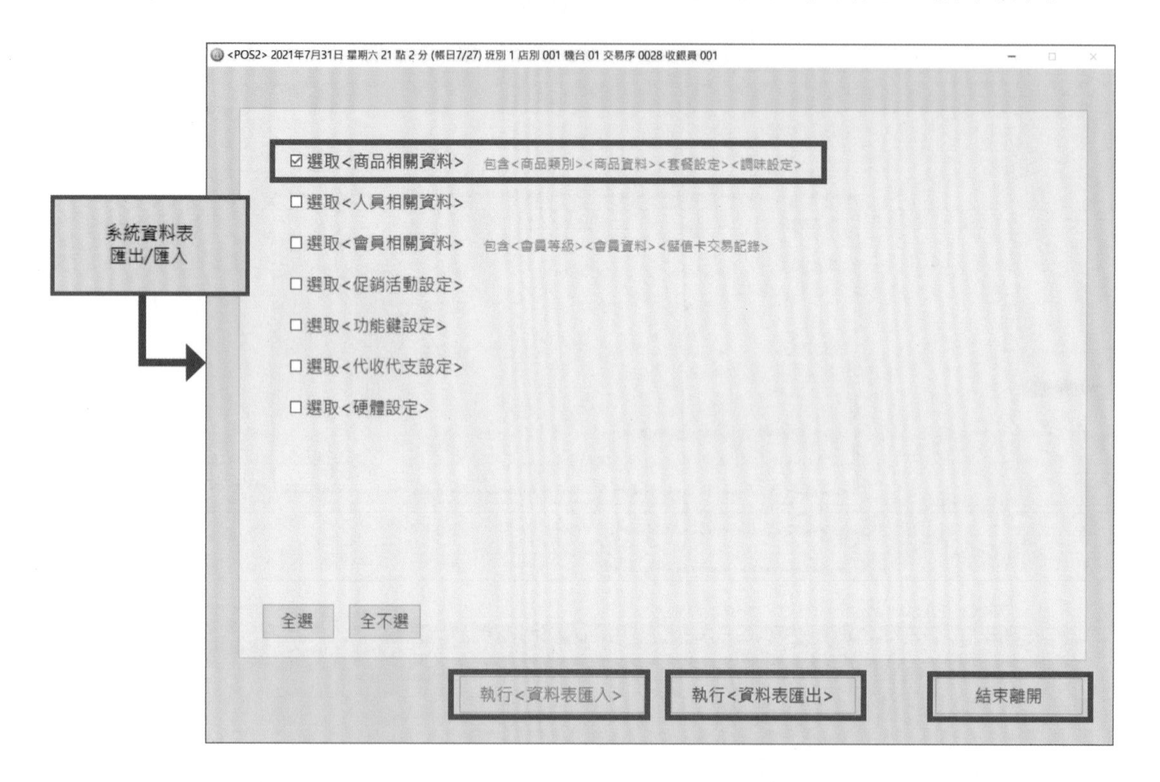

2-6-3 門市工具設定 – 上傳線上【類別 / 商品】

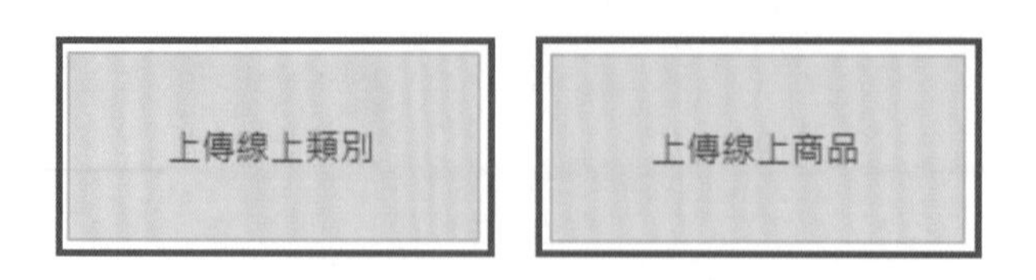

< 上傳線上類別 > 與 < 上傳線上商品 > 是之後系統要對應 Uber Eats 的菜單所開發的功能。

3

CHAPTER

收銀結帳篇

前檯收銀作業是門市與顧客最關鍵最重要的交流之處，也是門市營運管理品質的綜合考量呈現點，如何提升結帳的便利性、營造顧客的好感度、增加銷售的達成率，全都要仰賴適當且靈活的作業流程。

在**系統登入**的頁面中有提供 **< 系統模式設定 >** 選擇，可分為 < **快餐先結帳系統 >**、**< 餐飲後結帳系統 >**、**< 電子磅秤系統 >**、**< 零售管理作業系統 >** 四種模式。

選擇系統模式：輸入帳號、密碼前，點選左上角，選擇【系統模式】。

系統模式	適用型態	代表業態
零售管理作業	**一般性商品**的**零售業**門市	便利商店
快餐先結帳	**現做現取**的餐飲門市	手搖杯飲料店
餐飲後結帳	**提供內用**的餐飲門市	西式餐廳
電子磅秤	使用**電子磅秤**結帳的門市	水果行

零售業結帳模式

快餐先結帳模式

餐飲後結帳模式

3-1 零售業結帳模式

此模式為銷售一般性商品的零售業門市適用，其最具代表性的商店為便利商店或百貨五金類商店。

其 < 收銀結帳作業 > 頁面功能說明為：

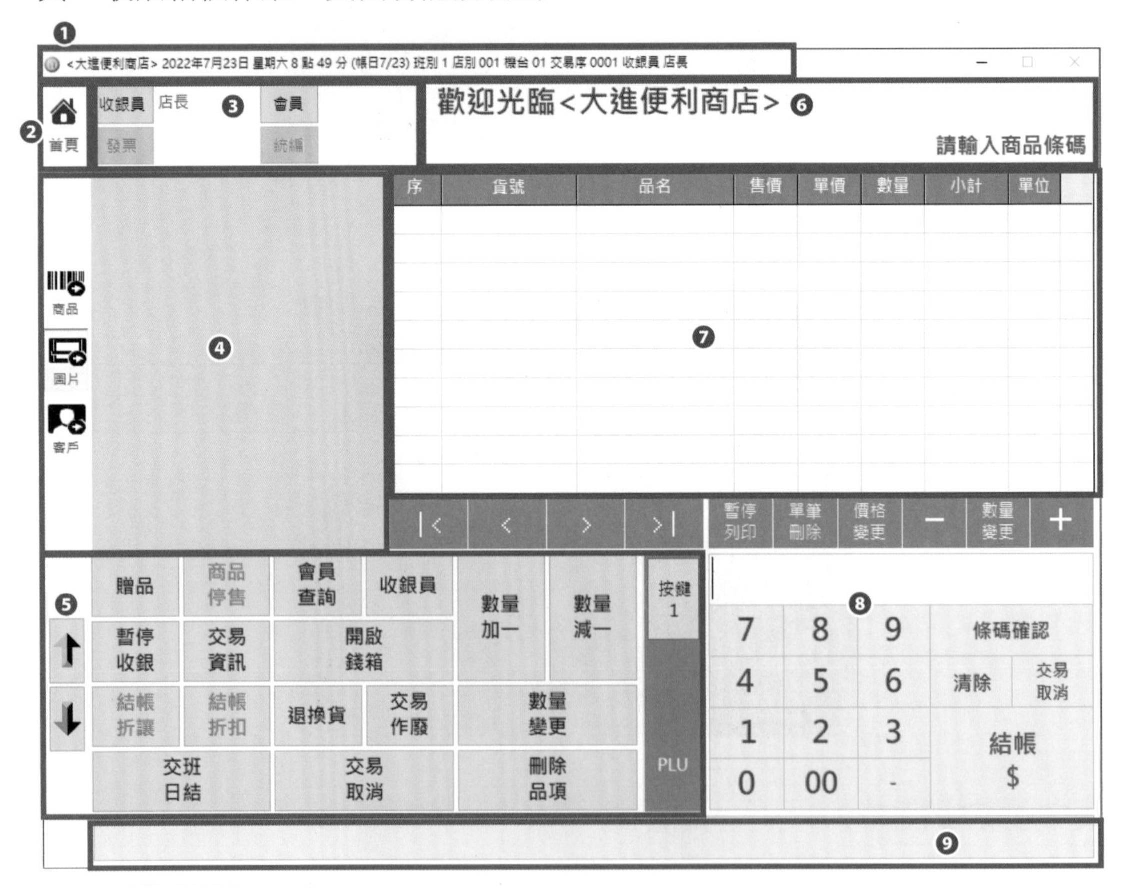

(1) 系統狀態資訊區

<大進便利商店> 2021年9月12日 星期日 10 點 58 分 (帳日9/12) 班別 1 店別 001 機台 1 交易序 0002 收銀員 店長

(2) 首頁 返回系統首頁鍵

(3) 人員會員發票統編變更作業區

收銀員	店長	會員	0003 呂浩誠
發票	剩餘 49 張 ZO78070001	統編	03768006

(4) 商品資料、商品圖片、會員資料顯示區

帶入商品資料後

可點選 < 商品 > 鍵，即可顯示該商品的詳細資訊。

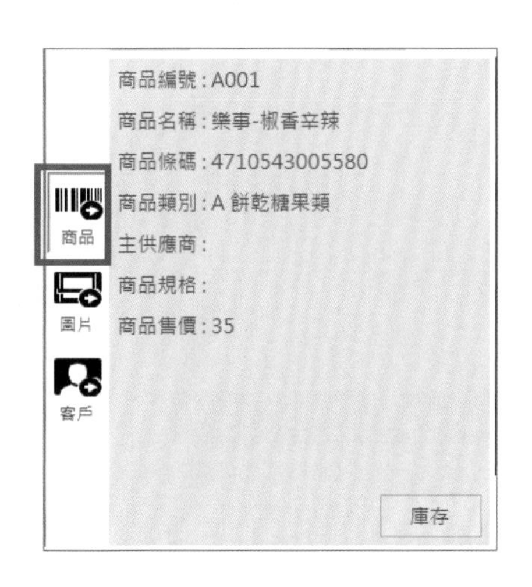

點選 < 圖片 > 鍵，即可顯示該商品的內存的圖像。

帶入會員資料後可點選 < 客戶 > 鍵即可顯示該會員的的詳細資訊。其中的 < 對應價格 > 可至 < 基本作業 >< 會員 ><1 會員等級 >< 會員價方式 > 設定。

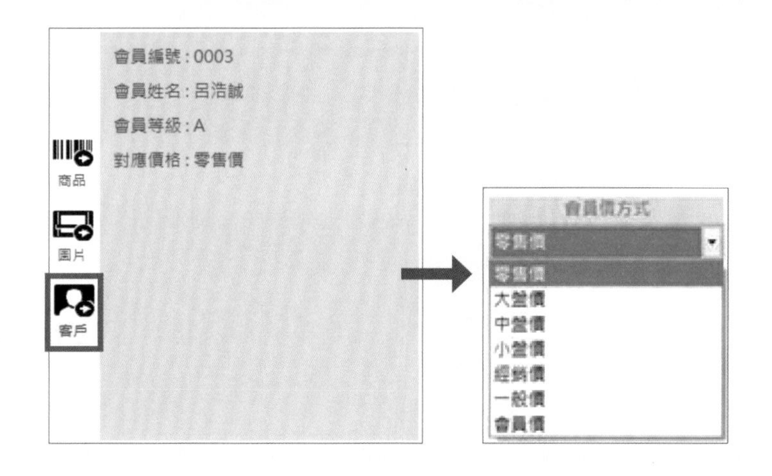

(5) 功能、快捷按鍵區

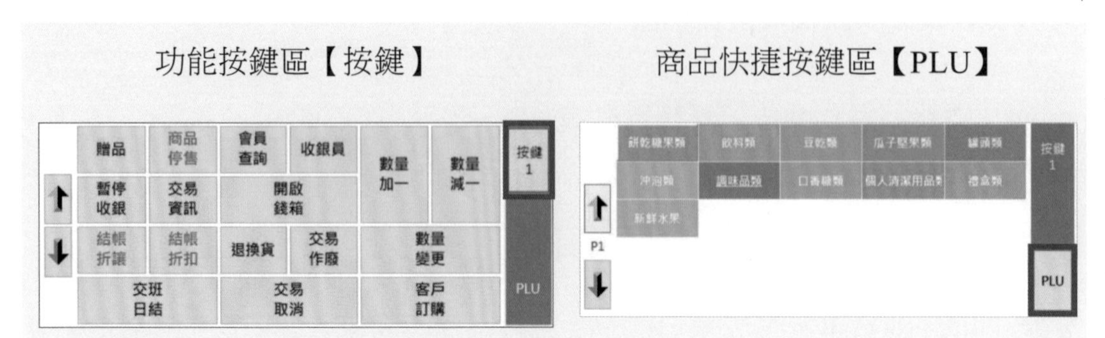

(6) 交易流程資訊提示區

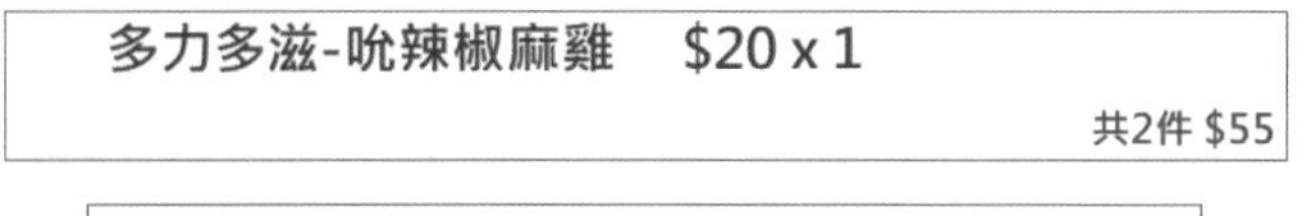

結帳:55元 現金:100元 找零:45元

(7) 交易明細檢視區

序	貨號	品名	售價	單價	數量	小計	單位
1	A001	樂事-椒香辛辣	35	35	1	35	
2	A002	多力多滋-吮辣椒麻雞	20	20	1	20	
3	A007	果然嗨啾(芒果鳳梨)	25	25	1	25	

(8) 交易資訊輸入區

暫停列印	單筆刪除	價格變更	−	數量變更	+
7	8	9	條碼確認		
4	5	6	清除	交易取消	
1	2	3	結帳 $		
0	00	-			

(9) 提示區：(例) 收銀員、會員變更

會員已經變更為 0002

收銀員已經變更為 002

操作範例

初二，因公司拜拜需要，顧客小美到店【大進便利商店】採購：
餅乾糖果類 旺旺香米餅 5 包，每包定價 15 元
豆乾類 德昌五香豆皮 5 包，每包定價 30 元
飲料類 愛之味麥仔茶一箱（24 瓶），每瓶 10 元
瓜子堅果類 盛香珍五香瓜子 1 包，每包定價 70 元
以現金 1000 元支付，並要求打統一編號【公司統一編號：03768006】。
完成結帳作業

步驟 1 輸入商品資料 1：可使用條碼掃描器或手動輸入

輸入商品資料 2：點按【商品快捷按鍵區：PLU】

餅乾糖果類	飲料類	豆乾類	瓜子堅果類	罐頭類	按鍵 1
沖泡類	調味品類	口香糖類	個人清潔用品類	禮盒類	
新鮮水果					

↑ P1 ↓ PLU

點選【餅乾糖果類】➔【旺旺香米餅】

←	餅乾糖果類	飲料類	豆乾類	瓜子堅果類	罐頭類	→

樂事 椒香辛辣	多力多滋 吮辣椒麻雞	卡辣姆久厚切 勁辣唐	波的多 蚵仔煎特大包	宜蘭食品 旺仔小饅頭(
旺旺 香米餅	果然嗨啾 (芒果鳳梨)	奇蒂貓 粒舒糖	經典蛋捲 量販包	大金牛角 香濃起司

TIPS

點選帶入商品資料後可點選 < 商品 > 鍵即可顯示該商品的詳細資訊。

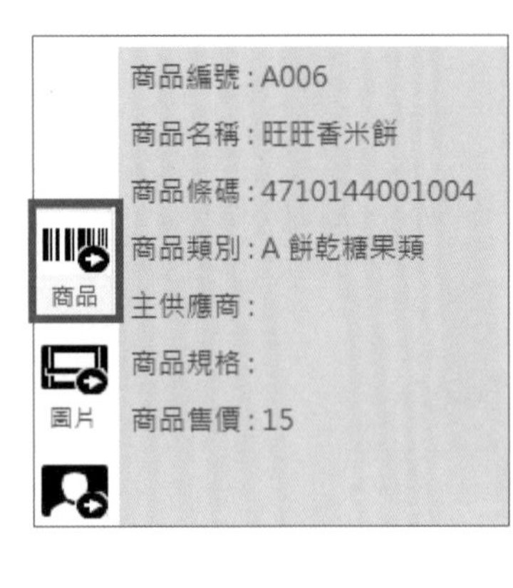

點選 < 圖片 > 鍵即可顯示該商品的內存的圖像。

步驟 2 修改數量：點按商品列，呈現反灰色帶 ➔ 按【+】增加數量

方法 2➔ 按【數量變更】修改數量

PS：完成商品輸入，交易明細：

序	貨號	品名	售價	單價	數量	小計	單位
1	A006	旺旺香米餅	15	15	5	75	
2	C003	德昌-五香豆皮	30	30	5	150	
3	B005	愛之味麥仔茶	10	10	24	240	
4	D005	盛香珍-五香瓜子	70	70	1	70	

步驟 3 確認消費總金額【交易流程資料區】~ 帶結帳話術：您今天消費金額共計 535 元

共35件 $535

步驟 4 輸入統一編號：點按數字【03768006】➔ 點按【統編】功能鍵 ➔ 跳出確認畫面 ➔ 點按【確定】

系統訊息：操作完成

統一編號已經設定為 03768006

確定

步驟 5 結帳收款：輸入付款金額【1,000】➔ 點按【結帳】。

1000				
7	8	9	條碼確認	
4	5	6	清除	交易取消
1	2	3	結帳 $535	
0	00	-		

步驟 6 參考【交易流程資料區】資訊 ➔ 找零、包裝，完成交易

結帳:535元 現金:1,000元 找零:465元

3-2 快餐先結帳模式

此模式適用於一般現點現做現取的餐飲門市，最具代表性為手搖杯飲料店。

操作範例

會員（A001）王曉銘以現金 200 元外帶三杯飲料，公司統一編號：28226438 大進手搖飲門市結帳後現做。

第一杯：茗迴茶類的南灣紅茶 – 少冰、少糖並加價 5 元加椰果料。

第二杯：新鮮牧場類的香蕉鮮奶 – 冷、微糖、半糖。

第三杯：泰繽紛類的柚見綠洲 – 正常冰、正常甜（不加料。）

第一杯：茗迴茶類的南灣紅茶 – 少冰、少糖並加價 5 元加椰果料。

步驟 1 點選【商品類別按鍵區】– 茗迴茶類

茗迴茶	鮮果樂多	沙沙冰	香醇奶茶	鮮果茶
新鮮牧場	冬瓜釀	纖活冰茶	鮮榨果飲	泰繽紛

步驟 2 點選【類別商品按鍵區】– 南灣紅茶

龍井茶 $25	南灣紅茶 $25	碳培鐵觀音 $30	桂花烏龍茶 $30	蜜香綠茶 $30
蜂蜜紅 $35	蜂蜜綠 $35	蜂蜜觀音 $35	梅子綠茶 $35	玫瑰花茶 $35
珍珠紅茶 $40	珍珠綠茶 $40			

步驟 3 設定需求：點選【調味】，點按需求（注意：點選確認後，顏色較深）

正常冰	少冰	微冰	去冰	+	按鍵 1
正常甜	少糖	半糖	微糖		調味
手作布蕾 $5	椰果 $5	黑糖波霸 $5	蘆薈 $10	–	PLU

PS：交易明細檢視區

序	商品	調味	單價	量	小計
1	南灣紅茶	少冰,半糖,椰果	30	1	30

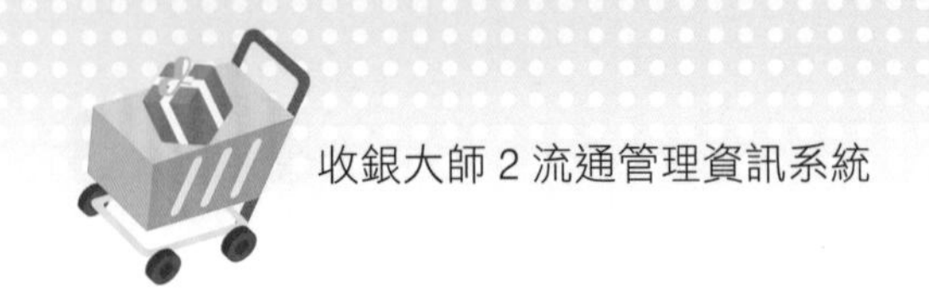

第二杯：新鮮牧場類的香蕉鮮奶 – 冷、微冰、半糖。

重複 **步驟 1** 商品類別按鍵區

茗迴茶	鮮果樂多	沙沙冰	香醇奶茶	鮮果茶
新鮮牧場	冬瓜釀	纖活冰茶	鮮榨果飲	泰繽紛

步驟 2 類別商品按鍵區

冬瓜拿鐵 $50	紅茶拿鐵 $50	翡翠拿鐵 $50	鐵觀音拿鐵 $50	可可拿鐵 $55
玫瑰拿鐵 $60	棒果拿鐵 $60	黑糖波霸拿 $50	日式沖繩黑糖拿鐵 $55	北海道牛奶湯拿鐵 $55
香蕉鮮奶M $45	蘋果鮮奶M $60	香蕉鮮奶L $55	蘋果鮮奶L $70	

步驟 3 功能調味快捷按鍵區

PS：交易明細檢視區

2	香蕉鮮奶L	冷,微冰,半糖	55	1	55

第三杯：泰繽紛類的柚見綠洲 – 正常冰、正常甜（不加料）。

重複 步驟 1 ➔ 步驟 2 ➔ 步驟 3

PS：交易明細檢視區

3 柚見綠洲	正常冰,正常甜	65	1	65

步驟 4【人員會員發票統編】變更作業區

說明：統一編號輸入參考【3-1 節 零售業結帳模式】、會員設定請參考【第七章 設定客製篇】。

收銀員	早班	會員 (85)	A0001 王曉銘
發票	剩餘 50 張 MB13890000	統編	28226438

步驟 5 消費方式設定：點按【外帶】

步驟 6 確認消費總金額【交易流程資料區】~ 帶結帳話術：您今天消費金額共計 150 元

外帶3件 $150	7	8	9
	4	5	6
	1	2	3
結帳 $150	0	00	清除
	交易取消	條碼確認	

步驟 7 結帳收款：輸入付款金額【200】➔ 點按【結帳】。

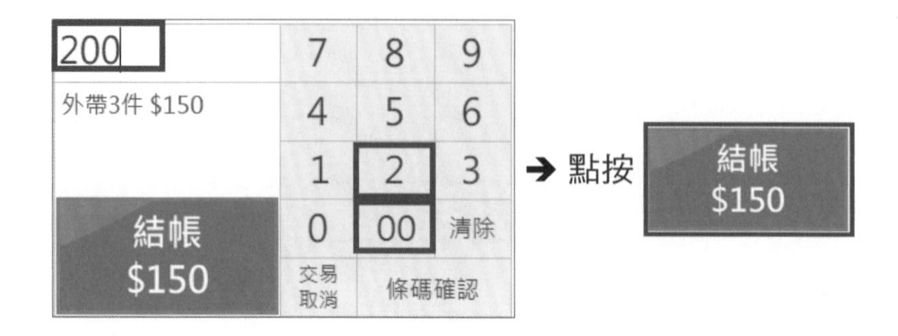

步驟 8 參考【交易流程資料區】資訊 ➔ 找零、包裝，完成交易。

結帳:150元
現金:200元
找零:50元

7 8 9
4 5 6
1 2 3
0 00 清除

3-3 餐飲後結帳模式

此模式適用於一般有提供內用的餐飲門市，最具代表性為早午餐店、火鍋店等。

選擇模式：先將 < 系統模式 > 調整為 < 餐飲後結帳系統 > 後 < 存檔 > 重新登入。

（餐飲版）登入畫面：

TIPS

點餐結帳需先完成**餐桌設定**，請參考**【第二章 系統設定篇】**。

餐飲後結帳模式【收銀結帳功能】

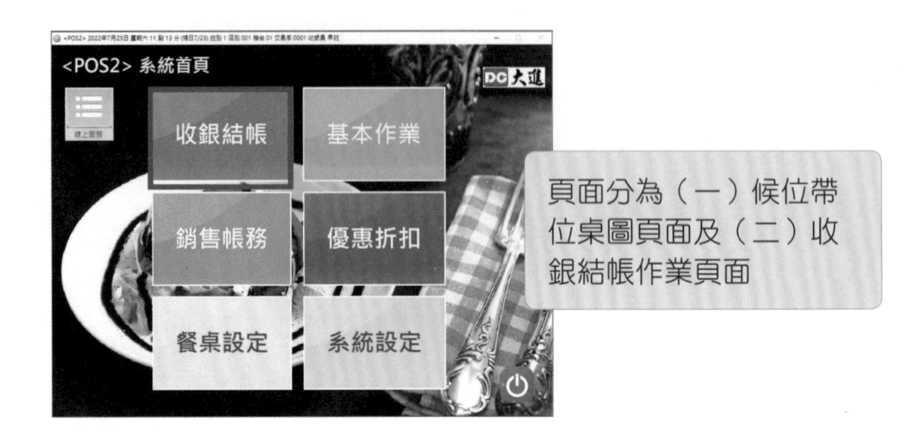

點按【收銀結帳】，會先開啟（一）候位帶位桌圖頁面的功能：

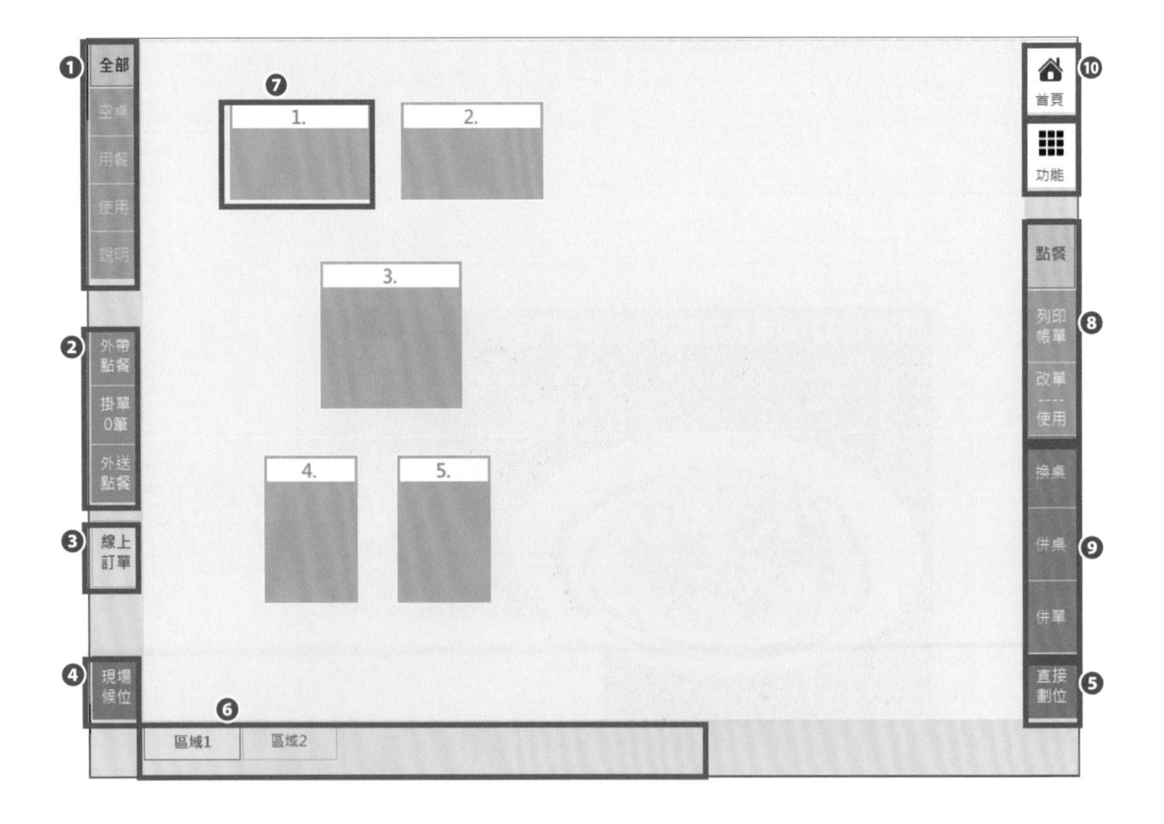

(1) 餐桌狀態資訊區

說明 點選 <說明> 鍵後可依據桌圖的顏色分別做應用說明。

依桌圖顏色可分為七大類做為辨識：空桌、用餐中、已逾時、逾時警示、已劃位、使用中、外帶席。

(2) 外帶外送狀態資訊區 (3) 線上訂單資訊區 (4) 現場候位作業 (5) 直接劃位作業。

以上各功能僅因消費方式不同，結帳方式相同。

(6) 選擇區域桌圖分頁：適用於內用分區、包廂等適用。

(7) 桌圖餐桌選取區：顧客內用時，收銀結帳第一步驟需先設定用餐桌次。

(8) 點餐作業區：配合顧客消費而設置調整功能區

(9) 桌位調整區：配合顧客消費而設置調整功能區

(10) 功能鍵作業： 提供功能捷徑

交班日結 交易資訊 開啟錢箱 會員查詢

列印控制台 收銀員 代收作業 代支作業

關閉功能視窗

操作範例

顧客小資到店消費：想要內用，並點了三杯飲料【南灣紅茶、香蕉鮮奶、柚見綠洲】。

步驟 1 點選【收銀結帳】

步驟 2【候位帶位桌圖】：安排桌次，點選【空桌：桌次 1】

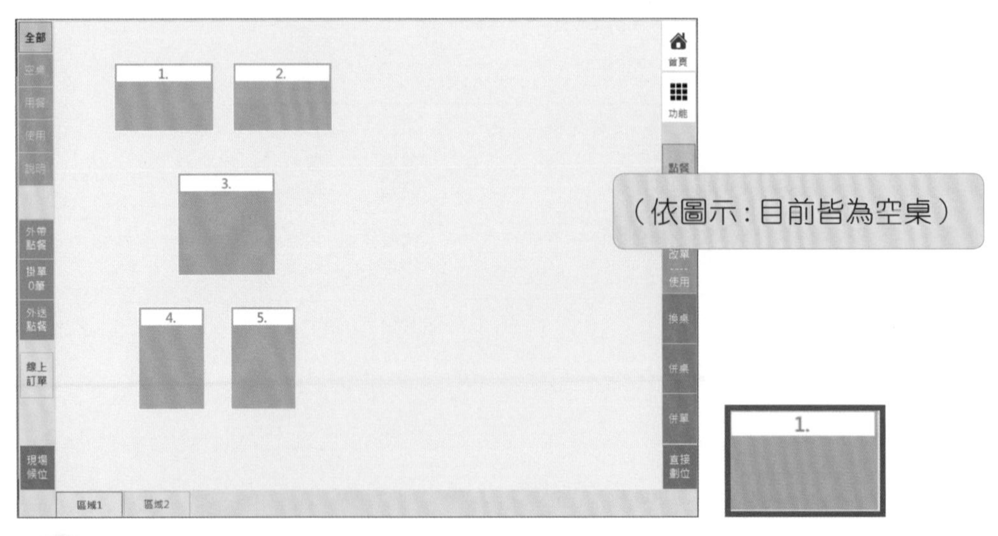

TIPS

帶位技巧－靠近門。

步驟 3 進入【收銀結帳】作業 – 收銀點餐：操作方式如 3-1 節，不再重複

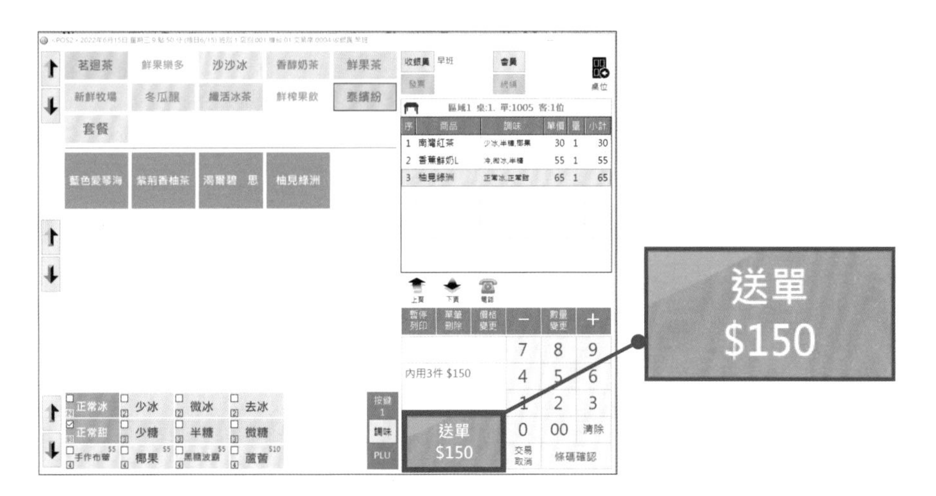

點按餐點後，與【快餐先結帳】模式不同的是：送單。(送單至內場製作)

座位桌次顯示：用餐中 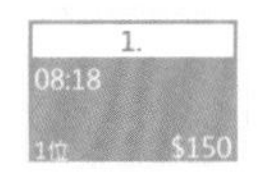

步驟 4 小資用完餐以 500 元現金結帳

點按【座位桌次 】，再次進入收銀結帳作業。

收銀結帳畫面已調整為【結帳】

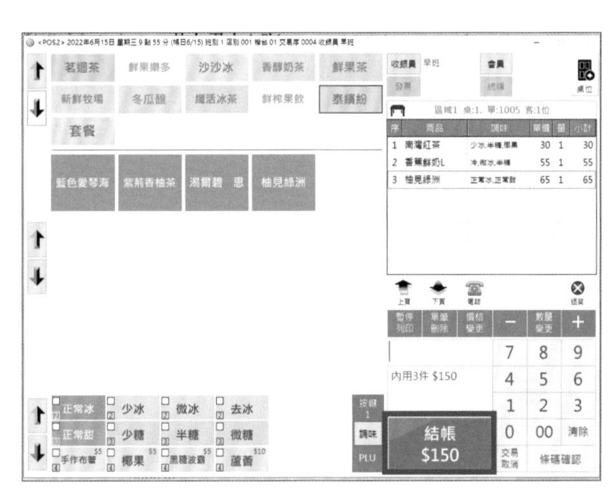

輸入【500】 

➔ 點按【結帳】，完成交易。畫面隨即跳回【**候位帶位桌圖**】。

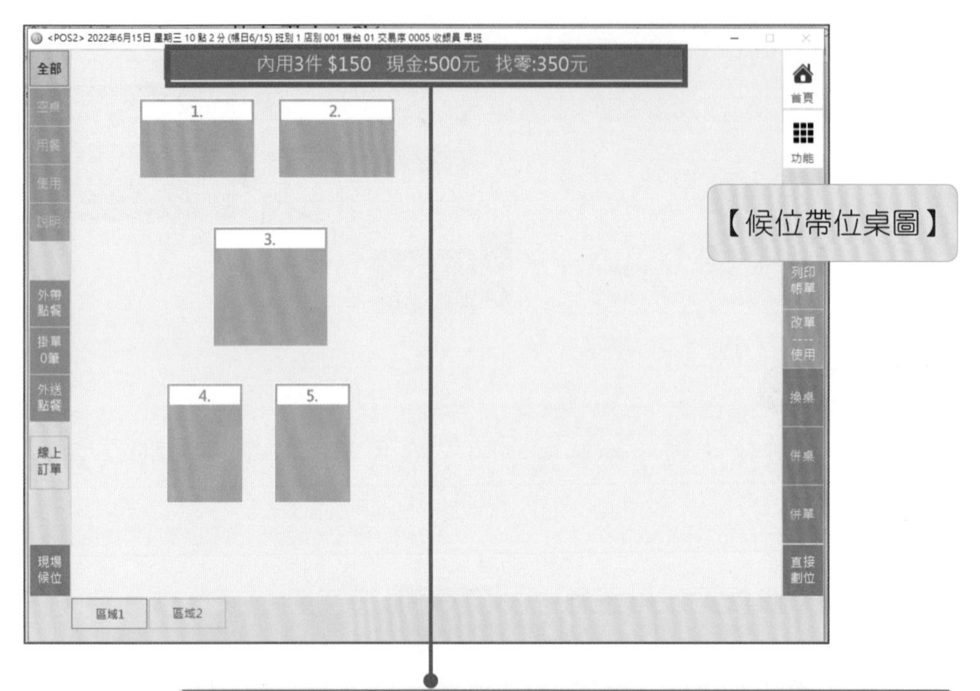

畫面出現結帳資訊：內用3件 $150 現金:500元 找零:350元

座位桌次因已結帳消費，
也調整為空桌。

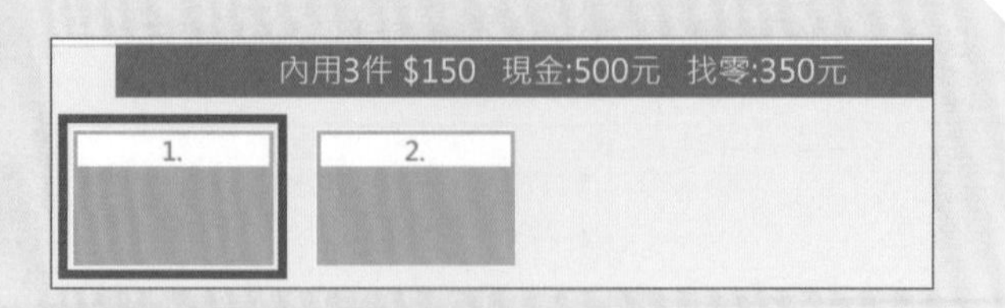

操作範例

顧客小資到店消費，點了三杯飲料【南灣紅茶、香蕉鮮奶、柚見綠洲】，因考量疫情，想要外帶。

步驟 1 進入【候位帶位桌圖】

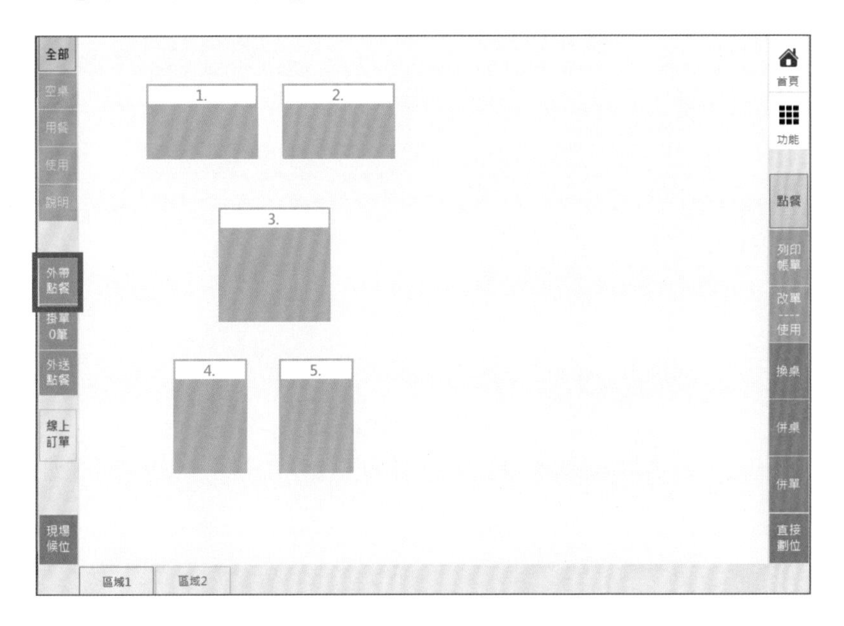

步驟 2 點選【外帶】外帶點餐，進入收銀結帳作業。

步驟 3 收銀點餐：操作方式如 3-1 節，不再重複。

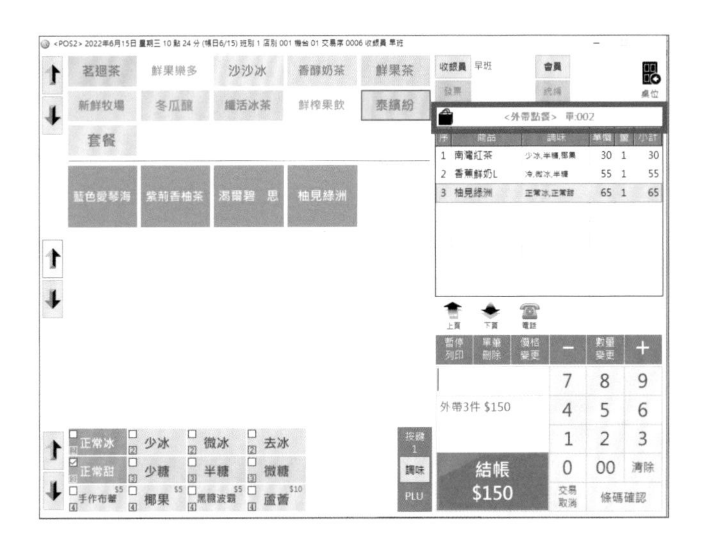

畫面增加【外帶點餐】提示資訊：

步驟 4 點按【結帳】，完成交易。畫面隨即跳回【**候位帶位桌圖**】。

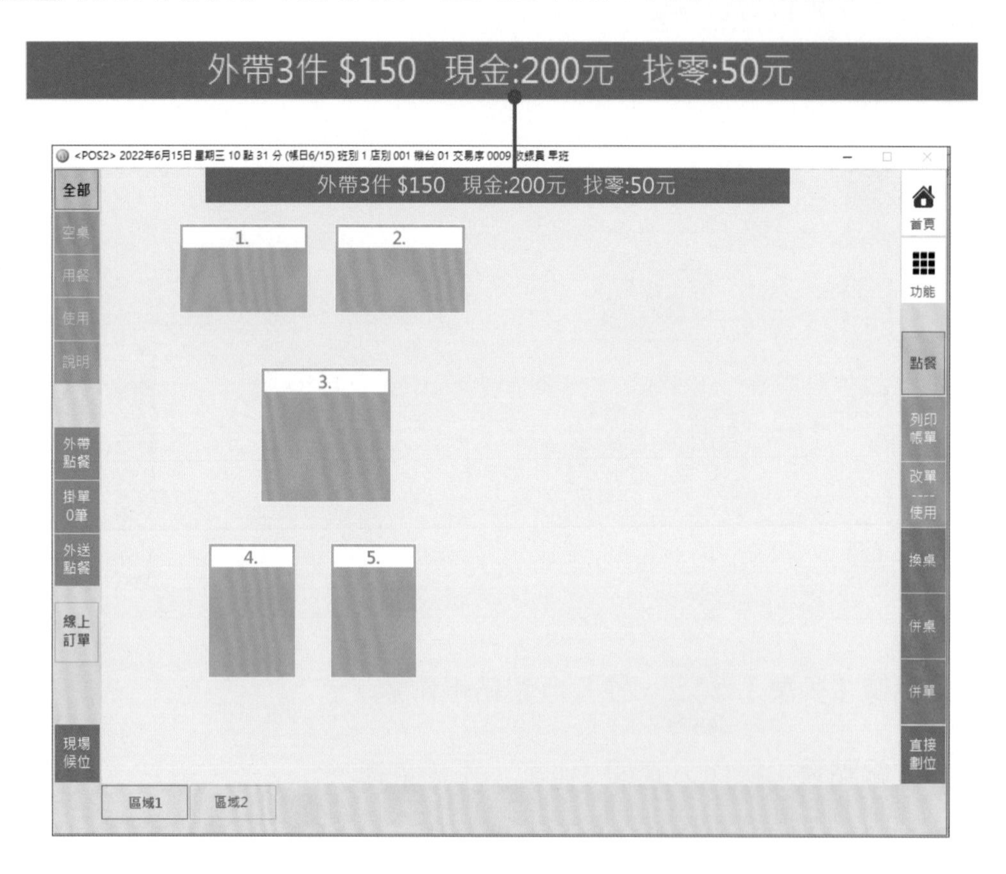

4

CHAPTER

行銷組合篇

現今商業資訊交流環境已是非常便利且競爭透明化，顧客採購商品，「貨比三家」早已是必備的基本功夫，因此如何能吸引顧客主動上門進行計劃性採購，以及顧客上門後如何提昇其衝動性購買的機率，這將是所有經營者日以繼夜思索的課題。

一般促銷主要目的有：

1. 提高來客數
2. 提昇營業額
3. 存貨出清換取現金
4. 新商品上市
5. 節慶感恩回饋顧客
6. 塑造商場形象
7. 商圈競爭者的攻守策略
8. 提振員工士氣

促銷的方案會因為業種與業態的不同，有著千奇百怪各式各樣的型式。但最重要的精髓原則，就是要以打動人心為目標。最直接也最常見的促銷方式便是折扣（降價），但折扣的實質意義就是**降低商品毛利**以換取營收額的增加，但犧牲掉的毛利一定要有相對應的營收額成長來遞補，否則就會淪落至無止境的惡性競爭循環直到退場，這是所有經營者不可不警惕避免的迴境。

門市經營基本結帳帳務，透過收銀大師 2 系統處理。同時，收銀大師 2 也提供門市運用促銷方案時，可以直接於系統內設定好，方便前台收銀操作。

系統內提供

(1) 促銷活動設定
(2) 會員促銷設定
(3) 優惠券設定
(4) 儲值 / 紅利 設定，四大類促銷項目

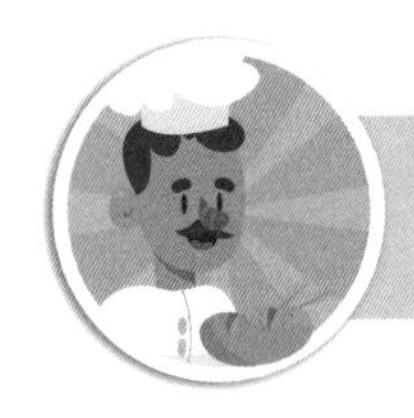

4-1 促銷活動管理作業

促銷活動管理作業區：點選 < 優惠折扣 >➔< 促銷 > 鍵，開啟 < 促銷活動管理作業 > 頁面。

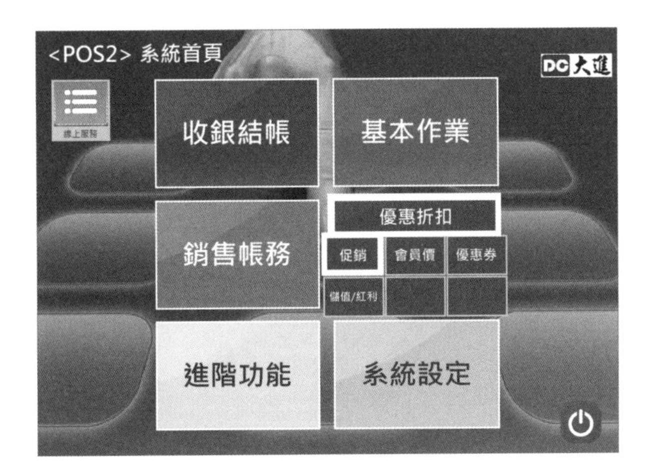

促銷活動管理作業頁面：

起始預設為 < 新增促銷 > 鍵，點選後可進入 < 設定促銷 > 專案作業流程頁面。

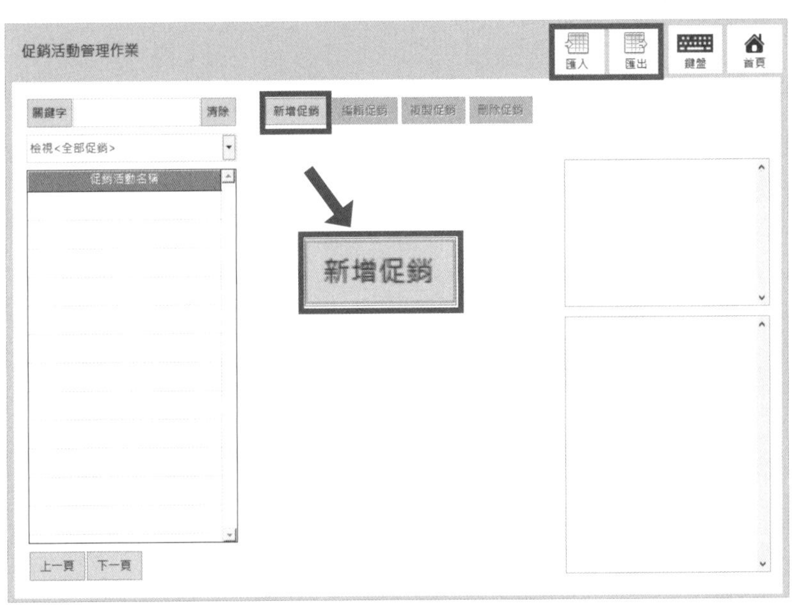

系統內提供業界常見的有 12 種促銷方案，其操作步驟流程原則上皆一致。點選 < 新增促銷 > 鍵後進入 < 設定促銷 > 頁面，其作業流程分為五個設定步驟流程

(1) 設定促銷檔期 ➔(2) 設定促銷條件 ➔(3) 設定促銷標的 ➔(4) 設定促銷優惠 ➔(5) 確認促銷活動 ➔(6) 回到 < 促銷活動管理作業 > 頁面再次確認

系統提供促銷設定方案：

共計 12 類別，設定步驟原理原則都相同。

4-1-1 期間折扣

設定一段期間內將指定的商品類別或商品項目，以依指定的折扣 % 數進行銷售。

步驟 1 設定促銷 < 檔期 >：

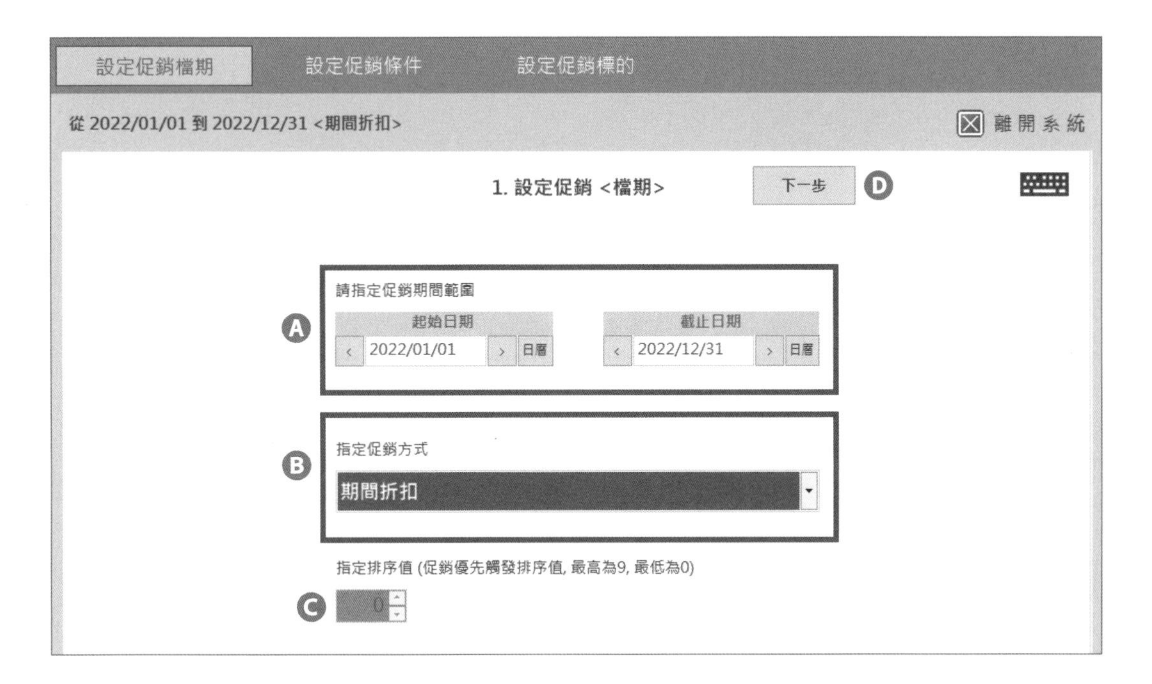

Ⓐ 設定期間：依範例圖示：2022/01/01~2022/12/31

Ⓑ 下拉指定促銷方式：下拉式選單，依圖示選定【期間折扣】

Ⓒ 指定排序值：設定為 0。

說明：當同商品有不同的促銷方案時，系統會依設定的順序優先採用

Ⓓ 完成後點選 < 下一步 > 進行後續作業。

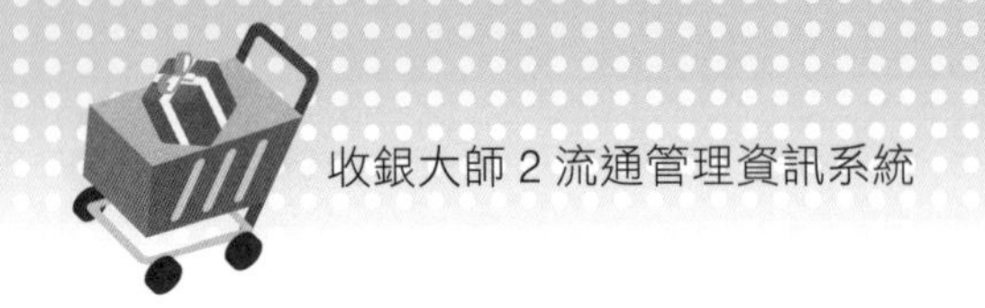

步驟 2 設定促銷 < 條件 > :

設定促銷檔期　設定促銷條件　設定促銷標的

從 2022/01/01 到 2022/12/31 <期間折扣>　離開系統

上一步　2. 設定促銷 <條件>　下一步 F

A 指定促銷選項　◉所有選項　○選項1　○選項2　○選項3
設定促銷選項可搭配收銀操作<手動指定>選項達成觸發促銷活動的效果

B 指定促銷時段　0 : 0 ~ 23 : 59

C 週間有效促銷日　☑週一　☑週二　☑週三　☑週四　☑週五　☑週六　☑週日　☐平日　☐假日

指定消費方式　☑內用　☑外帶　☑外送

D 指定適用對象　◉所有消費者　○僅限會員　○僅限非會員

E 會員計價方式　○以<會員價>計算促銷　◉以<原價格>計算促銷

A 指定促銷選項：預設所有選項。

B 指定促銷時段：24 小時（0：0~23：59）

C 週間有效促銷日：週一 ~ 週日（全部勾選）

D 指定適用對象：依圖示，點選【所有消費者】

E 計價方式設定：：依圖示，點選【以 < 原價格 > 計算促銷】

F 完成後點選 < 下一步 > 進行後續作業。

TIPS

指定促銷選項，必須先至 < 系統設定 >< 功能鍵 > 觸控按鍵設定 < 促銷選項 > 鍵後，在 < 收銀結帳作業 > 頁面功能按鍵區選取使用。

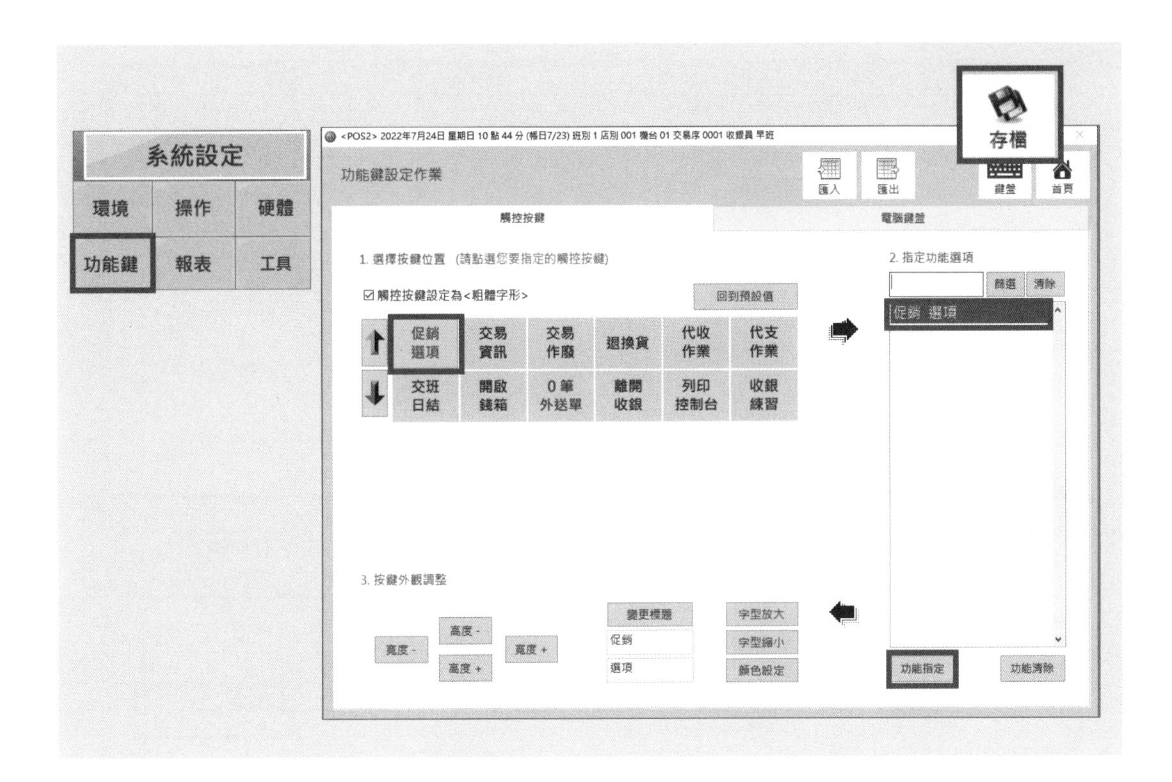

步驟 3 設定促銷 < 標的 >：

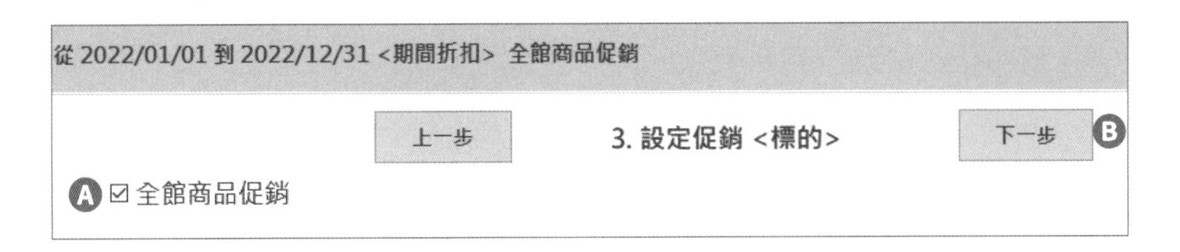

Ⓐ 依圖示，勾選 < 全館商品促銷 >。

Ⓑ 完成後點選 < 下一步 > 進行後續作業。

也可以利用指定某商品 < 類別 > 或直接選入某些商品項目，來做為促銷標的。

步驟 4 設定促銷 < 優惠 >。

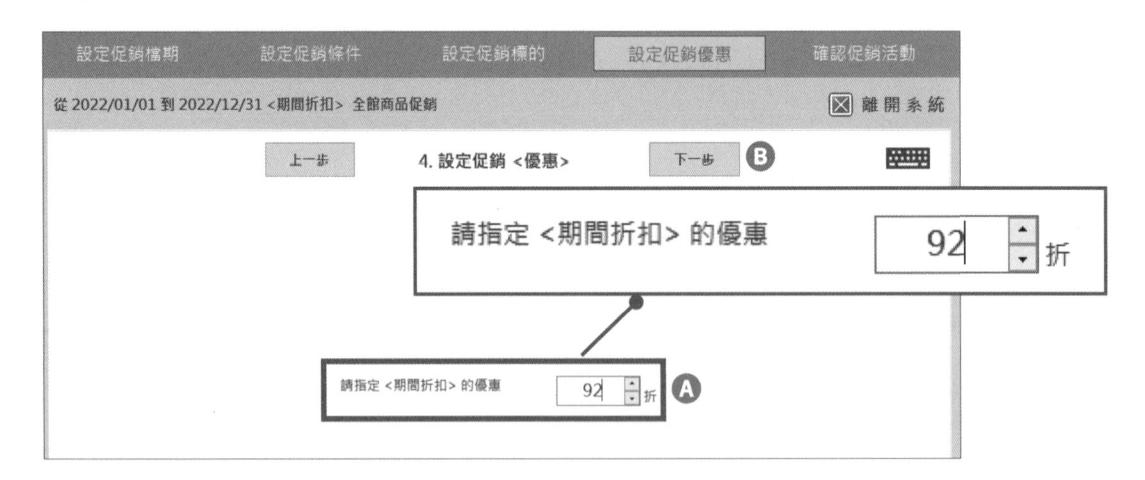

Ⓐ 輸入設定促銷的優惠折扣：依圖示 8% OFF，輸入 92 折。

Ⓑ 完成後點選 < 下一步 > 進行後續作業。

步驟 5 確認促銷活動，設定該促銷專案的 < 名稱 >：

Ⓐ 輸入促銷活動（方案）名稱：設定名稱【2022 疫情 – 期間折扣】。

Ⓑ 確認方案內容無誤後點選 < 儲存促銷活動 >。

步驟 6 完成設定後回到 < 促銷活動管理作業 >，頁面即將看到設定好的專案項目。

4-1-2 期間變價

設定一段期間內，將所指定的商品項目設定其變動價格進行銷售。

圖片來源：85 度 C 官網 https://www.85cafe.com

說明：促銷活動操作步驟皆同，僅針對差異示範操作。

步驟 1 設定促銷 < 檔期 >: 與 4-1-1 節設定作業相同，完成後點選 < 下一步 > 進行後續作業。

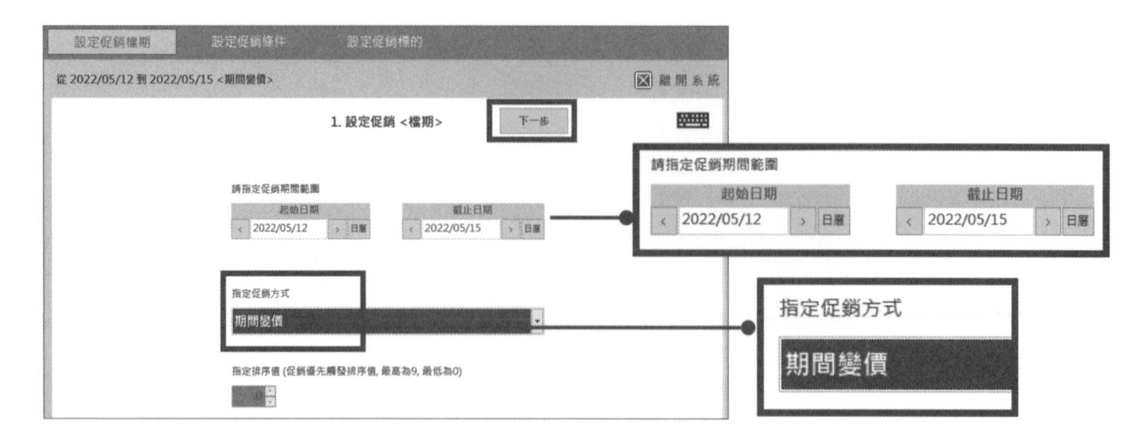

步驟 2 設定促銷 < 條件 >，與 4-1-1 節設定作業相同請參閱先前的說明，完成後點選 < 下一步 > 進行後續作業。

週間有效促銷日 ☑週一 ☑週二 ☑週三 ☑週四 ☑週五 ☑週六 ☑週日 ☐平日 ☐假日

指定消費方式 ☑內用 ☑外帶 ☑外送

指定適用對象 ◉所有消費者 ○僅限會員 ○僅限非會員

繼續觸發(僅限<期間折扣>) ◉不再觸發 <期間折扣> ○繼續觸發 <期間折扣>

繼續觸發(僅限<期間折扣>) ◉不再觸發 <期間折扣> ○繼續觸發 <期間折扣>

說明：不再觸發 & 連續觸發 – 請見【**第七章 設定客製篇**】。

步驟 3 設定促銷 < 標的 >

Ⓐ 點選 < 選入促銷標的 > 鍵。

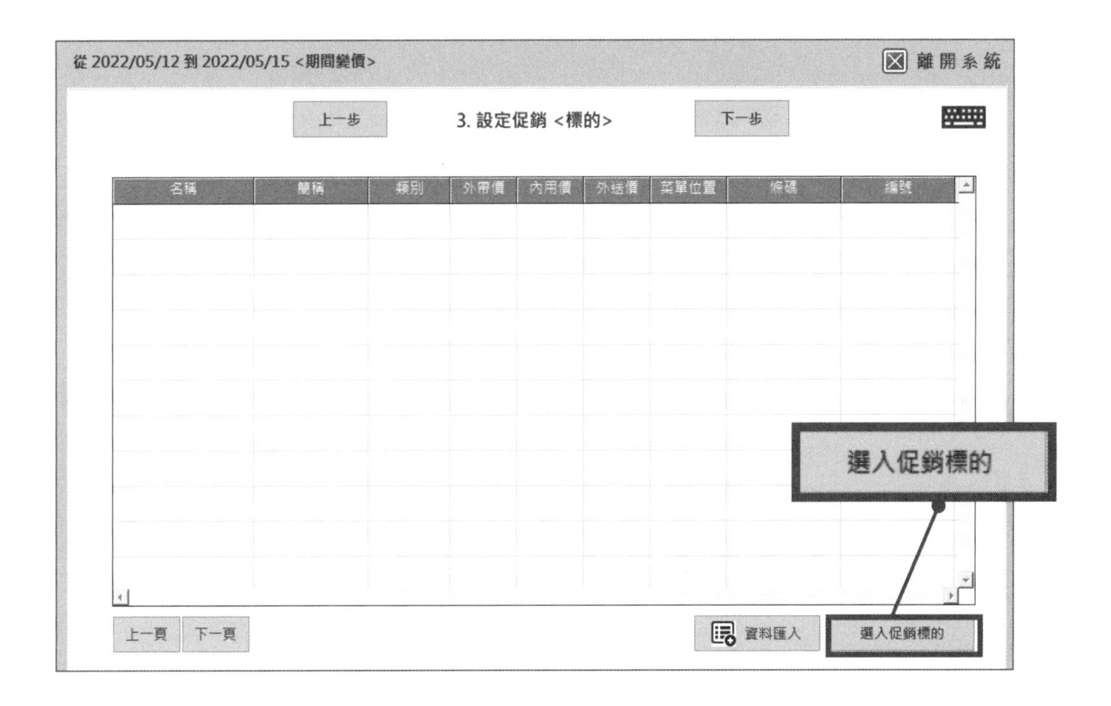

B <選入促銷標的>：點選【促銷標的 - 蜜香凍、百香雙響泡、伯爵蜜香凍果茶】

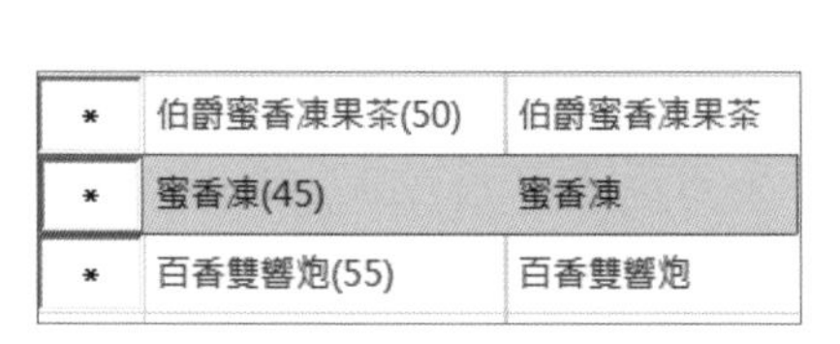

C 按【右邊 >> 鍵】選擇標的物，點按【帶入】。

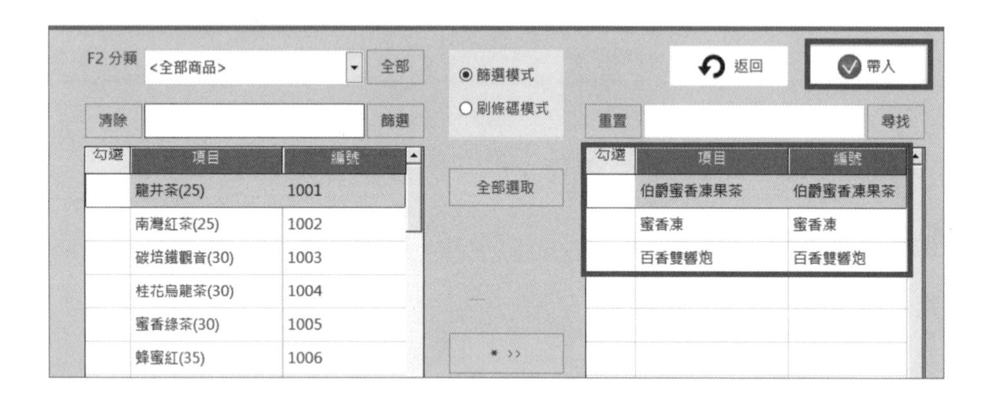

D 點選<下一步>進行後續作業。

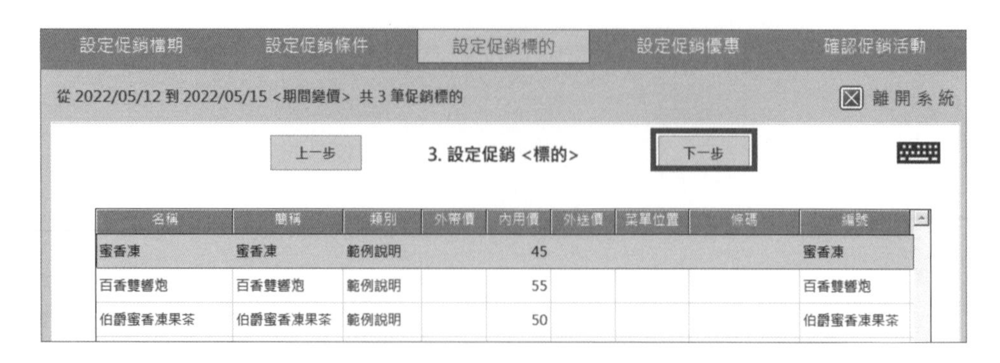

步驟 4 設定促銷<優惠>

A 依圖示，輸入促銷商品各別變價的金額。

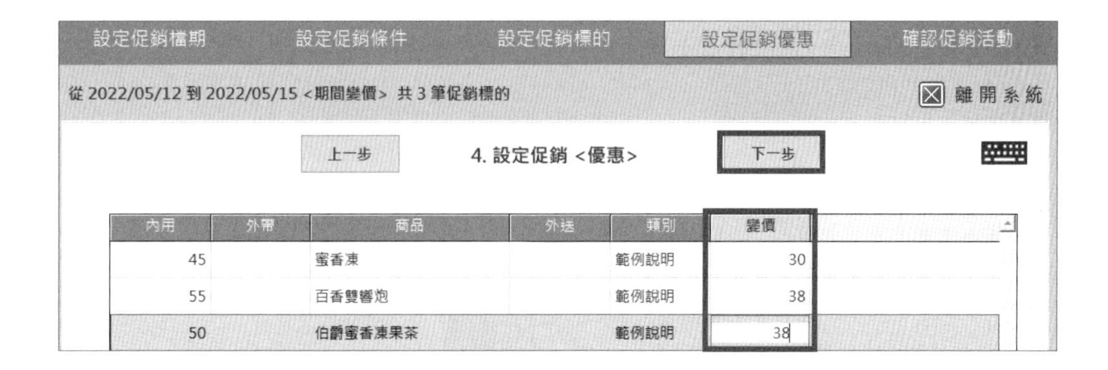

❸ 完成後點選 < 下一步 > 進行後續作業。

步驟 5 確認促銷活動

❹ 設定該促銷活動名稱【母親節 – 期間變價】。

❸ 點選 < 儲存促銷活動 >。

步驟 6 完成設定

促銷活動名稱
母親節-期間變價

4-1-3 買 N 件送 M 件

設定一段期間內，指定購買商品 N 件數量後，贈送商品 M 件數量。

圖片來源：甲文青茶飲官網 http://www.jwc-tea.com.tw/

TIPS

說明：可設定替換其他贈品之功能。
設定贈品時需自行考量與購買的商品價格之合理性。

步驟 1 設定促銷 < 檔期 >

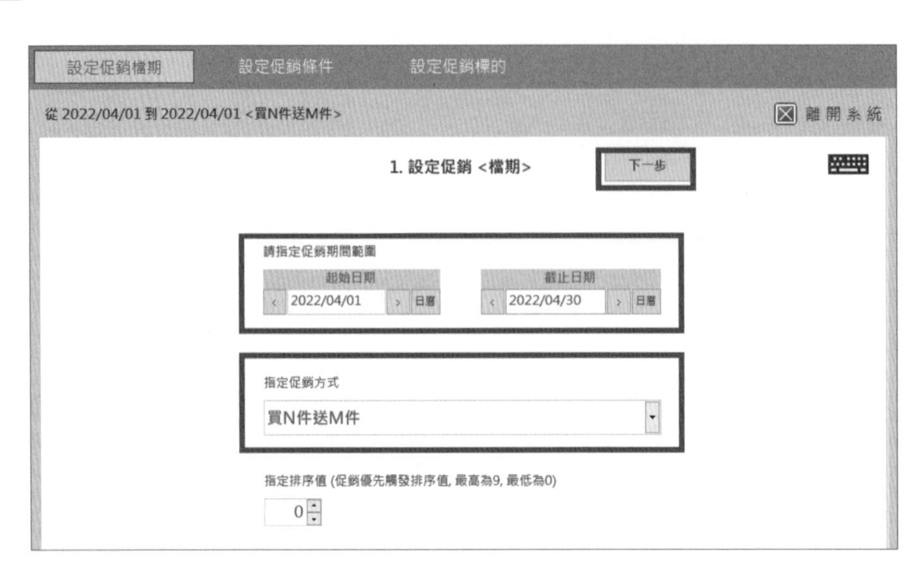

步驟 2 設定促銷 < 條件 >

設定促銷檔期　設定促銷條件　設定促銷標的

從 2022/04/01 到 2022/04/30 <買N件送M件>　☒ 離開系統

上一步　2. 設定促銷 <條件>　下一步

指定促銷選項　◉ 所有選項　○ 選項1　○ 選項2　○ 選項3

設定促銷選項可搭配收銀操作<手動指定>選項達成觸發促銷活動的效果

指定促銷時段　0 : 0 ~ 23 : 59

週間有效促銷日　☑ 週一　☑ 週二　☑ 週三　☑ 週四　☑ 週五　☑ 週六　☑ 週日　☐ 平日　☐ 假日

指定消費方式　☑ 內用　☑ 外帶　☑ 外送

指定適用對象　◉ 所有消費者　○ 僅限會員　○ 僅限非會員

步驟 3 設定促銷 < 標的 >

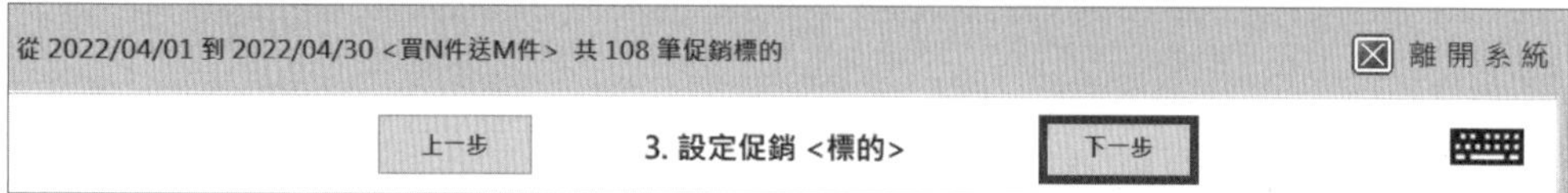

步驟 4 設定促銷 < 優惠 >

Ⓐ【全部商品】都是促銷商品。直接點選 < 批次變更購買數 > 變更為【5】，< 確定 >。

B 輸入 < 贈送數 >：同預設值【1】。

商品	類別	購買數	贈品	贈送數
龍井茶	茗迴茶	5	龍井茶	1
南灣紅茶	茗迴茶	5	南灣紅茶	1
碳培鐵觀音	茗迴茶	5	碳培鐵觀音	1
桂花烏龍茶	茗迴茶	5	桂花烏龍茶	1
蜜香綠茶	茗迴茶	5	蜜香綠茶	1
蜂蜜紅	茗迴茶	5	蜂蜜紅	1
蜂蜜綠	茗迴茶	5	蜂蜜綠	1
蜂蜜觀音	茗迴茶	5	蜂蜜觀音	1
梅子綠茶	茗迴茶	5	梅子綠茶	1
玫瑰花茶	茗迴茶	5	玫瑰花茶	1
珍珠紅茶	茗迴茶	5	珍珠紅茶	1

C 完成後點選 < 下一步 > 進行後續作業。

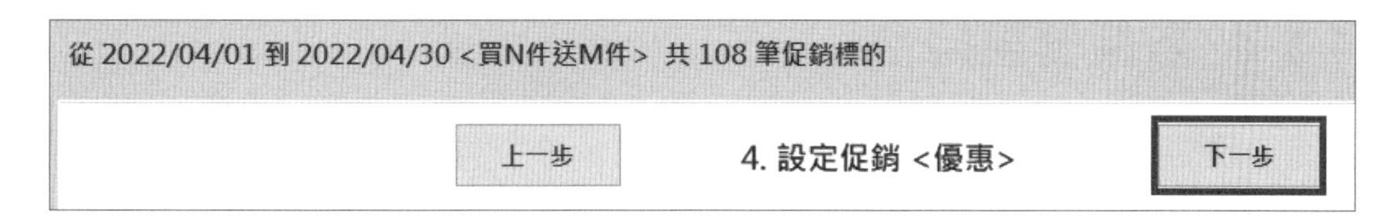

步驟 5 確認促銷活動，設定該促銷專案的 < 名稱 >

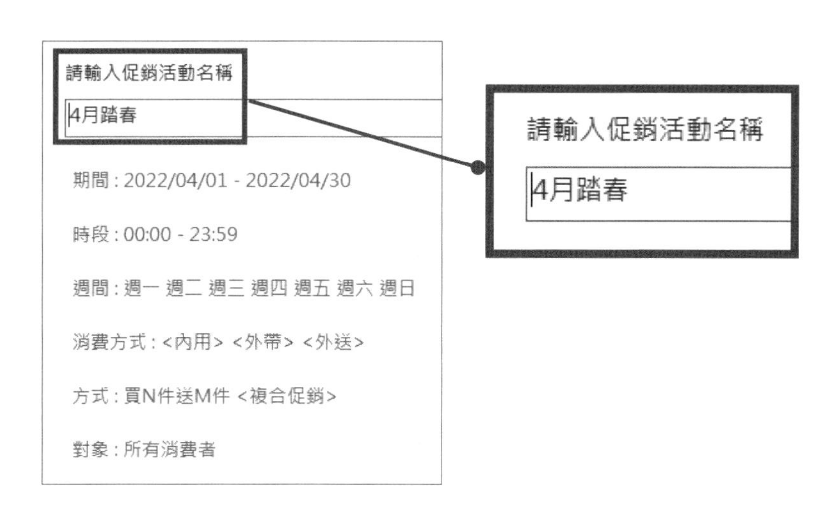

點選 < 儲存促銷活動 >。

從 2022/04/01 到 2022/04/30 <買N件送M件> 共 108 筆促銷標的

上一步　5. 確認促銷活動　儲存促銷活動

步驟 6 完成設定後回到 < 促銷活動管理作業 > 頁面，即將看到設定好的專案項目。

促銷活動名稱
母親節-期間變價
4月踏春
2022疫情-期間折扣

4-1-4 數量優惠組合

設定一段期間內，指定購買商品 N 件數量後，給予購買折扣。

圖片來源：7-ELEVEN 官網 https://www.7-11.com.tw/

步驟 1 設定促銷 < 檔期 >

設定促銷檔期　設定促銷條件　設定促銷標的

從 2022/09/17 到 2022/09/21 <數量組合優惠>　離開系統

1. 設定促銷 <檔期>　下一步

請指定促銷期間範圍

起始日期 2022/09/17 日曆　截止日期 2022/09/21 日曆

指定促銷方式

數量組合優惠

指定排序值 (促銷優先觸發排序值, 最高為9, 最低為0)

0

步驟 2 設定促銷 < 條件 >

步驟 3 設定促銷 < 標的 >

設定促銷檔期
設定促銷條件
設定促銷標的
從 2022/09/17 到 2022/09/21 <數量組合優惠>
離開系統
上一步
3. 設定促銷 <標的>
下一步
編號
名稱
簡稱
類別
外帶價
內用價
上一頁
下一頁
選入促銷類別
選入促銷商品

選入<數量集合優惠>
F2 分類
<全部商品>
全部
篩選模式
刷條碼模式
返回
帶入
清除
篩選
重置
尋找
勾選
項目
編號
預設類別 01
茗迴茶 10
鮮果樂多 15
沙沙冰 20
香醇奶茶 25
鮮果茶 30
新鮮牧場 35
冬瓜釀 40
纖活冰茶 45
鮮榨果飲 50
泰繽紛 55
範例說明 58
套餐 60
全部選取
全部清除
反選
上一頁
下一頁

設定促銷檔期 設定促銷條件 設定促銷標的 設定促銷優惠 確認促銷活動

從 2022/09/17 到 2022/09/21 <數量組合優惠> 共 12 筆促銷標的 離開系統

上一步 3. 設定促銷 <標的> 下一步

步驟 4 設定促銷 < 優惠 >

設定促銷【優惠】:【數量 2→79 折】【數量 3→75 折】。

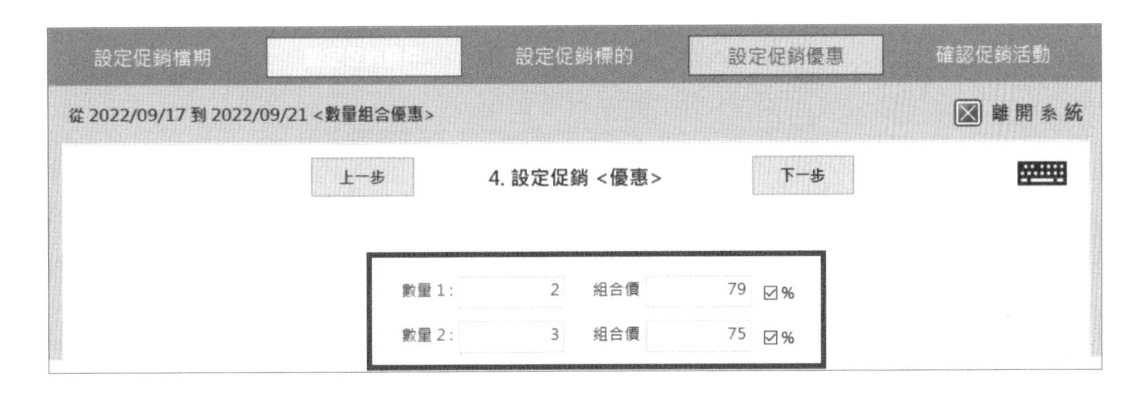

步驟 5 確認促銷活動，設定該促銷專案的 < 名稱 >。

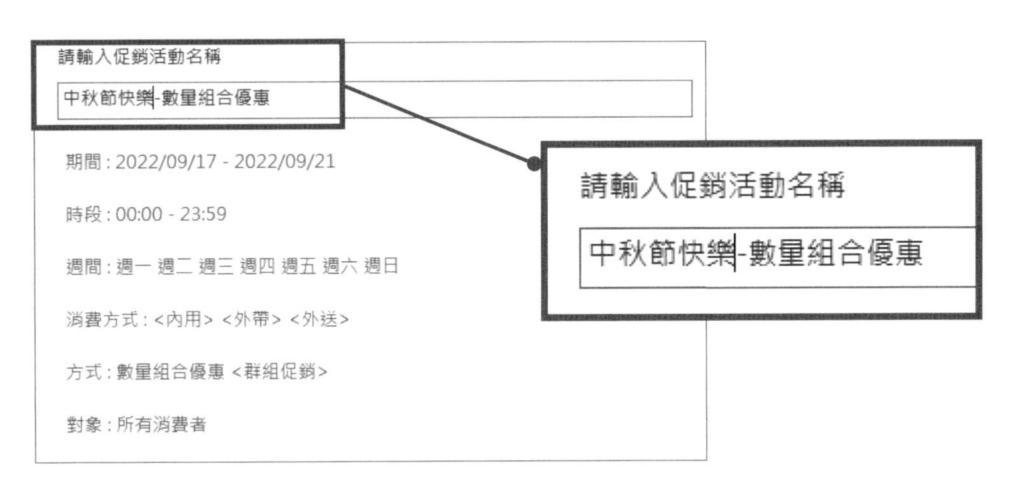

點選 < 儲存促銷活動 >。

從 2022/09/17 到 2022/09/21 <數量組合優惠> 共 12 筆促銷標的

上一步　5. 確認促銷活動　儲存促銷活動

步驟 6 完成設定後回到 < 促銷活動管理作業 > 頁面，即將看到設定好的專案項目。

4-1-5 買 N 件打 X 折

設定一段期間內，購買商品 N 件數量，給予購買折扣。

步驟 1 ➔ **步驟 2** ➔ **步驟 3** 設定過程與其他項目皆相同，不再提示。

步驟 4 設定促銷 < 優惠 > 全部商品買 5 件打 95 折。

步驟 5 ➔ **步驟 6** 設定過程與其他項目皆相同，不再提示。

收銀連動效果：

序	商品	調味	單價	量	小計
1	碳培鐵觀音		30	5	150
#	群組-買5件打95折		0	1	-8

4-1-6 買 N 件減 Y 元

設定一段期間內，購買商品 N 件數量，給予 Y 元折扣。

步驟 1 ➔ **步驟 2** ➔ **步驟 3** 設定過程與其他項目皆相同，不再提示。

步驟 4 設定促銷 < 優惠 > 全部商品買 5 件折 5 元。

從 2022/07/25 到 2022/07/25 <買N件減Y元> 共 108 筆促銷標的　☒ 離 開 系 統

上一步　4. 設定促銷 <優惠>　下一步

☐ 群組觸發

商品	類別	內用	外送	外帶	購買數	折價
龍井茶	茗迴茶	25	25	25	5	5
南灣紅茶	茗迴茶	25	25	25	5	5
碳培鐵觀音	茗迴茶	30	30	30	5	5
桂花烏龍茶	茗迴茶	30	30	30	5	5
蜜香綠茶	茗迴茶	30	30	30	5	5
蜂蜜紅	茗迴茶	35	35	35	5	5
蜂蜜綠	茗迴茶	35	35	35	5	5
蜂蜜觀音	茗迴茶	35	35	35	5	5
梅子綠茶	茗迴茶	35	35	35	5	5
玫瑰花茶	茗迴茶	35	35	35	5	5
珍珠紅茶	茗迴茶	40	40	40	5	5

取消篩選　變更購買數　變更折價

步驟 5 ➔ **步驟 6** 設定過程與其他項目皆相同，不再提示。

收銀連動效果：

序	商品	調味	單價	量	小計
1	珍珠綠茶		40	5	200
#	珍珠綠茶-買5件減5元		0	1	-5

4-1-7 第 N 件打 X 折

設定一段期間內，購買商品第 N 件數量，給予購買折扣。

步驟 1 ➔ **步驟 2** ➔ **步驟 3** 設定過程與其他項目皆相同，不再提示。

步驟 4 設定促銷 < 優惠 > 指定商品買第 4 件打 9 折。

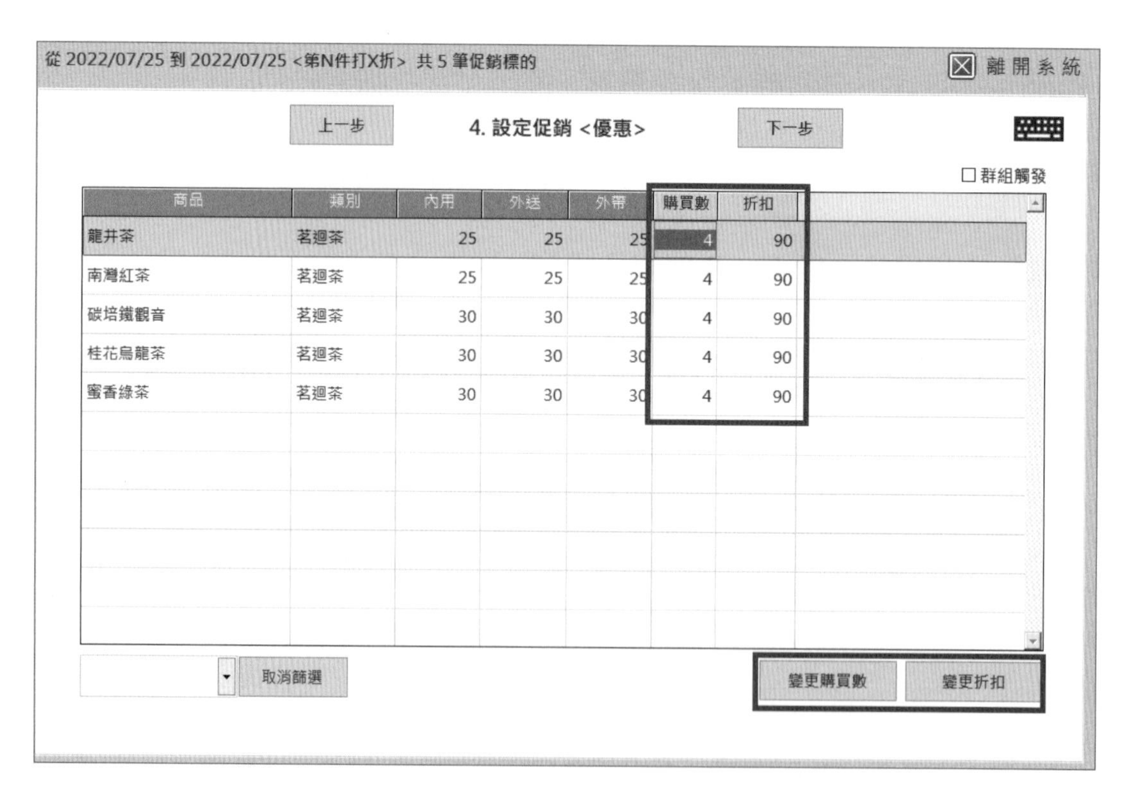

步驟 5 ➔ **步驟 6** 設定過程與其他項目皆相同，不再提示。

收銀連動效果：

序	商品	調味	單價	量	小計
1	南灣紅茶		25	4	100
#	南灣紅茶-第4件打90折		0	1	-3

4-1-8 數量組合贈送

設定一段期間內，購買組合商品 N 件數量，贈送指定商品。

步驟 1 ➔ **步驟 2** ➔ **步驟 3** 設定過程與其他項目皆相同，不再提示。

步驟 4 設定促銷 < 優惠 >：【指定商品買 10 件送 1 件】【指定商品買 15 件送 2 件】。

從 2022/07/25 到 2022/07/25 <數量組合贈送> 共 4 筆促銷標的

上一步　4. 設定促銷 <優惠>　下一步

數量 1：	10	贈送量	1
數量 2：	15	贈送量	2

選擇項：

贈品折抵方式

◉ 以<最低價格>折抵　○ 以<平均價格>折抵

步驟 5 ➔ **步驟 6** 設定過程與其他項目皆相同，不再提示。

收銀連動效果：

序	商品	調味	單價	量	小計
1	龍井茶		25	5	125
2	南灣紅茶		25	5	125
#	-數量組合贈送		0	1	-25

4-1-9 紅綠標商品折價

設定一段期間內，購買綠標商品搭配紅標商品，給折扣。

步驟 1 ➔ **步驟 2** 設定過程與其他項目皆相同，不再提示。

步驟 3 設定紅綠標商品

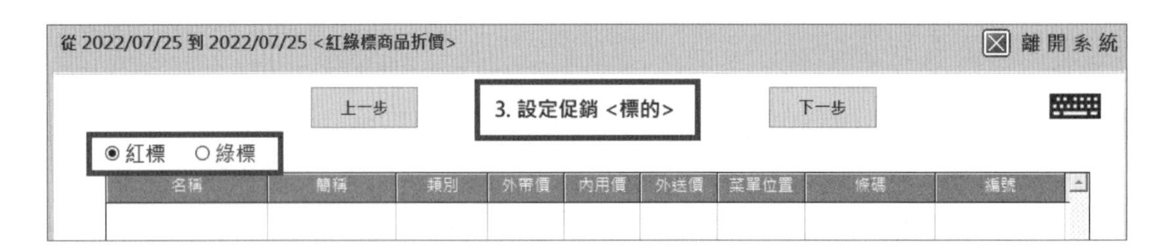

選擇標的商品方式：(右下角)

資料匯入　　選入促銷標的

步驟 4 情況 1：設定促銷 <優惠> 指定紅標商品買 1 件搭配綠標商品 1 件，折 10 元。

請指定<紅標>購買數　1

請指定<綠標>購買數　1

請指定促銷<優惠>方式　◉ 組合<折價>優惠　○ 組合<特價>優惠

10

步驟 5 ➔ **步驟 6** 設定過程與其他項目皆相同，不再提示。

收銀連動效果：

序	商品	調味	單價	量	小計
1	碳培鐵觀音		30	1	30
2	綠豆冰沙		45	1	45
#	-紅綠標商品折價		0	1	-10

步驟 4 情況 2：設定促銷 < 優惠 > 指定紅標商品買 1 件搭配綠標商品 1 件，特價 60 元。

請指定<紅標>購買數 1

請指定<綠標>購買數 1

請指定促銷<優惠>方式 ○組合<折價>優惠 ◉組合<特價>優惠

60

步驟 5 ➔ 步驟 6 設定過程與其他項目皆相同，不再提示。

收銀連動效果：

序	商品	調味	單價	量	小計
1	碳培鐵觀音		30	1	30
2	綠豆冰沙		45	1	45
#	-紅綠標商品折價		0	1	-15

4-1-10 組合 N 件送 M 件

設定一段期間內，購買組合商品 N 件數量，贈送組合商品 M 件。

步驟 1 ➔ 步驟 2 ➔ 步驟 3 設定過程與其他項目皆相同，不再提示。

步驟 4 設定促銷 < 優惠 >：【指定組合商品買 10 件送 1 件】

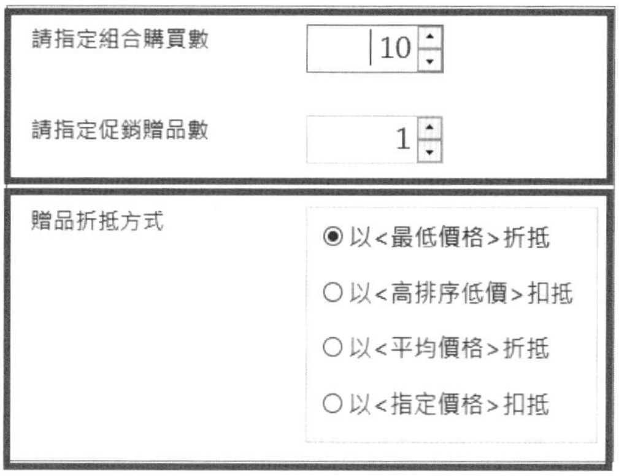

請指定組合購買數 10

請指定促銷贈品數 1

贈品折抵方式

◉以<最低價格>折抵

○以<高排序低價>扣抵

○以<平均價格>折抵

○以<指定價格>扣抵

步驟 5 ➔ 步驟 6 設定過程與其他項目皆相同，不再提示。

收銀連動效果：

序	商品	調味	單價	量	小計
1	南灣紅茶		25	3	75
2	碳培鐵觀音		30	4	120
3	桂花烏龍茶		30	3	90
4	龍井茶		25	1	25
#	-組合10件送1件		0	1	-25

4-1-11 超額免費優惠

設定一段期間內，消費金額超過設定金額，享免費優惠。

步驟 1 ➔ 步驟 2 ➔ 步驟 3 設定過程與其他項目皆相同，不再提示。

步驟 4 **設定促銷 < 優惠 >**：每人次（張發票）消費金額超過 100 元，享免費優惠。

請指定<每消費人次>超額免費促銷金額

100 元

步驟 5 ➔ 步驟 6 設定過程與其他項目皆相同，不再提示。

收銀連動效果：

序	商品	調味	單價	量	小計
1	活力充沛M		55	1	55
2	美麗C多M		50	1	50
#	-超額免費優惠		0	1	-5

4-1-12 滿額結帳優惠

設定一段期間內，消費金額超過設定（級距）金額，享折扣優惠。

步驟 1 → **步驟 2** 設定過程與其他項目皆相同，不再提示。

步驟 3 設定促銷 < 標的 >：設定【排除】項目。

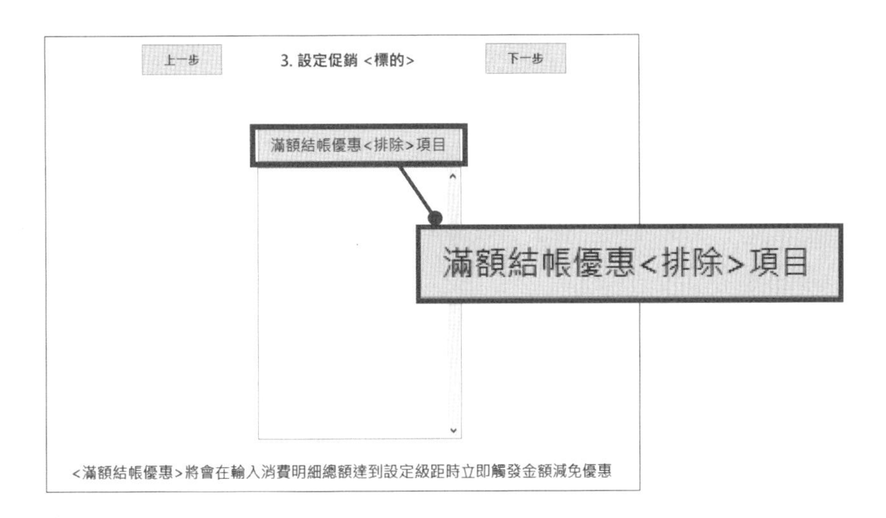

步驟 4 設定促銷 < 優惠 >：【消費金額滿 200 元，享 2% 折扣】【消費金額滿 500 元，享 5% 折扣】【消費金額滿 1000 元，享 10% 折扣】。

滿額	金額	結帳優惠	值	%
滿額 1：	200	結帳優惠：	2	☑%
滿額 2：	500	結帳優惠：	5	☑%
滿額 3：	1000	結帳優惠：	10	☑%

步驟 5 → **步驟 6** 設定過程與其他項目皆相同，不再提示。

收銀連動效果：

序	商品	調味	單價	量	小計
1	碳培鐵觀音		30	7	210
#	滿額200結帳優惠		0	1	-4

收銀連動效果：

序	商品	調味	單價	量	小計
1	碳培鐵觀音		30	7	210
2	梅子綠茶		35	10	350
3	龍井茶		25	20	500
#	滿額1000結帳優惠		0	1	-106

促銷優惠是們是提供短期活動，誘使消費者購買特定或全部商品的活動。考量因素可能希望提高短期獲利或期待改變市場等，但門市應注意衡量預算以及注意原物料等，以達促銷目的。

4-2 會員促銷管理作業

會員價管理作業區：點選 < 優惠折扣 >➔< 會員價 > 鍵，開啟 < 會員價管理作業 > 頁面。

會員價管理作業頁面：

會員價管理作業包含：

1. 會員等級 2. 會員資料 3. 會員價 4. 記帳統計 5. 會員統計。

4-2-1 會員等級維護作業

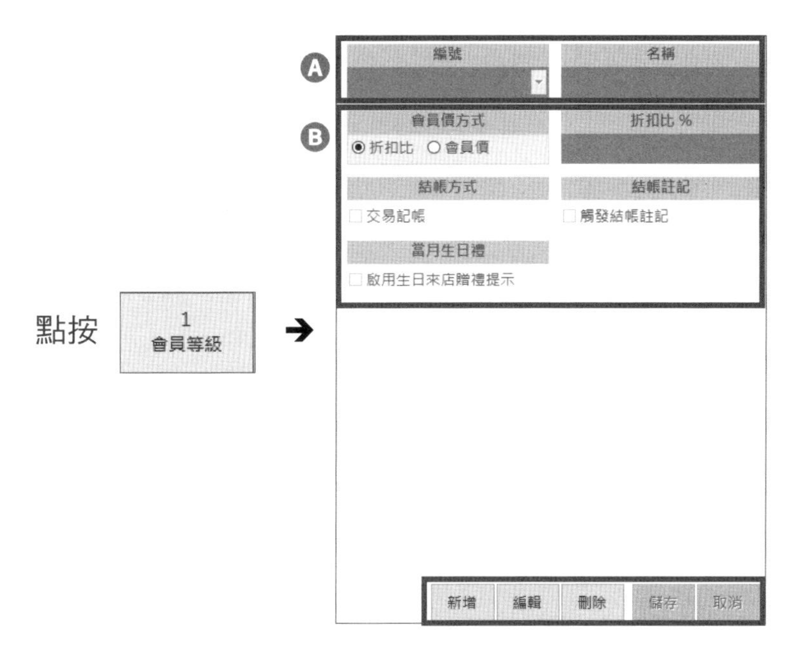

Ⓐ 設定編號、名稱：

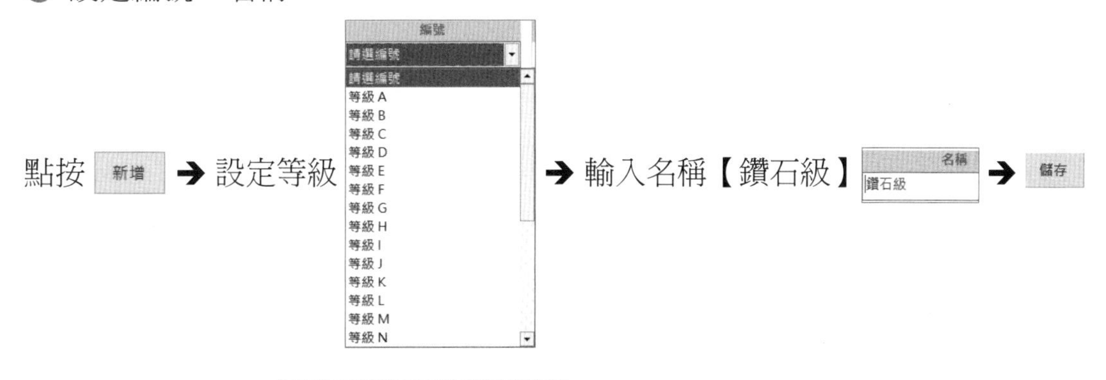

完成三等級設定：

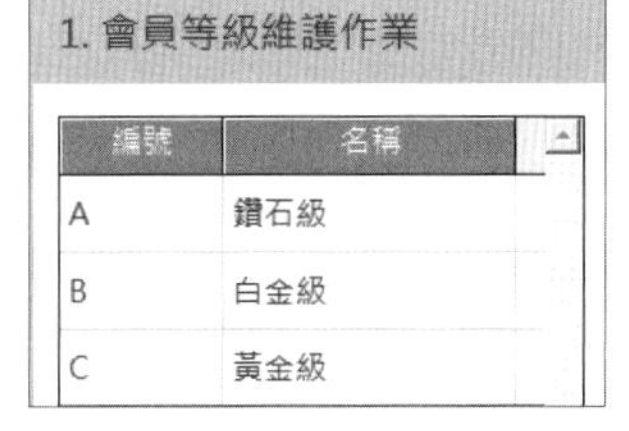

編號	名稱
A	鑽石級
B	白金級
C	黃金級

B 設定會員價方式、結帳方式、結帳註記、當月生日禮

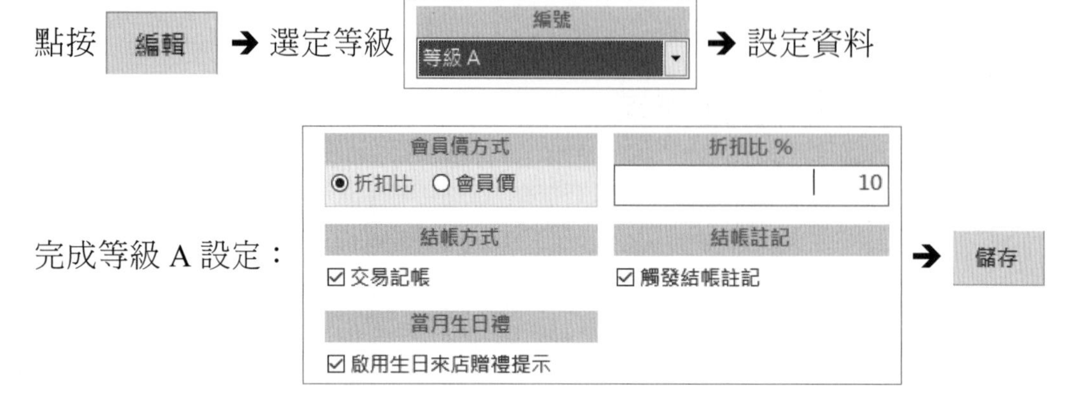

編號
等級 B
名稱
鑽石級
會員價方式
◉ 折扣比 ○ 會員價
折扣比 %
8
結帳方式
☑ 交易記帳
結帳註記
☑ 觸發結帳註記
當月生日禮
☑ 啟用生日來店贈禮提示

編號
等級 C
名稱
鑽石級
會員價方式
◉ 折扣比 ○ 會員價
折扣比 %
5
結帳方式
☑ 交易記帳
結帳註記
☐ 觸發結帳註記
當月生日禮
☐ 啟用生日來店贈禮提示

4-2-2 會員資料維護作業

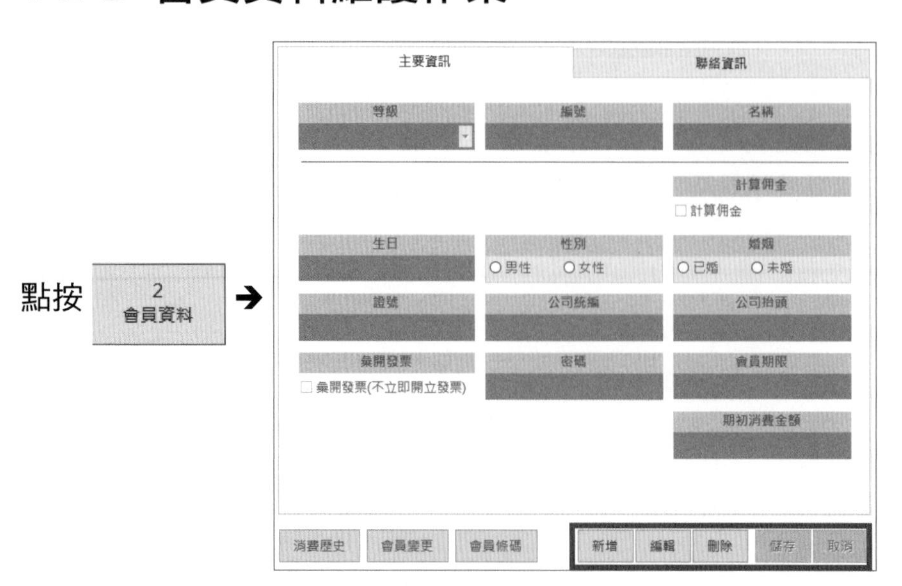

Ⓐ 新增會員【主要資訊】: 點按 新增

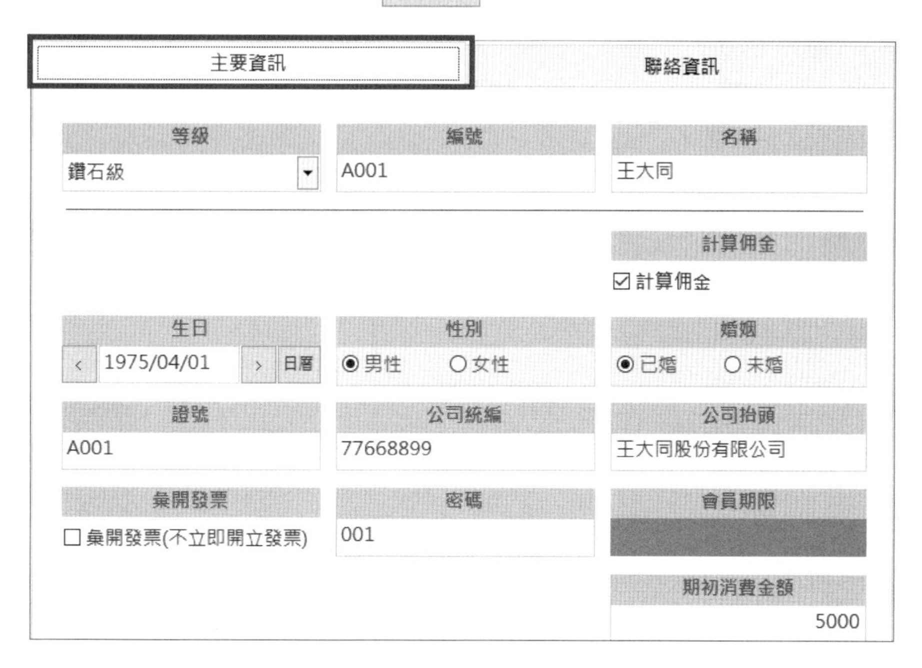

Ⓑ 新增會員【聯絡資訊】

4-2-3 會員特價設定作業

點按 3 會員價

Ⓐ 設定等級、特價：點按【等級】

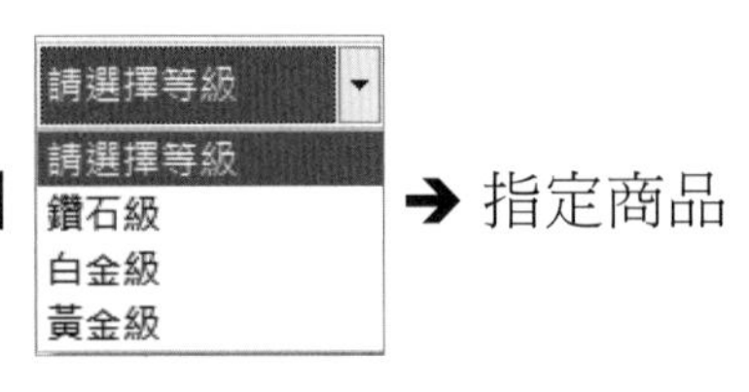

➔ 指定商品

<全部商品>
<全部商品>
範例說明
預設類別
茗迴茶
鮮果樂多
沙沙冰
香醇奶茶
鮮果茶
新鮮牧場
冬瓜釀
纖活冰茶
鮮榨果飲
泰繽紛
套餐

商品編號	商品名稱	類別	內用價	外帶價	外送價	會員特價
1001	龍井茶	10	25	25	25	
1002	南灣紅茶	10	25	25	25	
1003	碳培鐵觀音	10	30	30	30	
1004	桂花烏龍茶	10	30	30	30	
1005	蜜香綠茶	10	30	30	30	

Ⓑ 設定會員價：點按 重置會員特價 批次修改會員特價 進行設定。

批次修改會員特價：

重置會員特價：

跳出確認訊息

➔【是】➔ 設定個別特價

商品編號	商品名稱	類別	內用價	外帶價	外送價	會員特價
3510	北海道牛奶湯拿鐵	35	55	55	55	54
3511	香蕉鮮奶M	35	45	45	45	0
3512	蘋果鮮奶M	35	60	60	60	
3513	香蕉鮮奶L	35	55	55	55	

4-2-4 會員記帳統計作業

點按 【4 記帳統計】：可以統計個別或範圍內會員記帳資料

Ⓐ 記帳簡要表【範圍內】

B 記帳明細表【個人】

4-2-5 會員相關統計作業

點按 5 會員統計 ：可以統計會員相關資料

A 消費排行：

B 生日統計表：

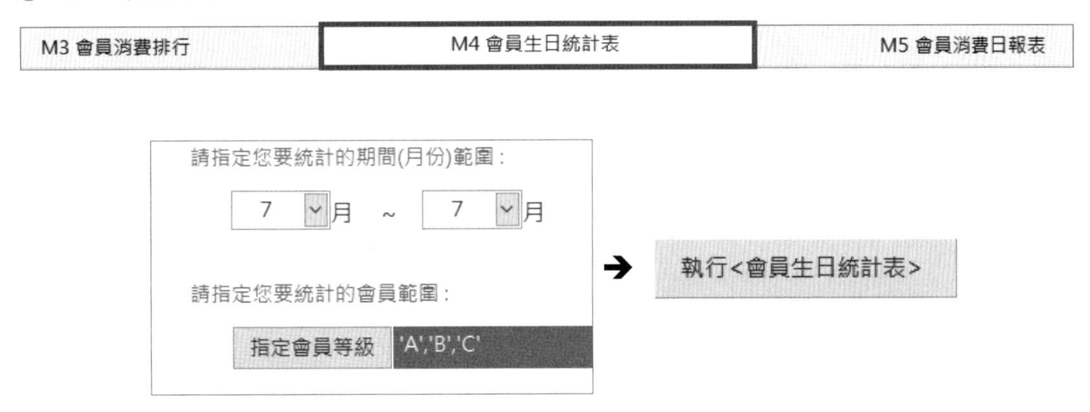

C 會員消費日報表：

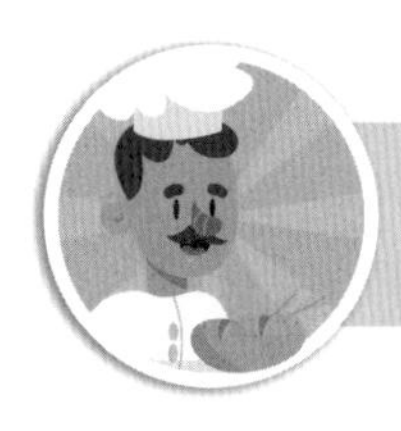

4-3 優惠券會員促銷管理作業

優惠券管理作業區：點選 <優惠折扣>➔ 點選 <優惠券> 鍵，開啟 <優惠券管理作業> 頁面 。

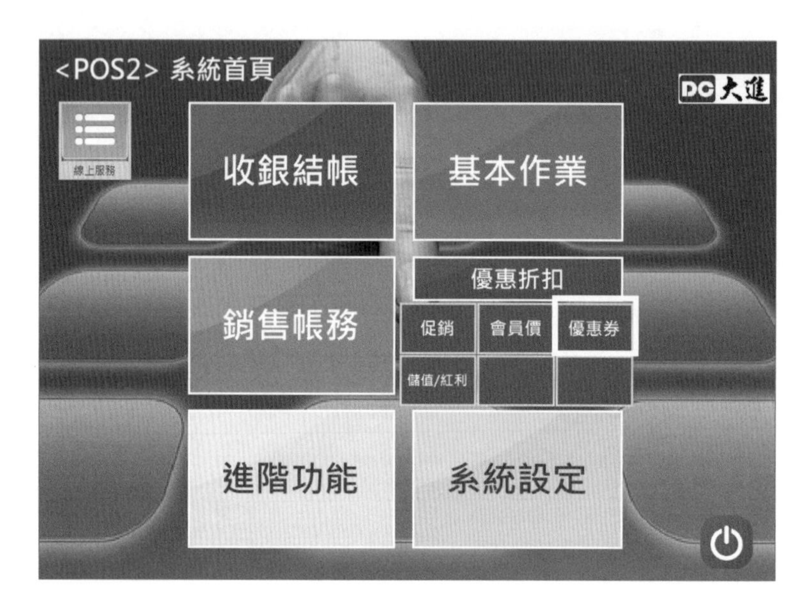

TIPS

折價券與禮券不需為會員制，設定完成即可使用。

優惠券管理作業頁面：

優惠券管理作業包含：1. 折價券設定 2. 禮券設定 3. 禮券統計。

4-3-1 折價券設定

Ⓐ 折價券面額設定：於面額欄位輸入對應的折價 < 金額 >。

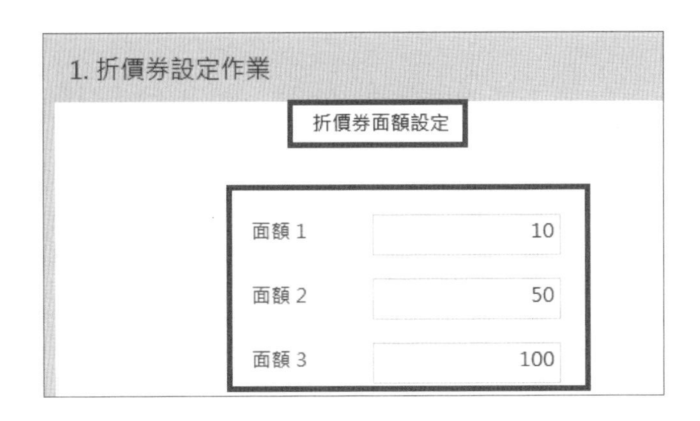

Ⓑ 折價券其他設定：再點選折價券其他設定 ➔ 設定折價券 < 標題 >➔ 勾選是否將 < 服務費 > 排除計算後，點選 < 儲存設定 > 即可完成。

收銀連動效果：

序	商品	調味	單價	量	小計
1	蜜香綠茶		30	1	30
*	折價券		-10	1	-10

TIPS

設定作業後，使用 < 折價券 > 功能結帳必須再至 < 系統設定 > < 功能鍵 >< 觸控按鍵 > 完成設定，將於【**第七章 設定客製篇**】介紹。

4-3-2 禮券設定

Ⓐ 禮券記錄維護：

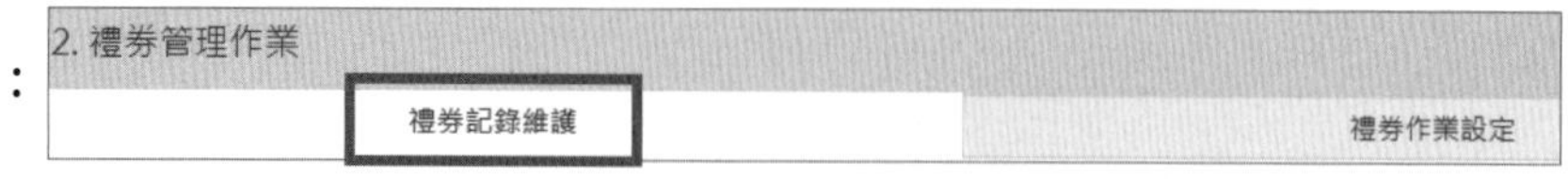

步驟 1 新增面額：點按【新增面額】，開啟 < 禮券面額編輯 > 頁面，完成設定 ➔< 存檔 >。

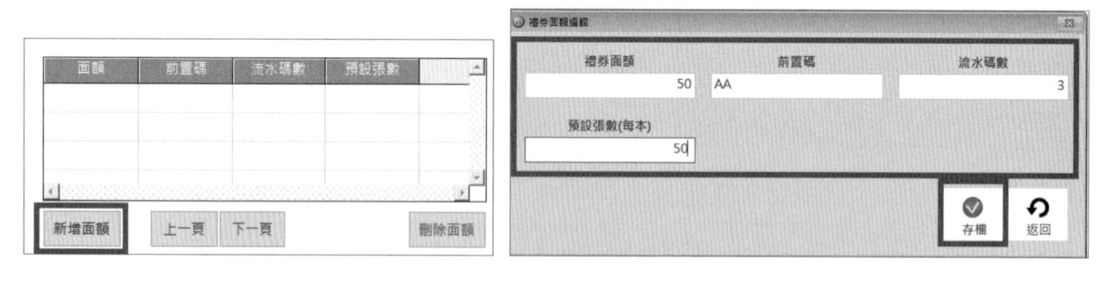

面額	前置碼	流水碼數	預設張數
50	AA	3	50

步驟 2 新增禮券：設定欲開立禮券 < 本數 >➔< 存檔 >➔ 完成設定。

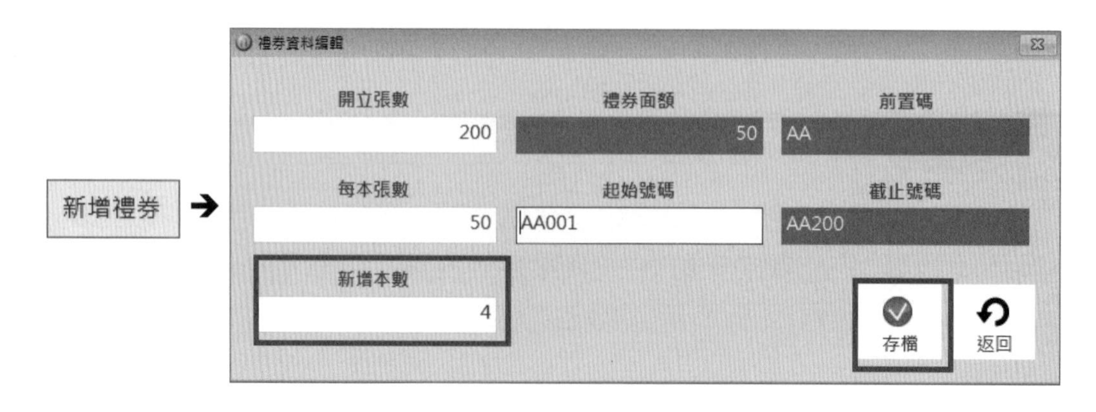

B 禮券作業設定：設定【購買禮券滿某金額】贈【<贈送額>或<贈送%比率>】促銷方案啟用。<禮券購買模式>則可分為<張數>及<金額>模式兩種。**無輸入則無啟用**。

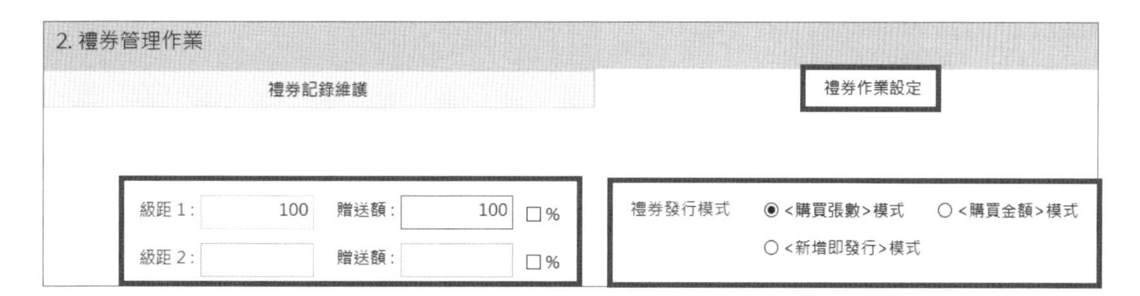

設定作業後，使用 < 禮券 > 功能結帳必須再至 < 系統設定 >< 功能鍵 >< 觸控按鍵 > 完成設定，將於【**第七章 設定客製篇**】介紹。

4-3-3 禮券統計

A CER1 禮券日報表：

3. 禮券統計作業

CER1 禮券日報表　　CER2 禮券明細表

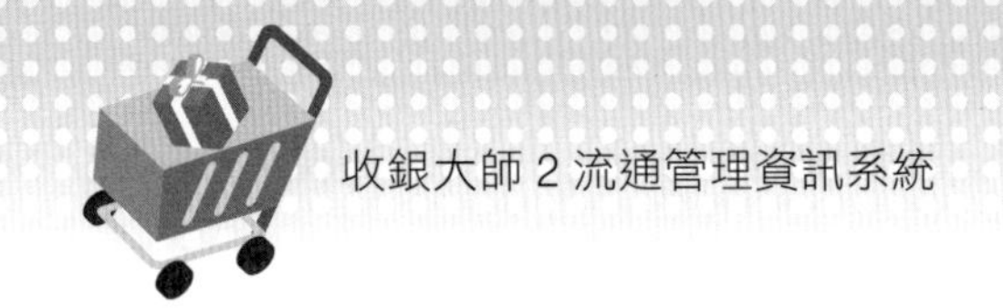

步驟 1 下拉式指定【統計期間】➔ 點選執行 <禮券日報表> 鍵。

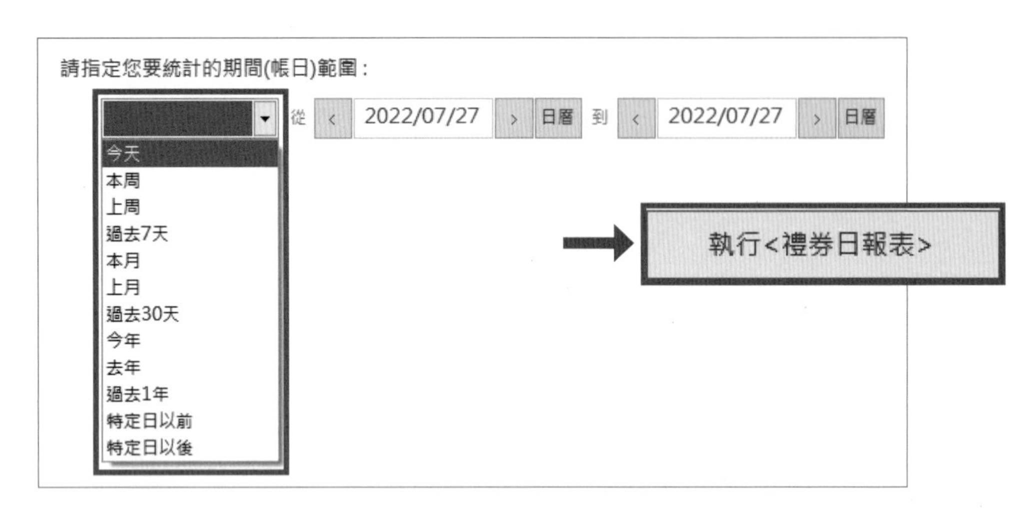

步驟 2 出具報表檢視列印或匯出 EXCEL 檔另外存檔。

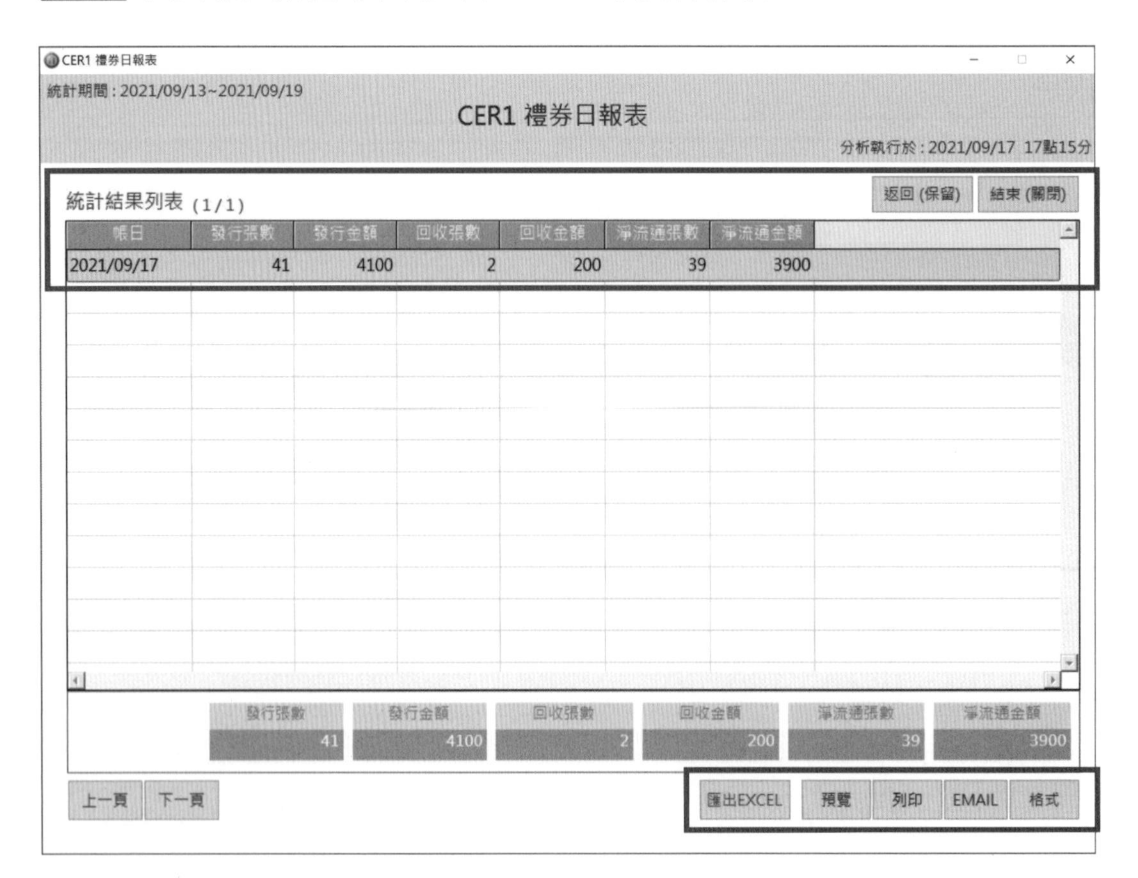

4-4 儲值 / 紅利設定作業

儲值 / 紅利管理作業區：點選 < 優惠折扣 >➔ 點選 < 儲值 / 紅利 > 鍵，開啟 < 儲值 / 紅利管理作業 > 頁面。

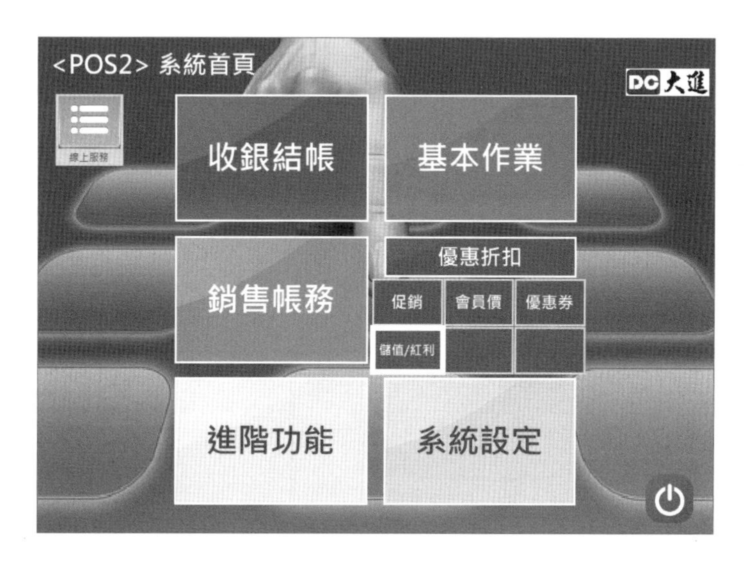

此功能必須具備會員制才能使用。

儲值 / 紅利的管理作業頁面：

儲值 / 紅利的管理作業包含：

1. 儲值 / 紅利設定 2. 儲值 / 紅利餘額 3. 儲值 / 紅利統計 4. 紅利加購價 5. 交易寄存設定。

4-4-1 儲值紅利設定

Ⓐ **儲值設定**：為增加門市營運現金之周轉率以及提升顧客到店消費之忠誠度，門市常會鼓勵消費者辦會員卡並 < 儲值 > 可享優惠之活動來達成促銷的目標。

儲值設定：【儲值 300 元，贈送 3% 的消費金】【儲值 500 元，贈送 4% 的消費金】【儲值 1,000 元，贈送 5% 的消費金】【辦卡即贈 20 元消費金】➔ < 儲存設定 >。

1. 儲值/紅利 設定作業

儲值設定 紅利設定 列印設定

級距 1：	300	贈送額：	3	☑%
級距 2：	500	贈送額：	4	☑%
級距 3：	1000	贈送額：	5	☑%

辦卡贈送額 20

TIPS

設定完成作業，須至 < 系統設定 >< 功能鍵 >< 觸控按鍵 > 中，將 < 儲值卡 > 設定與 < 收銀結帳作業 > 頁面的功能鍵區使用。

收銀連動效果：先將 < 會員 > 資料帶出，再點選功能鍵區的 < 儲值卡 > 開啟儲值作業頁面。

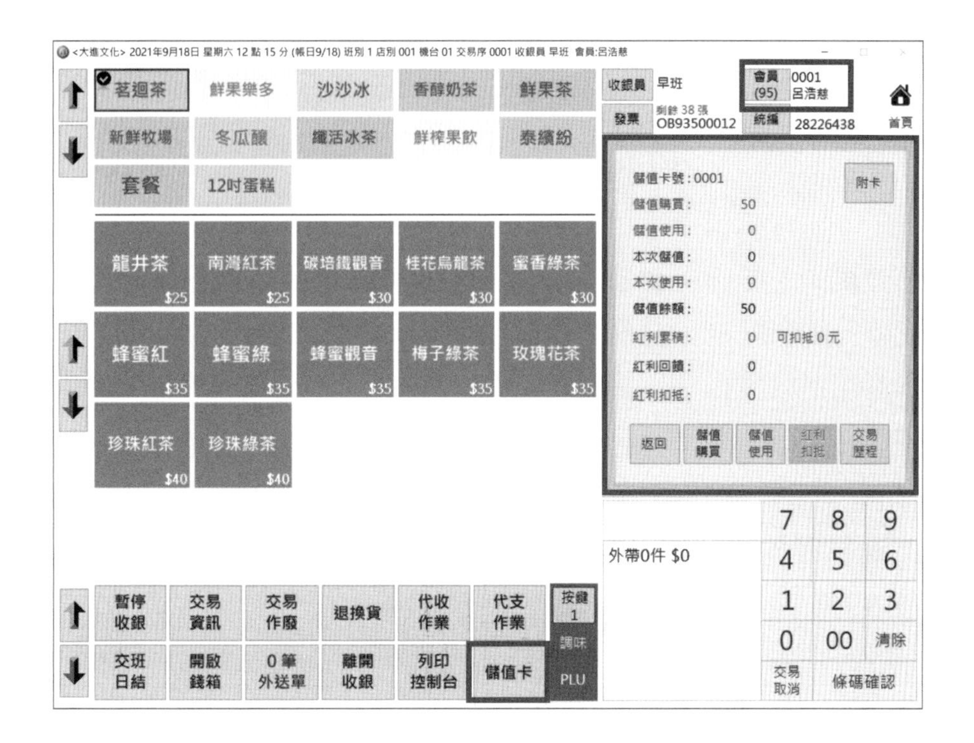

B 紅利設定：為提升顧客回購率，業者會以會員消費滿額贈送 < 紅利 > 優惠活動來達成促銷目標。

步驟 1 紅利設定【消費滿 100 元，贈送 1% 的紅利】【滿 500 元，贈送 2% 的紅 S. 利】【消費滿 1,000 元，贈送 3% 的紅利】

級距 1：	100	紅利點：	1	☑ %
級距 2：	500	紅利點：	2	☑ %
級距 3：	1000	紅利點：	3	☑ %

步驟 2 紅利扣抵設定

設定紅利點數扣抵消費金額的對換比率（ 紅利點數 2：消費金額 1 元）。

紅利點數：扣抵金額 兌換比

2 ： 1

步驟 3 紅利扣抵功能【是否開放】。

☐ 紅利點數<關閉>扣抵功能

收銀連動效果：先帶出 < 會員 > 資料，帶入交易商品明細後完成付款結帳，系統會依據 < 紅利設定 > 自動將點數加總於 < 紅利累積 > 的對應位中。

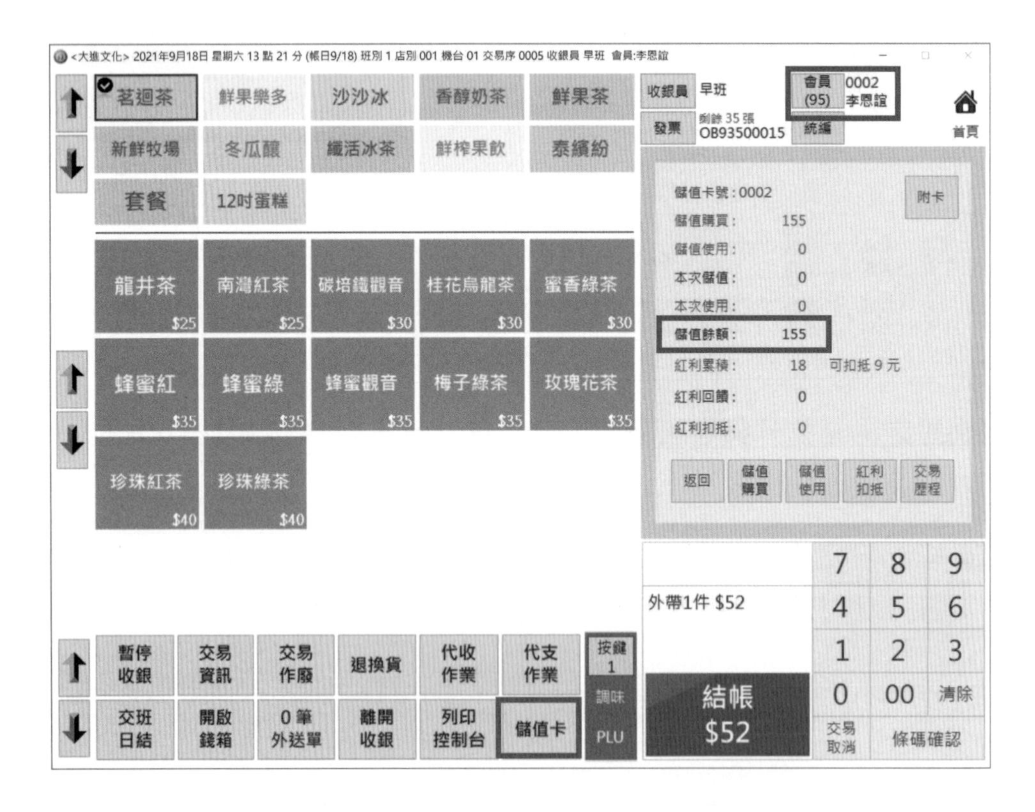

C 列印設定：設定儲值 / 紅利 < 交易明細 >< 交易歷程 > 列印及列印的內容、單據、格式。

步驟 1 選擇列印格式、印表機。

列印格式	印表機選擇
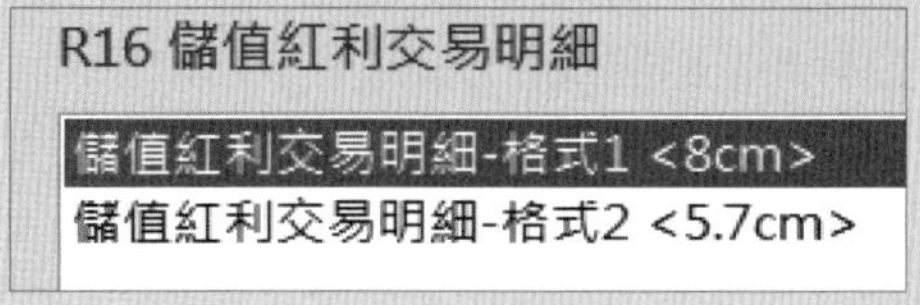 R16 儲值紅利交易明細 儲值紅利交易明細-格式1 <8cm> 儲值紅利交易明細-格式2 <5.7cm>	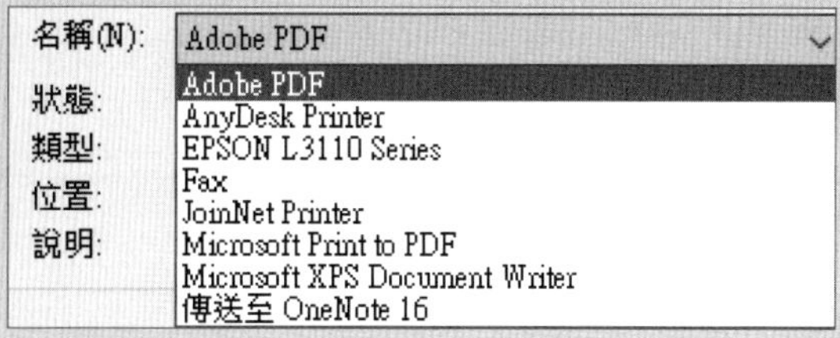 名稱(N): Adobe PDF 狀態: 類型: 位置: 說明: Adobe PDF AnyDesk Printer EPSON L3110 Series Fax JoinNet Printer Microsoft Print to PDF Microsoft XPS Document Writer 傳送至 OneNote 16

步驟 2 選擇列印模式、印表機【打 ✓ 選擇列印】。

列印模式 ◉ 直接列印

☑ 列印<收執聯> (客戶留存憑證)

☑ 列印<存根聯> (客戶簽收憑證)

<交易明細>收執聯近期明細列印筆數

列印 1 筆

☑ 執行紅利調整時列印<交易明細>

步驟 3 設定抬頭、表頭、表底。

抬頭設定<放大字型>

表頭設定

表底設定

步驟 4 點按 儲存設定

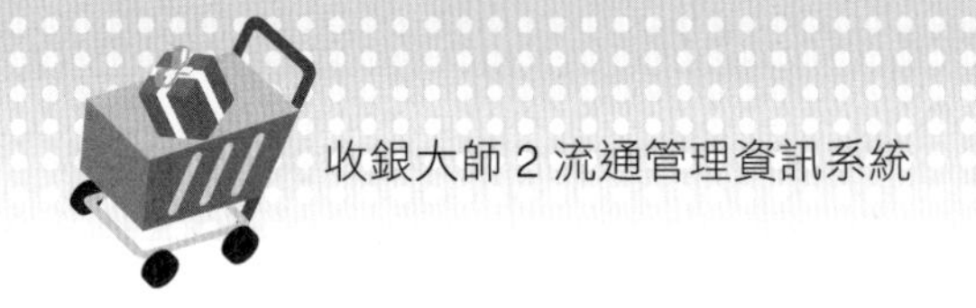

4-4-2 儲值紅利餘額

步驟 1 使用 < 搜尋 > 查詢每位會員儲值 / 紅利的餘額狀況。

步驟 2 頁面下方檢視目前總 < 儲值餘額 > 與總 < 紅利餘額 > 狀況。

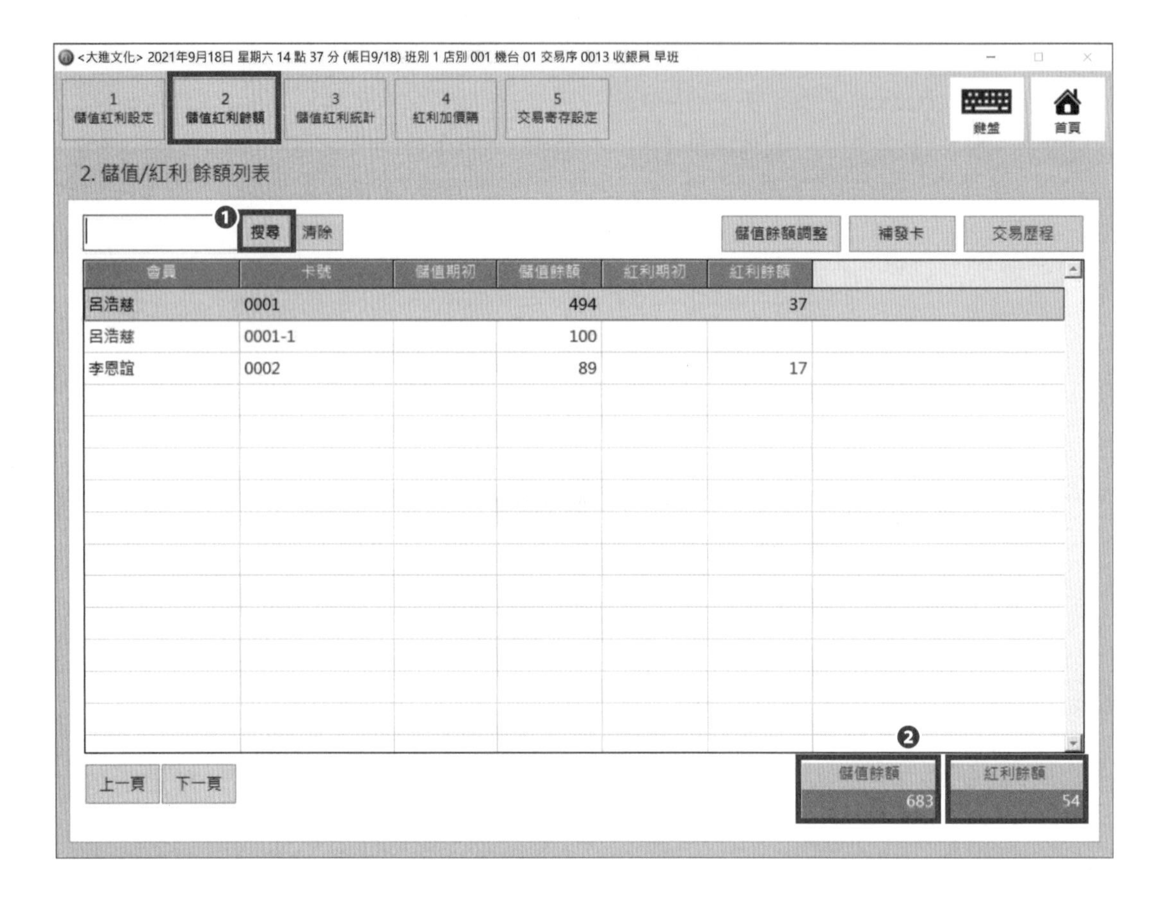

4-4-3 儲值紅利統計

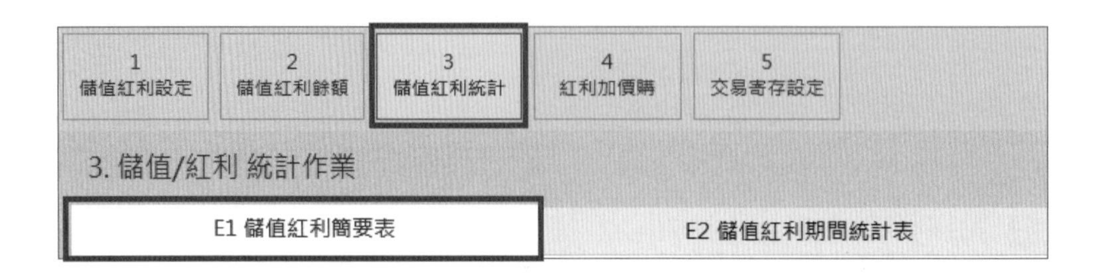

Ⓐ E1 儲值紅利簡要表

步驟 1 設定統計期間：下拉式指定統計的期間範圍。

請指定您要統計的期間(帳日)範圍：

上月 ▾ 從 ‹ 2022/06/01 › 日曆 到 ‹ 2022/06/30 › 日曆

步驟 2 指定統計對象。

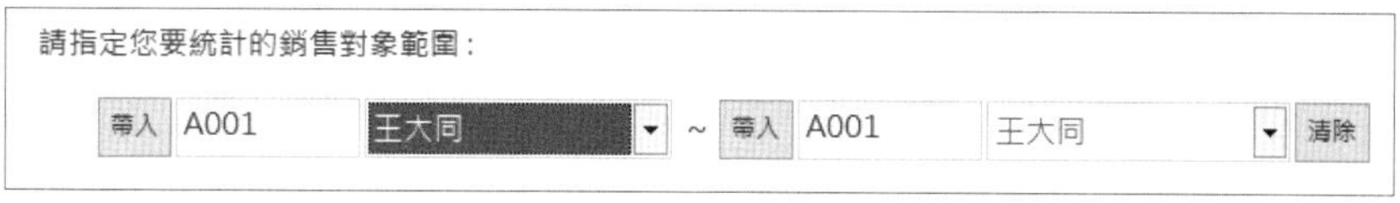

請指定您要統計的銷售對象範圍：

帶入 A001 王大同 ▾ ~ 帶入 A001 王大同 ▾ 清除

步驟 3 執行 < 儲值紅利簡要表 > 鍵列出報表檢視列印或匯出 EXCEL 檔另外存檔。

執行<儲值紅利簡要表>

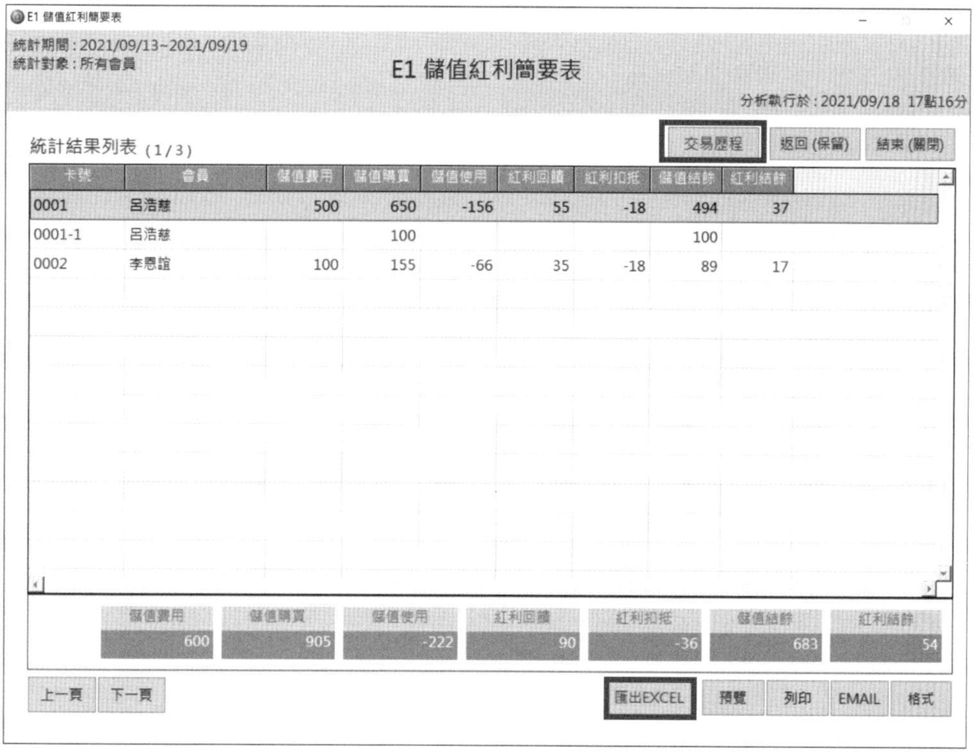

E1 儲值紅利簡要表

統計期間：2021/09/13~2021/09/19
統計對象：所有會員

E1 儲值紅利簡要表

分析執行於：2021/09/18 17點16分

統計結果列表 (1/3)　　交易歷程　返回 (保留)　結束 (關閉)

卡號	會員	儲值費用	儲值購買	儲值使用	紅利回饋	紅利扣抵	儲值結餘	紅利結餘
0001	呂浩慈	500	650	-156	55	-18	494	37
0001-1	呂浩慈		100				100	
0002	李恩誼	100	155	-66	35	-18	89	17

儲值費用	儲值購買	儲值使用	紅利回饋	紅利扣抵	儲值結餘	紅利結餘
600	905	-222	90	-36	683	54

上一頁　下一頁　　匯出EXCEL　預覽　列印　EMAIL　格式

檢視 <E1 儲值紅利簡要表 > 時，若發現有異狀可直接點選 < 卡號 > 欄位，再點選 < 交易歷程 > 鍵開啟顯示該顧客之 < 儲值 / 紅利 > 交易資料，進行檢核作業。

B E2 儲值紅利期間統計表

統計分為 <E2-1 儲值紅利**日統計表** > 及 <E2-2 儲值紅利**月統計表** > 兩種，操作流程皆同。

步驟 1 設定統計期間：下拉式指定統計的期間範圍。

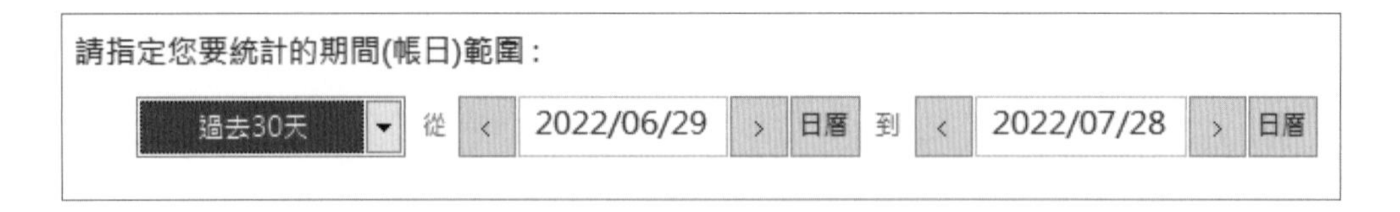

步驟 2 執行 < 儲值紅利日 / 月統計表 > 鍵列出報表檢視列印或匯出 EXCEL 檔另外存檔。

執行<儲值紅利日統計表>　執行<儲值紅利月統計表>

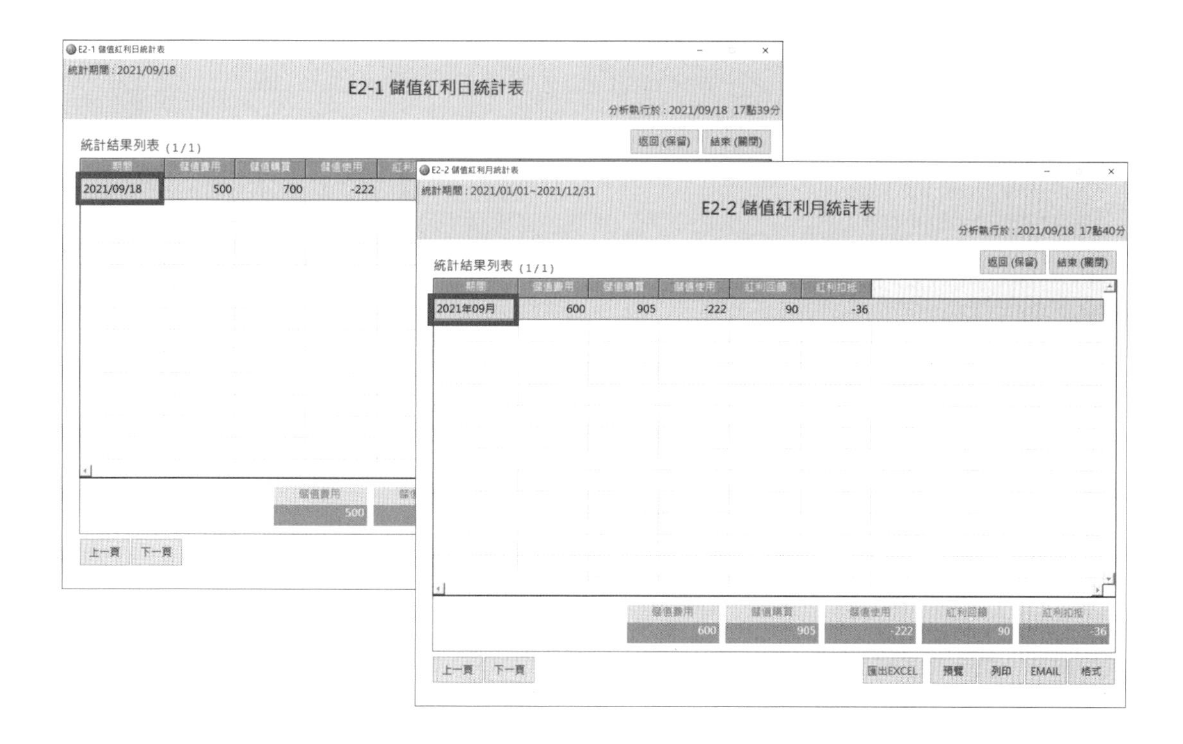

Ⓒ E3 儲值紅利歷程表

3. 儲值/紅利 統計作業

E1 儲值紅利簡要表　E2 儲值紅利期間統計表　E3 儲值紅利歷程表

步驟 1 指定統計的對象。

請指定您要統計的銷售對象範圍：

帶入　A001　王大同

步驟 2 執行 < 儲值紅利明細表 > 鍵列出報表檢視列印或匯出 EXCEL 檔另外存檔。

執行<儲值紅利明細表>

E3 儲值紅利歷程表

統計對象：會員 0001 / 呂浩慈

E3 儲值紅利歷程表

分析執行於：2021/09/18 17點45分

交易歷程　返回 (保留)　結束 (關閉)

統計結果列表 (1/45)

日期	時間	商品編號	商品名稱	數量	金額	紅利餘額	儲值餘額
		1001	龍井茶	1			
		1002	南灣紅茶	1			
2021/09/17	17:48						
		EM_DEPOSIT	儲值預繳600	1	500		
2021/09/18	12:24						600
		1003	碳培鐵觀音	1	29		
		1002	南灣紅茶	1	24		
		1007	蜂蜜綠	1	33		
		EM_SPEND	儲值使用	1	-86		
2021/09/18	12:37						514
		1004	桂花烏龍茶	1	29		
		1003	碳培鐵觀音	1	29		
		650002	芋泥布丁	1	1216		

紅利餘額 37　儲值餘額 444

上一頁　下一頁　匯出EXCEL　預覽　列印　EMAIL　格式

TIPS

檢視 <E3 儲值紅利歷程表 > 時，若發現有異狀可直接點選 < 卡號 > 欄位後，再點選 < 交易歷程 > 鍵開啟顯示該顧客之 < 儲值 / 紅利 > 交易資料，進行檢核作業。

4-4-4 紅利加價購

步驟 1 點選 < 選入促銷標的 > 鍵將促銷的商品項目帶出。

步驟 2 設定購買商品的再加價的【紅利點數】或【金額】值即可完成設定。

商品編號	商品名稱	單位	類別	內用價	外帶價	外送價	紅利點數	加價購
1002	南灣紅茶		10	25	25	25	10	15
1003	碳培鐵觀音		10	30	30	30	10	20
1004	桂花烏龍茶		10	30	30	30	10	20
1005	蜜香綠茶		10	30	30	30	100	20
1006	蜂蜜紅		10	35	35	35	10	25
1007	蜂蜜綠		10	35	35	35	10	25

TIPS

使用 < 紅利加價購 > 功能須至 < 系統設定 >< 功能鍵 >< 觸控按鍵 > 中，將 < 紅利加價購 > 設定與 < 收銀結帳作業 > 頁面的功能鍵區使用。

收銀連動效果：點選有註記 <（加）> 字的商品明細再點選功能鍵區的 < 紅利加價購 > 鍵開啟 < 加價購數量 > 設定頁面完成 < 帶入 > 作業後，回到 < 收銀結帳作業 > 頁面完成付款結帳。

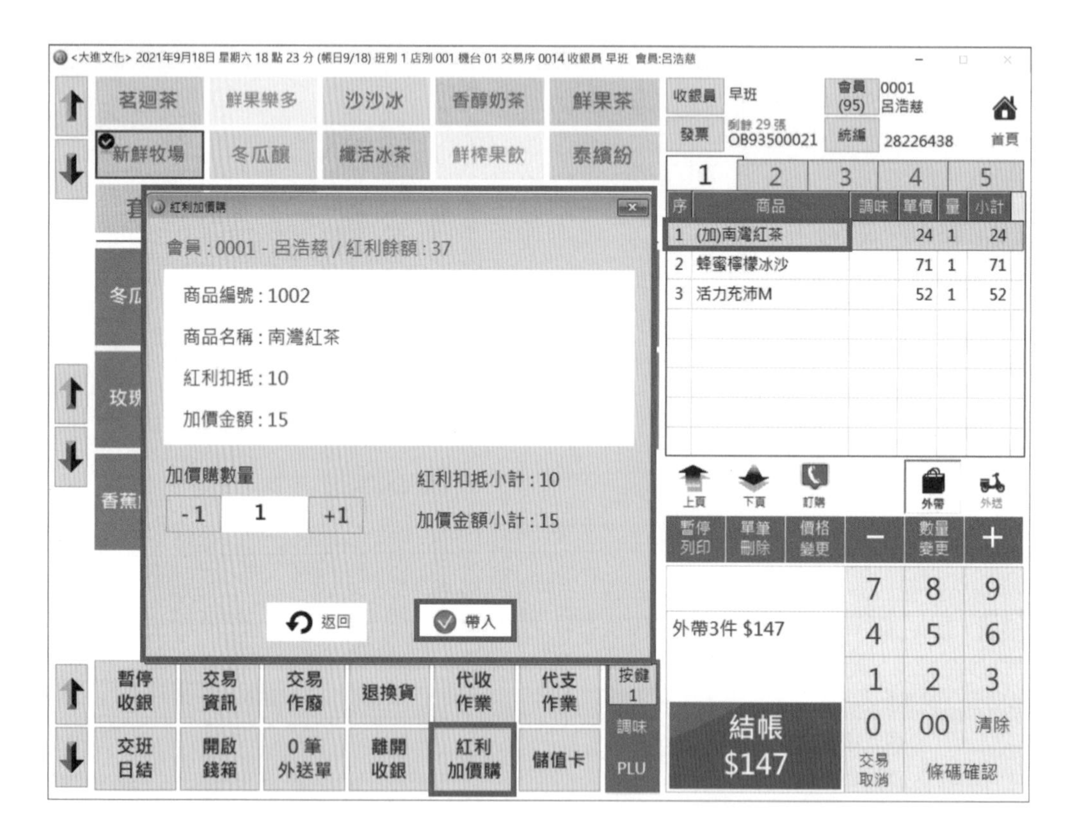

4-4-5 交易寄存設定

Ⓐ 寄存商品設定

步驟 1 點選 < 可交易寄存商品 > 鍵將可寄存交易的商品項目帶入。

可交易寄存商品 ➔

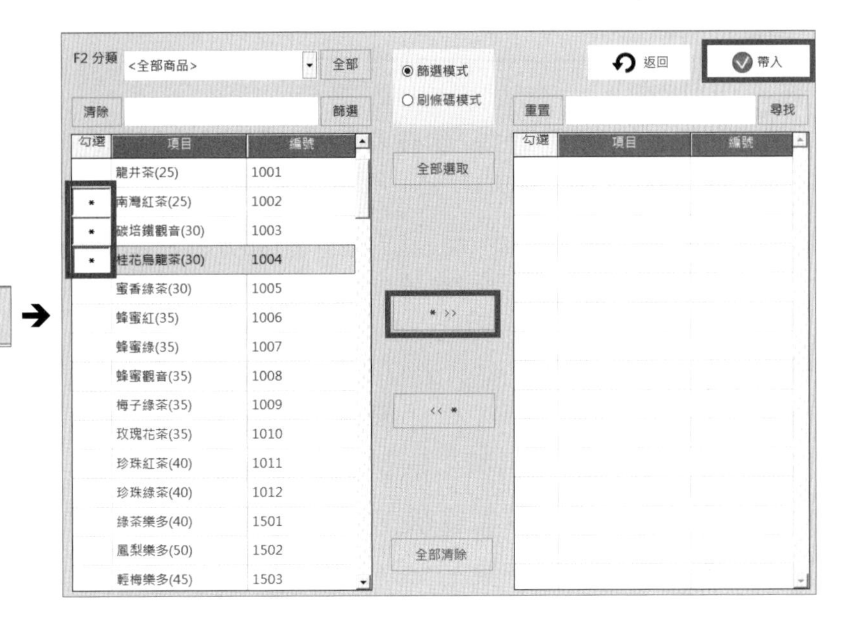

步驟 2 點按 儲存設定

B 列印設定

步驟 1 設定【客戶寄存清單】格式。

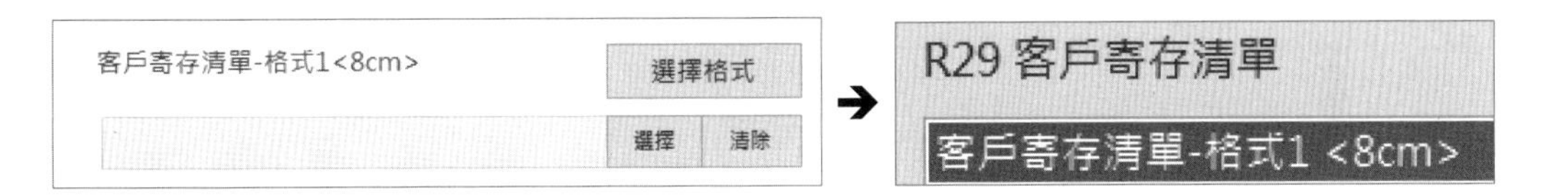

步驟 2 設定抬頭、表頭、表底。

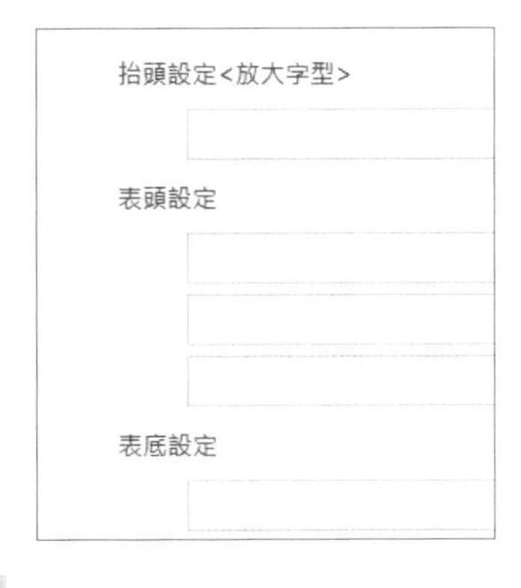

步驟 3 點按 儲存設定

TIPS

使用 < 交易寄存 > 功能前，必須再至 < 系統設定 >< 功能鍵 > < 觸控按鍵 > 中，將 < 交易寄存 > 及 < 寄存取貨 > 設定與 < 收銀結帳作業 > 頁面的功能鍵區使用。

收銀連動效果：

寄存處理：進入 < 收銀結帳作業 > 頁面時須先將 < 會員 > 資料帶出，再點選可 < 寄存 > 的商品項目與 < 數量 > 帶入交易明細中後，點選 < 交易寄存 > 鍵 < 確定 > 後，回到 < 收銀結帳作業 > 頁面完成付款結帳，即可列印出 < 客戶寄存清單 > 完成寄存作業。

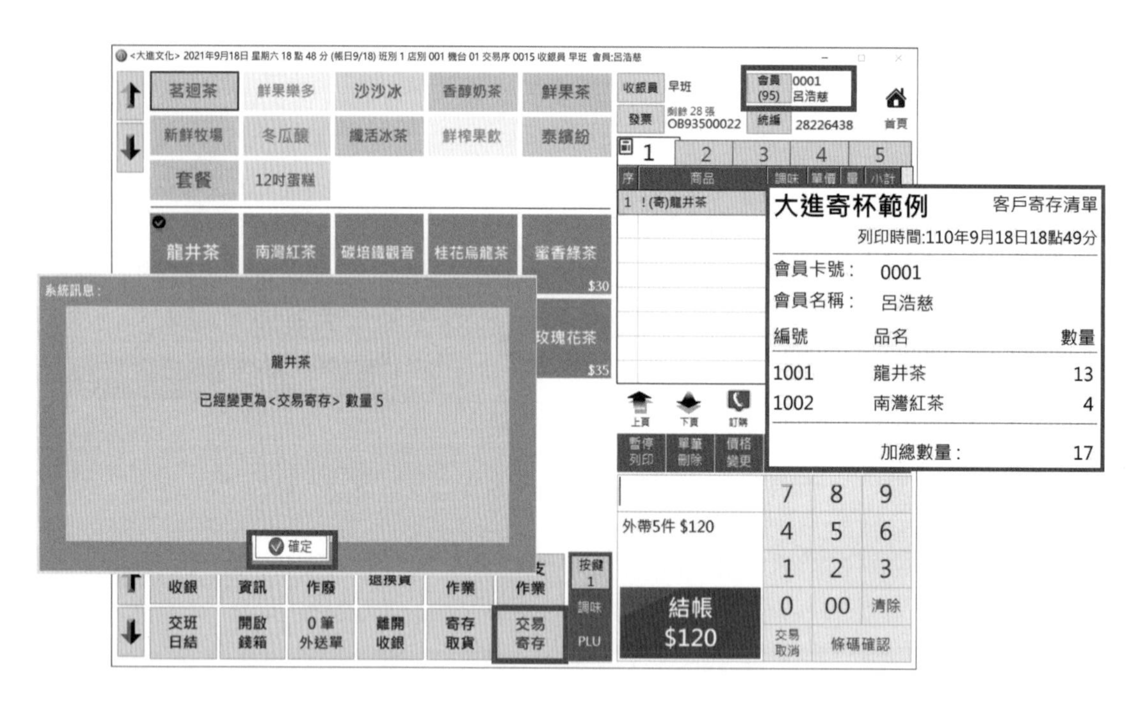

取貨處理：在 < 收銀結帳作業 > 頁面中使用 < 寄存取貨 > 功能前，必須先將 < 會員 > 資料帶出，再點選 < 寄存取貨 > 鍵開啟 < 交易寄存取貨作業 > 設定取貨的 < 項目 > 與 < 數量 > 後點選 < 帶入 > 回到 < 收銀結帳作業 > 頁面完成結帳即可。

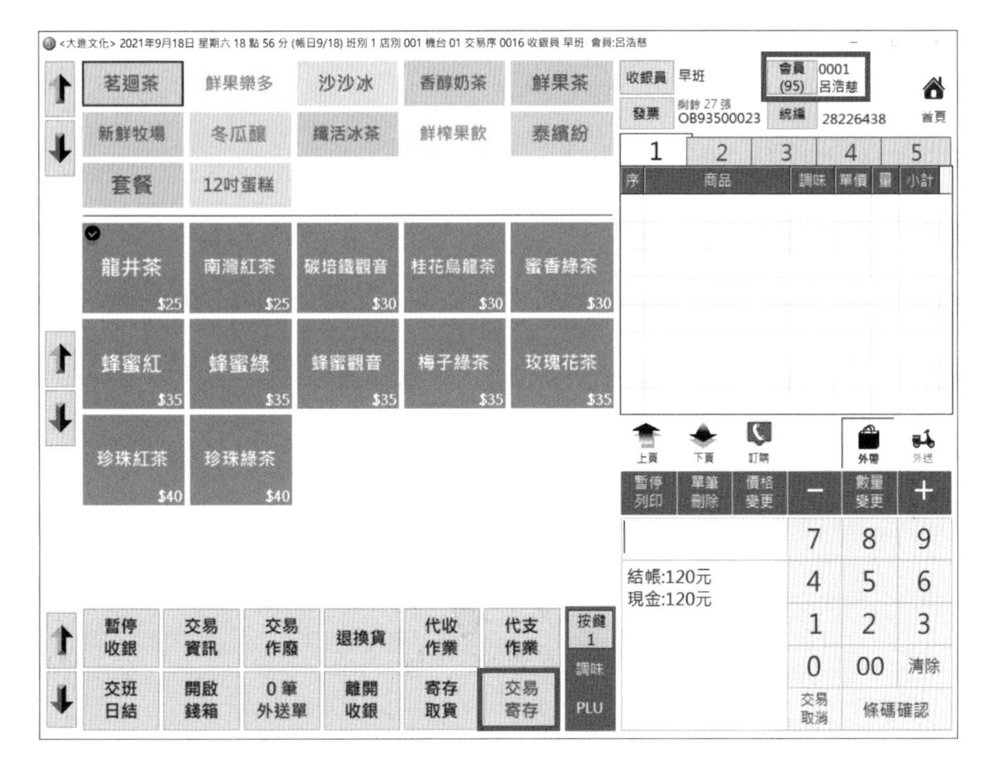

<大進文化> 2021年9月18日 星期六 18 點 56 分 (帳日9/18) 班別 1 店別 001 機台 01 交易序 0016 收銀員 早班 會員:呂浩慈
茗迴茶
鮮果樂多
沙沙冰
香醇奶茶
鮮果茶
新鮮牧場
冬瓜釀
纖活冰茶
鮮榨果飲
泰繽紛
套餐
12吋蛋糕
龍井茶 $25
南灣紅茶 $25
碳培鐵觀音 $30
桂花烏龍茶 $30
蜜香綠茶 $30
蜂蜜紅 $35
蜂蜜綠 $35
蜂蜜觀音 $35
梅子綠茶 $35
玫瑰花茶 $35
珍珠紅茶 $40
珍珠綠茶 $40
收銀員 早班
會員 (95) 0001 呂浩慈
發票 剩餘 27 張 OB93500023
統編 28226438
首頁
1 2 3 4 5
序 商品 調味 單價 量 小計
上頁 下頁 訂購 外帶 外送
暫停列印
單筆刪除
價格變更
數量變更
結帳:120元
現金:120元
7 8 9 4 5 6 1 2 3 0 00 清除
交易取消
條碼確認
暫停收銀
交易資訊
交易作廢
退換貨
代收作業
代支作業
按鍵 1
調味
PLU
交班日結
開啟錢箱
0 筆外送單
離開收銀
寄存取貨
交易寄存

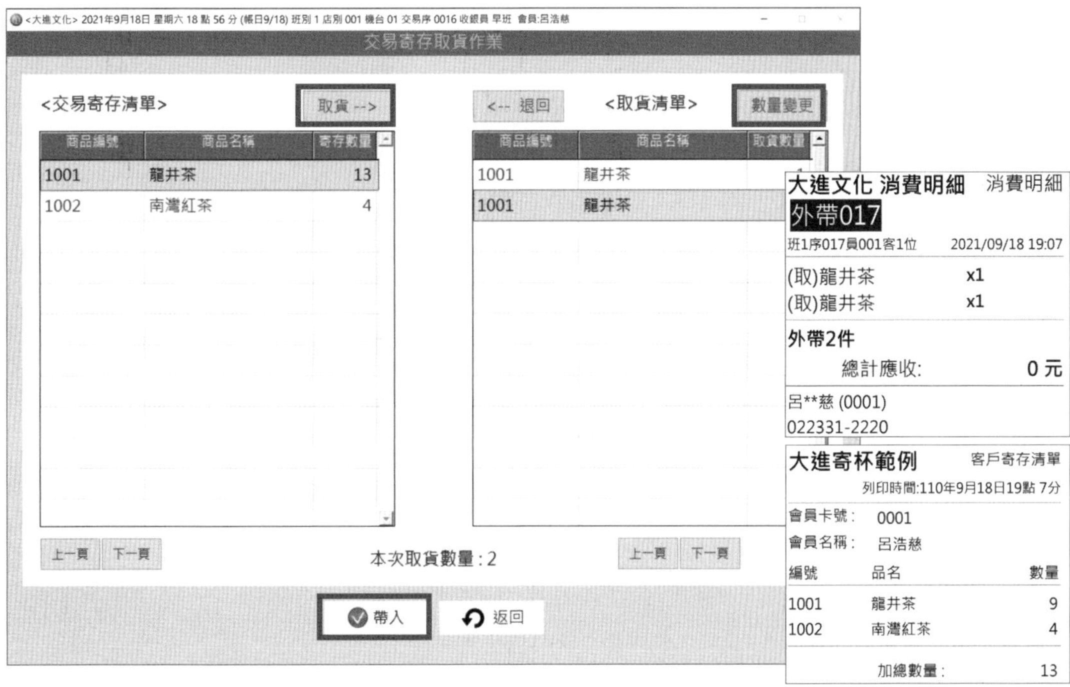

<大進文化> 2021年9月18日 星期六 18 點 56 分 (帳日9/18) 班別 1 店別 001 機台 01 交易序 0016 收銀員 早班 會員:呂浩慈
交易寄存取貨作業
<交易寄存清單>
取貨 -->
<-- 退回
<取貨清單>
數量變更
商品編號 商品名稱 寄存數量
1001 龍井茶 13
1002 南灣紅茶 4
商品編號 商品名稱 取貨數量
1001 龍井茶
1001 龍井茶
上一頁 下一頁
本次取貨數量 : 2
上一頁 下一頁
帶入
返回
大進文化 消費明細 消費明細
外帶017
班1序017員001客1位 2021/09/18 19:07
(取)龍井茶 x1
(取)龍井茶 x1
外帶2件
總計應收: 0 元
呂**慈 (0001)
022331-2220
大進寄杯範例 客戶寄存清單
列印時間:110年9月18日19點 7分
會員卡號: 0001
會員名稱: 呂浩慈
編號 品名 數量
1001 龍井茶 9
1002 南灣紅茶 4
加總數量: 13

5

CHAPTER

銷售帳務篇

當前國內創業市場隨著科技應用的變革，疫情快速無情的催化，對於原本規模小且模仿性極高的零售業市場競爭環境，永續經營成為經營者困難重重的挑戰，如何使商品更具競爭力、營業模式具吸引力、投入資源更具獲利力，在變與不變？如何改變？如何執行？這些都是經營者日以繼夜無限迴旋思索的問題。門市經營管理者整體的專業知識水準是必須要不斷的精進提升，而**資料收集與分析資料**更是經營管理作業中最重要的一環，唯有如此才能確實掌握門市經營狀態與未來發展的方向。

5-1 交班日結作業

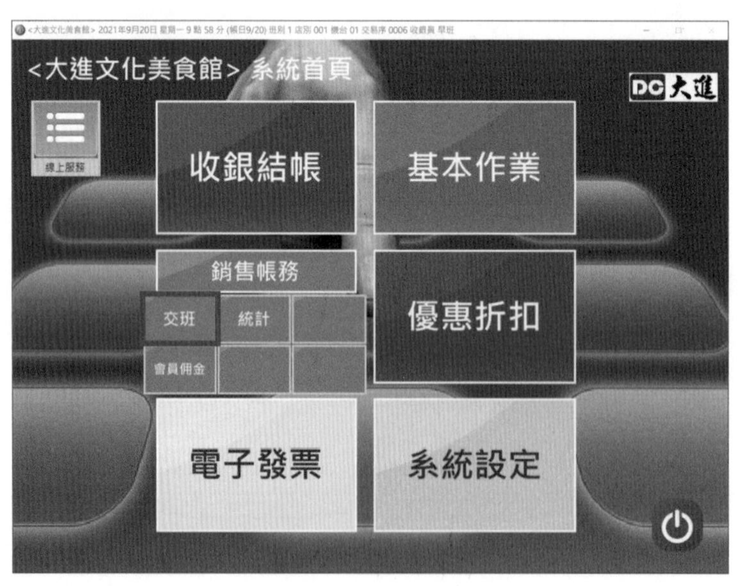

收銀人員完成門市交易的收銀結帳，透過收銀大師 2，隨時記錄消費紀錄。為因應現今支付工具多樣化，收銀大師 2 也能及時處理。在收銀人員當班結束，應將清點當班現金及多元票券，為交班的重點工作。收銀大師 2 為使交班紀錄完整及流暢，進入銷售帳務 – 交班頁面，系統提供多站式的交班及日結的作業資料以供檢閱。

交班作業	日結作業	期間帳條	歷史紀錄

5-1-1 交班作業

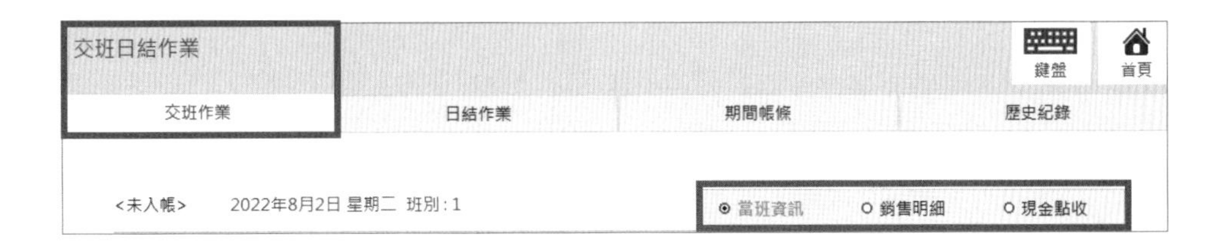

PART 1：當班資訊

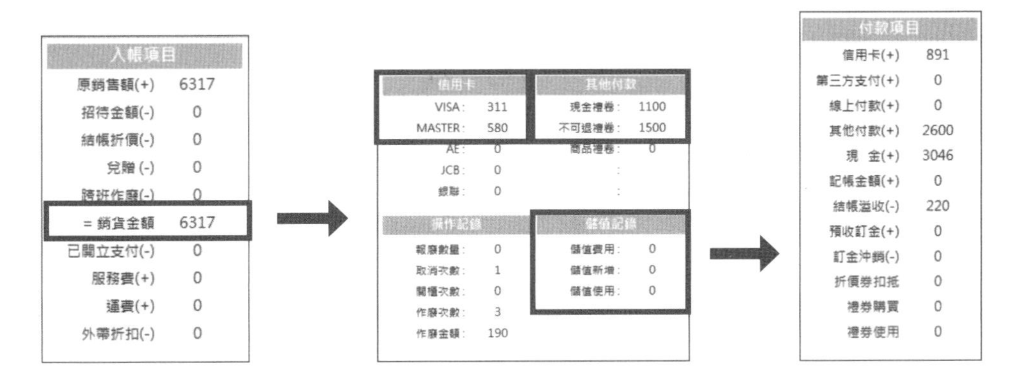

1. 入帳項目：當班銷貨入帳交易金額 =6,317
2. 付款項目：信用卡支付 891+ 其他付款（現金禮卷 + 不可退禮卷）2,600 + 現金 3,046 – 溢收 220 = 6,317
3. 銷貨金額 6,317➔ 消費方式

消費方式	
內用人次：	0
內用金額(+)	0
外帶人次：	11
外帶金額(+)	6317
外送人次：	0
外送金額(+)	0
消費人次：	11
銷售總量：	21

4. 當班交班金額 = 9317

營業本金： 3000　代收金額(+) 0　代支金額(-) 0　收銀金額(+) 6317　= 交班金額： 9317

檢視上述資料，確認無誤後，點選 執行交班過帳

輸入＜接班人員＞的帳號，完成交班作業。

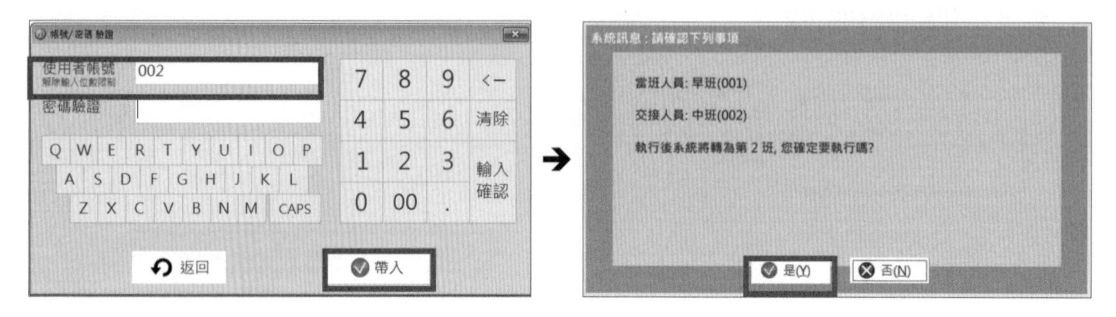

PART 2：銷貨明細

1. 交易內容：序號＋交易時間＋交易金額

交易序	時間	金額
0001	09:55	85
0002	09:55	1501
0003	09:56	40
0004	09:56	180
0005	09:57	45
0006	10:29	65
0007	10:31	70
0008	10:32	95
0009	10:33	50
0010	10:33	70
0011	10:53	1311
0012	10:56	1580

上一頁 下一頁

2. 單筆交易付款方式：

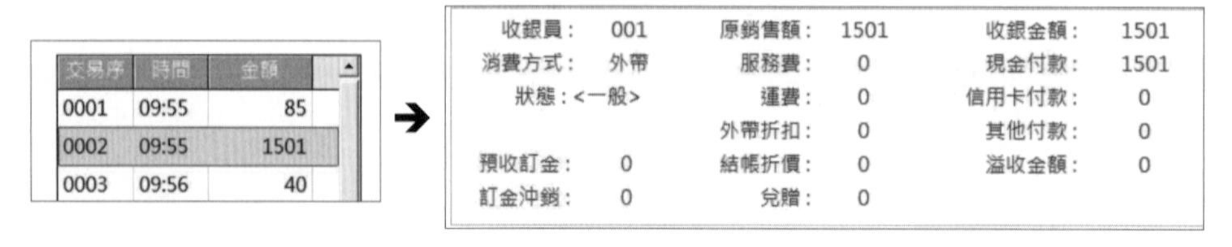

3. 單筆交易商品明細：

序	商品	單價	數量	小計	類別	編號
1	禮物	1501	1	1501	12吋蛋糕	650007

PART 3：現金點收

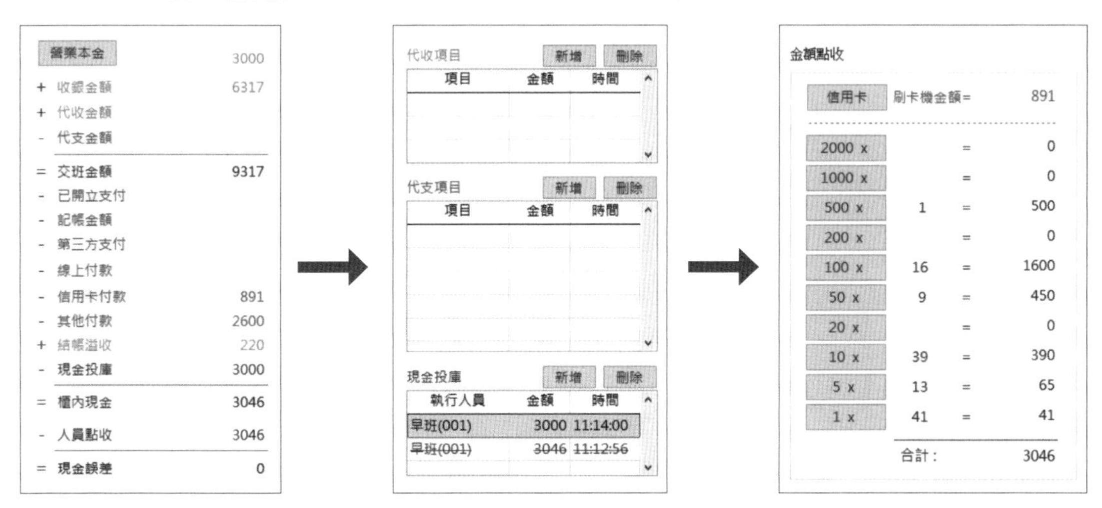

1. 交班帳務金額：【對應當班資訊 交班金額為 9,317】
   – 非現金【信用卡付款 891 + 其他付款 2,600】+ 溢收現金 200 – 現金（已）投庫 3,000 = 3,046（剩餘應交班現金）➔ 人員點收 3,046 ➔ 無現金誤差
2. 現金投庫紀錄
3. 現金點交：面額 + 張數 紀錄

5-1-2 日結作業

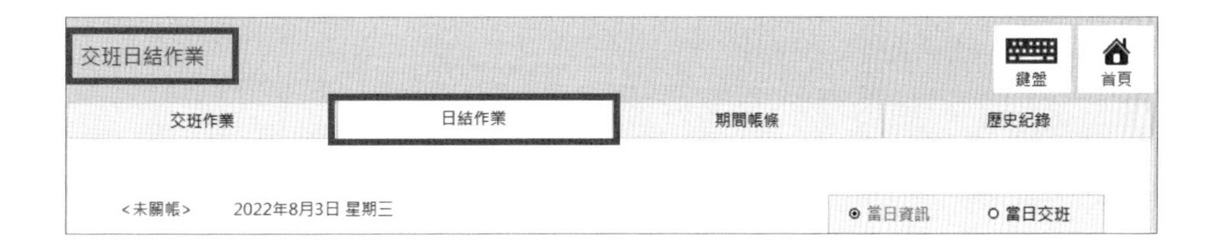

Ⓐ 當日資訊

當日資訊表列項目與當【班】資訊欄位相同，資訊金額為當日班別全部加總而得。

惟當班資訊確認無誤後，執行【交班】。但當日最後一班確認【當日】資訊無誤後，必須執行 執行日結關帳 。

➔

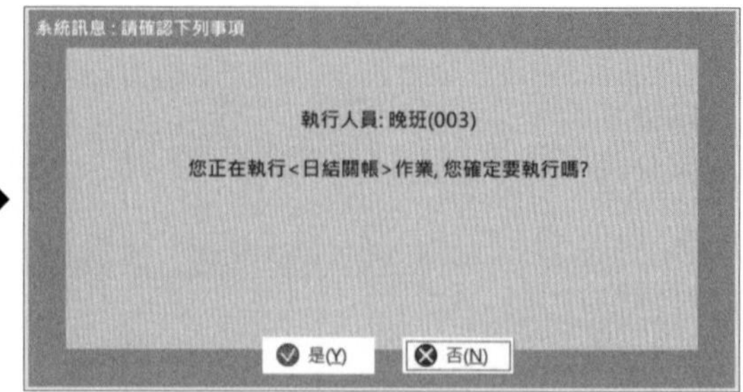

Ⓑ 當日交班

<已關帳>　2021年9月21日 星期二　　○ 當日資訊　◉ 當日交班

帳日	班別	當班人員	交班人員	當班營收	現金付款	信用卡付款	其他付款	銷貨金額	服務費	運費	外帶折扣	銷售減項	結帳折讓
2021/09/21	1	001	002	7684	3684	4000		7684					
2021/09/21	2	002	003	17653	7728	2000	7960	17658					5
2021/09/21	3	003	003	6515	4515	2000		6575					60
2021/09/21	4												

1. 交班紀錄：【001 交班給 002】➔【002 交班給 003】➔【003 交班給 003：關帳】
2. 當班營收 = 付款紀錄【現金付款 + 信用卡付款 + 其他付款】
   = 銷貨淨額【銷貨金額 - 結帳折讓】

TIPS

【當日交班】紀錄對應於【當日資訊】。

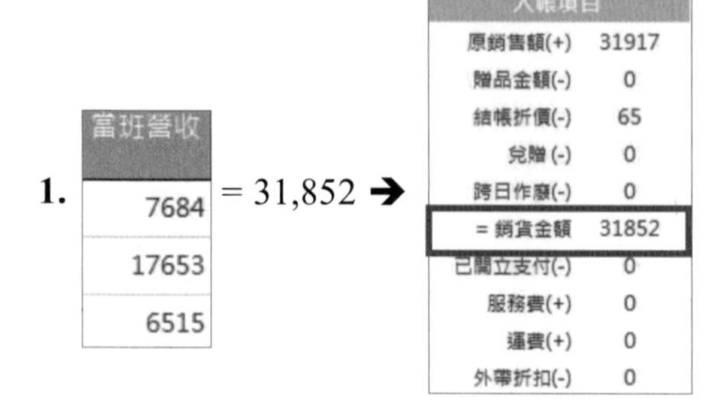

2.

現金付款	信用卡付款	其他付款
3684	4000	
7728	2000	7960
4515	2000	

➔

付款項目	
信用卡(+)	8000
第三方支付(+)	0
線上付款(+)	0
其他付款(+)	7960
現　金(+)	15927

現金付款 = 3,684+7,728+4,515=15,927

信用卡付款 = 4,000+2,000+2,000=8,000

其他付款 = 7,960-7,960

5-1-3 期間帳條

選擇統計的 < 格式 > 與 < 範圍 > 列印出帳條以供檢核。

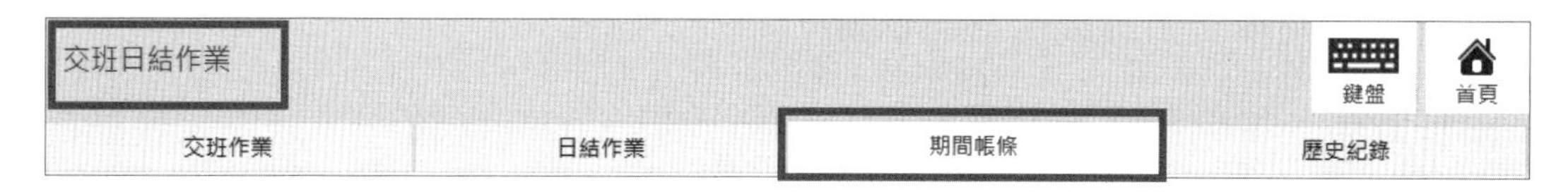

步驟 1 選擇【帳條】格式。

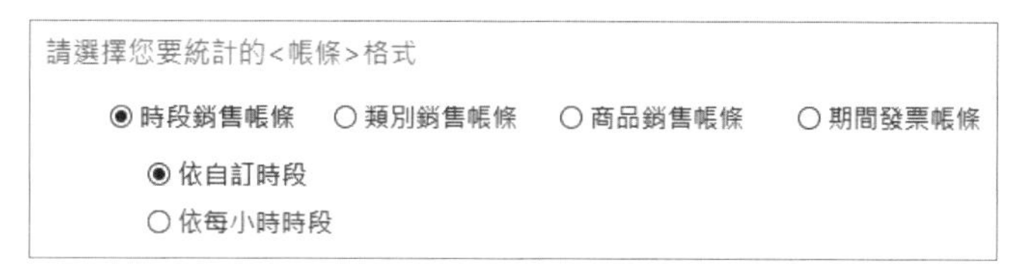

TIPS

< 依自訂時段 > 統計：據 < 系統設定 >< 操作 >< 統計 >< 時段項目設定 > 做統計列印。可做為判斷 < 班別 > 中對營業額貢獻度的高低依據。

步驟 2 指定【期間（帳日）】範圍。

步驟 3 指定【排序項目】:(時段銷售帳條無排序項目)

請指定排序項目:

◉ 商品類別　　○ 銷售數量　　○ 銷售金額

操作範例

依指定排序項目 < 商品類別 >、< 銷售數量 >、< 銷售金額 > 做統計列印。

< 商品類別 > 列出所有商品類別的銷售狀況。

< 銷售數量 > 排列出所有商品類別銷售 < 數量 > 的高低順序。以作為判斷商品類別其暢銷與滯銷調整改善之依據。

< 銷售金額 > 排列出所有商品類別銷售 < 金額 > 的高低順序。以作為判斷商品類別營收之多寡調整商品組合之依據。

商品類別排序

大進文化結帳條　類別銷售

期間: 2021/09/20

品項	數量	金額
系統類別	x7	450
茗迴茶	x33	1085
鮮果樂多	x18	845
沙沙冰	x1	75
香醇奶茶	x10	405
鮮果茶	x2	90
新鮮牧場	x1	50
冬瓜釀	x8	280
纖活冰茶	x24	1055
鮮榨果飲	x30	1725
泰繽紛	x9	585
12吋蛋糕	x10	13190
數量合計:	x153	
原價合計:		$19835
費用/折價		321
金額合計:		$20156

銷售數量排序

大進文化結帳條　類別銷售

期間: 2021/09/20

品項	數量	金額
茗迴茶	x33	1085
鮮榨果飲	x30	1725
纖活冰茶	x24	1055
鮮果樂多	x18	845
香醇奶茶	x10	405
12吋蛋糕	x10	13190
泰繽紛	x9	585
冬瓜釀	x8	280
系統類別	x7	450
鮮果茶	x2	90
沙沙冰	x1	75
新鮮牧場	x1	50
數量合計:	x153	
原價合計:		$19835
費用/折價		321
金額合計:		$20156

銷售金額排序

大進文化結帳條　類別銷售

期間: 2021/09/20

品項	數量	金額
12吋蛋糕	x10	13190
鮮榨果飲	x30	1725
茗迴茶	x33	1085
纖活冰茶	x24	1055
鮮果樂多	x18	845
泰繽紛	x9	585
系統類別	x7	450
香醇奶茶	x10	405
冬瓜釀	x8	280
鮮果茶	x2	90
沙沙冰	x1	75
新鮮牧場	x1	50
數量合計:	x153	
原價合計:		$19835
費用/折價		321
金額合計:		$20156

5-1-4 歷史紀錄

可檢核所有營業日之各項營業數據及其當日各班別狀況與補印單據帳條。

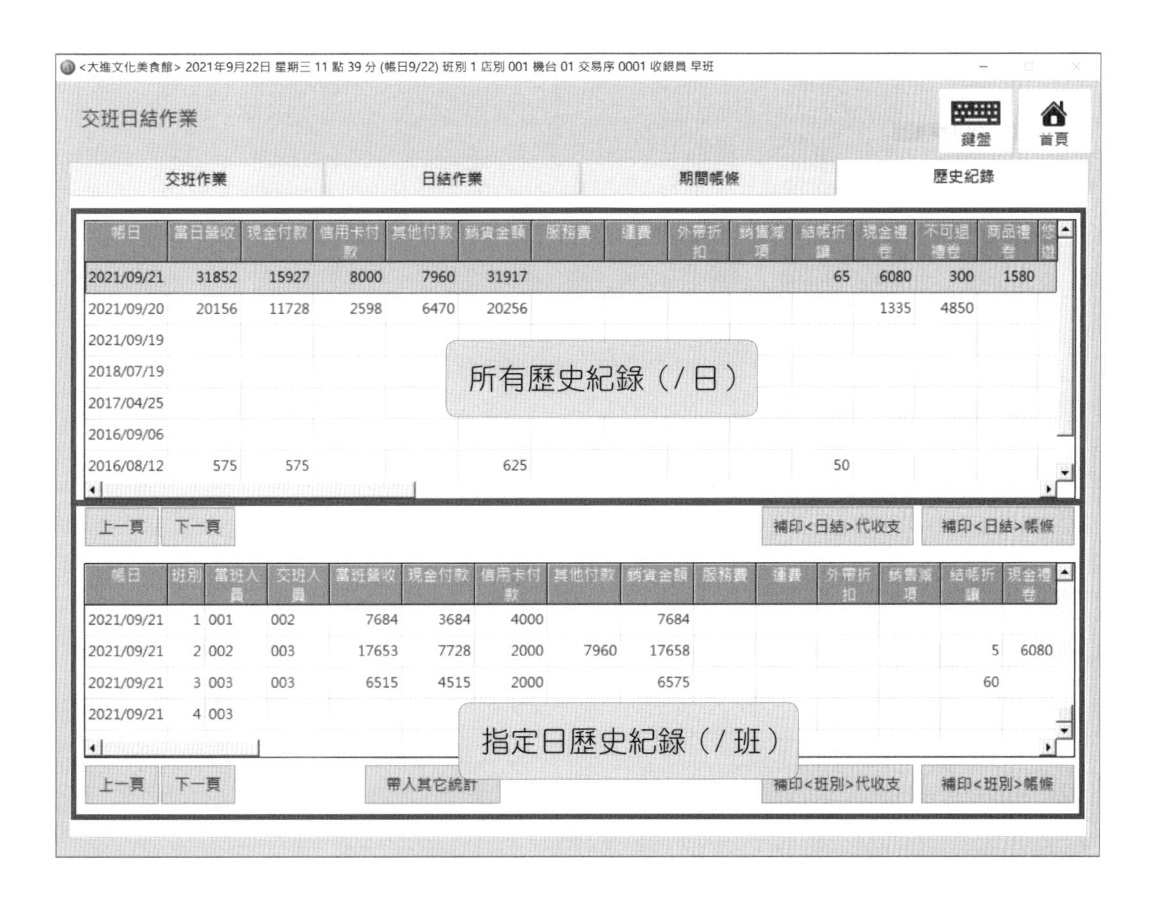

歷史紀錄區提供【補印】歷史帳條的功能。

5-2 銷售統計作業

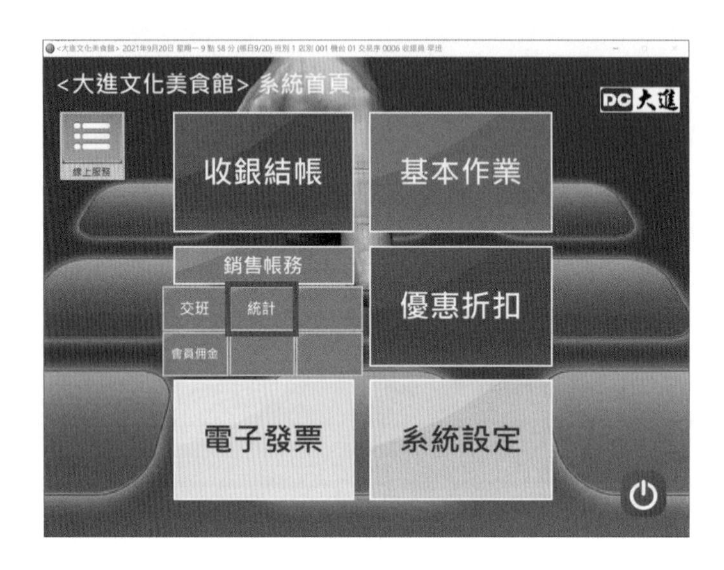

進入銷售統計頁面，系統提供多樣式的統計資料

S1 營運統計	S2 交易統計	S3 品項統計	S4 期間營收
S5 時段統計	S6 其它統計	S7 桌位統計	S8 毛利統計

收銀大師 2 銷售統計資料一覽（簡）表

	1. 營運統計	2. 交易統計	3. 品項統計	4. 期間營收
銷售統計資料	A. 營收概況表 B. 交班統計表	A. 交易資料表 B. 交易明細表 C. 發票日報表 D. 發票明細表 E. 付款統計表 F. 信用卡統計表 G. 擴充支付 H. 已開立支付	A. 商品統計表 B. 類別統計表 C. 贈品統計表 D. 商品檢貨表 E. 退菜統計表 F. 生鮮統計表 G. 類別日報表 H. 調味統計表	A. 每日營收表 B. 每月營收表 C. 年度營收表 D. 日營收比較表 E. 月營收比較表 F. 年度營收比較表

	5. 時段統計	6. 其他統計	7. 桌位統計	8. 毛利統計
	A. 來客數統計表 B. 營業額統計表 C. 人均消費統計表 D. 銷售數量統計表	A. 代收支統計表 B. 報廢商品統計表	A. 桌位消費統計表 B. 桌位品項統計表	A. 商品明細表 B. 商品毛利表

1. 營運統計：可依指定統計**期間範圍**內 **< 營收概況表 >** 資料做檢核
2. 交易統計：可依指定**帳日範圍**、**銷售對象**、**交易資料狀態**等執行**每筆交易統計**
3. 品項統計：可依指定帳日範圍、時段範圍、銷售對象、交易記錄狀態、排序項目、**設定品項篩選**，以瞭解各項商品的銷售狀況
4. 期間營收：可依指定帳日範圍完成 **< 每日 / 每月 / 年度 / 營收表 > < 日營收 / 月營收 / 年度營收 >** 比較表
5. 時段統計：

   A. 可依指定帳日範圍完成 < **來客數**統計表 >

   B. 可依指定帳日範圍完成 < **營業額**統計表 >

   C. 可依指定帳日範圍完成 < **人均消費**統計表 >

   D. 可依指定帳日範圍設定完成 < **銷售數量**統計表 >
6. 其他統計：

   A. 可依指定帳日範圍完成 **< 代收支統計表 >**

   B. 可依指定帳日範圍完成 **< 報廢商品統計表 >**
7. 桌位統計：

   A. 可依指定帳日範圍完成 **< 桌位消費統計 >**

   B. 可依指定帳日範圍設完成 **< 桌位品項統計 >**
8. 毛利統計：

   A. 可依指定帳日範圍完成 **< 毛利明細表 >**

   B. 可依指定帳日範圍完成 **< 商品毛利表 >**

5-2-1 營運統計

銷售統計作業

鍵盤 首頁

S1 營運統計 | S2 交易統計 | S3 品項統計 | S4 期間營收 | S5 時段統計 | S6 其它統計 | S7 桌位統計 | S8 毛利統計

全部機台

您可以從<營運統計>查看重點營收數據以及班別營收統計

S1-1 營收概況表 | S1-2 交班統計表

Ⓐ 營收概況表

步驟 1 指定統計期間範圍：2021/09/22~2021/09/22

請指定期間(帳日)範圍：

○ 單一班別　○ 單一日期　◉ 期間範圍

今天　從 ‹ 2021/09/22 › 日曆　到 ‹ 2021/09/22 › 日曆

步驟 2 執行<營收概況表>

執行結果畫面：

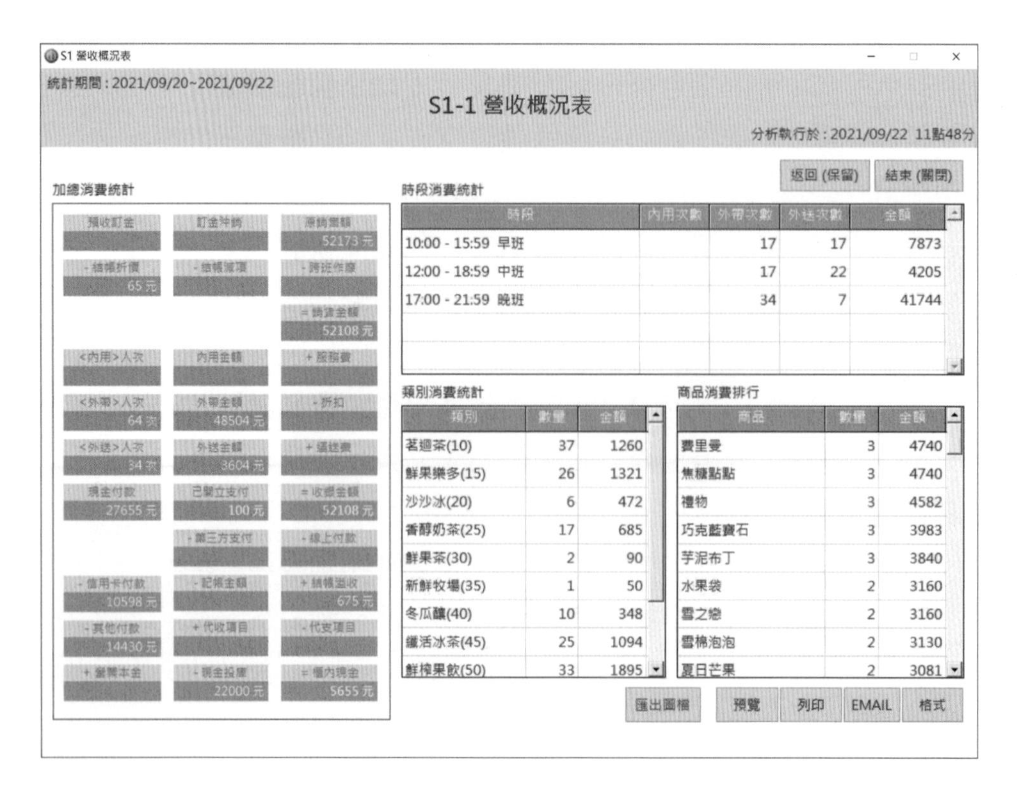

步驟 3 匯出結果 匯出圖檔 預覽 列印 EMAIL 格式

【營收概況表】列印成單據存檔。**快速掌握各項營業數據參考分析，訂定決策。**

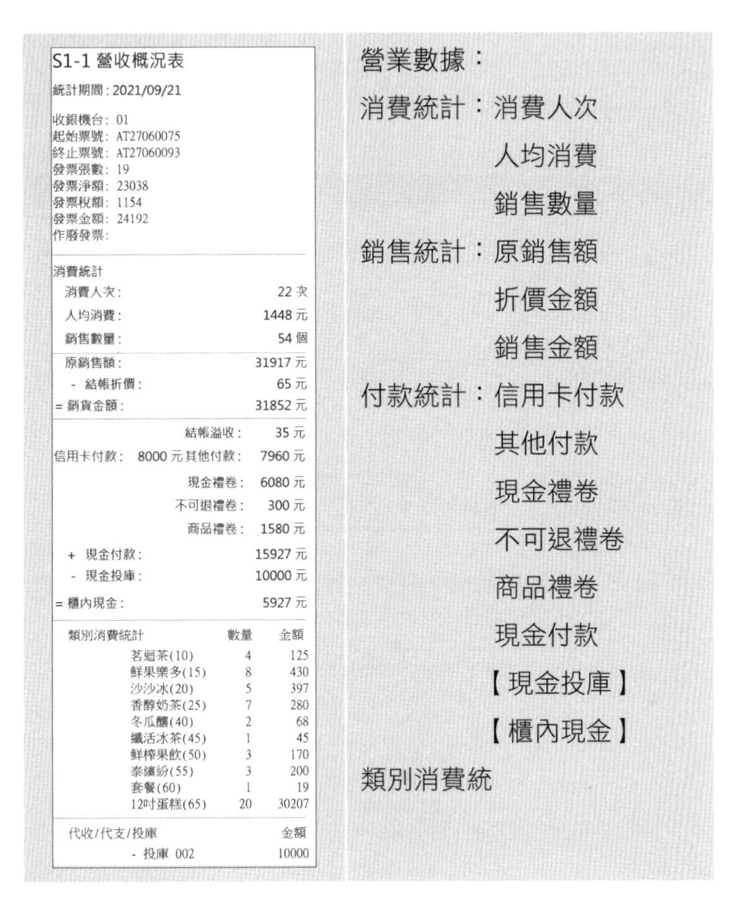

S1-1 營收概況表

統計期間：2021/09/21

收銀機台：01
起始票號：AT27060075
終止票號：AT27060093
發票張數：19
發票淨額：23038
發票稅額：1154
發票金額：24192
作廢發票：

消費統計
消費人次：22 次
人均消費：1448 元
銷售數量：54 個
原銷售額：31917 元
- 結帳折價：65 元
= 銷貨金額：31852 元

結帳溢收：35 元
信用卡付款：8000 元 其他付款：7960 元
現金禮卷：6080 元
不可退禮卷：300 元
商品禮卷：1580 元
+ 現金付款：15927 元
- 現金投庫：10000 元
= 櫃內現金：5927 元

類別消費統計	數量	金額
茗廻茶(10)	4	125
鮮果樂多(15)	8	430
沙沙冰(20)	5	397
香醇奶茶(25)	7	280
冬瓜釀(40)	2	68
纖活冰茶(45)	1	45
鮮榨果飲(50)	3	170
泰繽紛(55)	3	200
套餐(60)	1	19
12吋蛋糕(65)	20	30207

代收/代支/投庫	金額
- 投庫 002	10000

B 交班統計表

S1 營運統計 S2 交易統計 S3 品項統計 S4 期間營收 S5 時段統計 S6 其它統計 S7 桌位統計

全部機台 您可以從<營運統計>查看重點營收數

S1-1 營收概況表 S1-2 交班統計表

步驟 1 指定統計期間範圍：2021/09/20~2021/09/22

請指定期間(帳日)範圍：

從 2021/09/20 日曆 到 2021/09/22 日曆

步驟 2 執行<交班統計表>

執行結果畫面：

S1-2 交班統計表

統計期間：2021/09/20~2021/09/22

分析執行於：2021/09/22 12點18分

統計結果列表 (1/6)　　返回 (保留)　結束 (關閉)

機台	帳日	班別	當班人員	交接人員	現金付款	信用卡付款	其他付款	當班營收	已開立支付
01	2021/09/20	1	001-早班	002-	3046	891	2600	6317	
01	2021/09/20	2	001-早班	003-	5007		385	5392	100
01	2021/09/20	3	003-晚班	001-	3675	1707	3485	8447	
01	2021/09/21	1	001-早班	002-	3684	4000		7684	
01	2021/09/21	2	002-中班	003-	7728	2000	7960	17653	
01	2021/09/21	3	003-晚班	003-	4515	2000		6515	

步驟 3 匯出結果　匯出圖檔　預覽　列印　EMAIL　格式

【交班統計表】將資料列印成單據存檔。**可作為人員績效評估之依據**。

S1-2 交班統計表

統計期間：2021/09/20~2021/09/22

機台	帳E	班別	當班人員
01	2021/09/2C	1	001
01	2021/09/2C	2	001
01	2021/09/2C	3	003
01	2021/09/21	1	001
01	2021/09/21	2	002
01	2021/09/21	3	003

5-2-2 交易統計

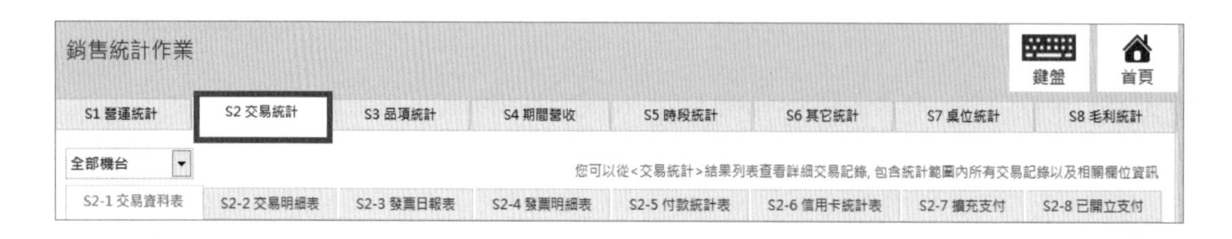

Ⓐ 交易資料表

步驟 1 指定帳日範圍【2021/09/20】

請指定期間(帳日)範圍：
◉ 單一班別　○ 單一日期　○ 期間範圍
2021/09/20　日曆

步驟 2 指定銷售對象【所有消費者】

請指定銷售對象範圍：
◉ 所有消費者　○ 會員消費者　○ 非會員消費者

步驟 3 指定交易資料狀態【有效交易資料】

請指定交易資料狀態：
◉ 有效交易資料　○ 只有作廢資料　○ 全部交易資料　○ 只有發票載具資料

步驟 4 指定排序項目【預設排序】

步驟 5 執行<交易資料表>

執行結果畫面：

S2-1 交易資料表

統計期間：2021/09/20
統計對象：所有消費者
交易資料：有效交易

S2-1 交易資料表

分析執行於：2021/09/22 12點31分

統計結果列表 (1/76)　重置　搜尋　帶入其它統計　返回 (保留)　結束 (關閉)

機台	帳日	時間	交易序	發票	P	發票載具	銷售員	銷售員姓名	統編	收銀淨額	稅額	收銀金額	結帳折讓	現金	信用卡	其他付款
01	2021/09/20	09:55	0001	AT27060000	1		001	早班		81	4	85		85		
01	2021/09/20	09:55	0002	AT27060001	1		001	早班	28226438	1430	71	1501		1501		
01	2021/09/20	09:56	0003	AT27060002	1		001	早班		38	2	40		40		
01	2021/09/20	09:56	0004	AT27060003	1		001	早班		171	9	180		180		
01	2021/09/20	09:57	0005	AT27060004	1		001	早班		43	2	45		45		

步驟 6　匯出結果　匯出EXCEL　預覽　列印　EMAIL　格式

B 交易明細表

步驟 1　指定帳日範圍【2021/09/21~2021/09/21】

步驟 2　指定銷售對象【所有消費者】

請指定銷售對象範圍：

◉ 所有消費者　○ 會員消費者　○ 非會員消費者

步驟 3　指定交易記錄狀態【有效交易資料】

請指定交易記錄狀態：

◉ 有效交易資料　○ 只有作廢資料

步驟 4　指定發票開立狀態【全部發票】

請指定發票開立狀態：

◉ 全部發票　○ 已開立發票　○ 未開立發票

步驟 5　指定排序項目【預設排序】

請指定排序項目：

◉ 預設排序　○ 會員排序　○ 日期排序

步驟 6　設定品項篩選【無設定 ~ 全部商品】

步驟 7 執行<交易明細表>

執行結果畫面：

S2-2 交易明細表

統計期間：2021/09/21
統計對象：所有消費者
交易資料：有效交易

S2-2 交易明細表

分析執行於：2021/09/22 12點42分

統計結果列表 (1/45)　重置　搜尋　返回 (保留)　結束 (關閉)

機台	商品名稱	帳日	時間	交易序	序	售價	攤提	單價	數量	小計	商品編號
01	南灣紅茶	2021/09/21	20:45	0001	1	25		25	1	25	1002
01	蜂蜜觀音	2021/09/21	20:45	0001	2	35		35	1	35	1008
01	雪棉泡泡	2021/09/21	20:45	0001	3	1580		1580	1	1580	650012
01	活力充沛M	2021/09/21	20:45	0002	1	55		55	1	55	5003
01	輕舞飛揚M	2021/09/21	20:45	0002	2	65		65	1	65	5007

步驟 8 匯出結果　匯出EXCEL　預覽　列印　EMAIL　格式

Ⓒ 發票日報表

步驟 1 指定帳日範圍【過去 7 天，2021/09/16~2021/09/22】

步驟 2 指定顯示模式【顯示明細稅額】

請指定顯示模式(因應不同帳務需求)：
◉ 顯示明細稅額　○ 不顯示明細稅額

步驟 3 執行<發票日報表>

執行結果畫面：

S2-3 發票日報表

統計期間：2021/09/16~2021/09/22

S2-3 發票日報表

分析執行於：2021/09/22 12點49分

統計結果列表 (1/5)　帶入其它統計　返回 (保留)　結束 (關閉)

開立日期	起始票號	終止票號	作廢張數	作廢金額	發票張數	免稅金額	發票淨額	發票稅額	發票金額
2021/09/20	AT27060000	AT27060074	3	285	72		19071	950	20021
	作廢發票:	AT27060006	1	70					
	作廢發票:	AT27060008	1	50					
	作廢發票:	AT27060044	1	165					
2021/09/21	AT27060075	AT27060093			19		23103	1154	24192

步驟 4 匯出結果 匯出EXCEL 預覽 列印 EMAIL 格式

D 發票明細表

步驟 1 指定帳日範圍【過去 7 天，2021/09/16~2021/09/22】

步驟 2 指定顯示模式【顯示明細稅額】

請指定顯示模式(因應不同帳務需求)：
◉ 顯示明細稅額 ○ 不顯示明細稅額

步驟 3 執行<發票明細表>

執行結果畫面：

S2-4 發票明細表
統計期間：2021/09/20~2021/09/22
S2-4 發票明細表
分析執行於：2021/09/22 13點37分
統計結果列表 (1/94)
返回 (保留) 結束 (關閉)

開立日期	發票號碼	統一編號	作廢張數	載具	作廢金額	發票張數	免稅金額	發票淨額	發票稅額	發票金額	狀態
2021/09/20	AT27060000					1		81	4	85	交易
2021/09/20	AT27060001	28226438				1		1430	71	1501	交易
2021/09/20	AT27060002					1		38	2	40	交易
2021/09/20	AT27060003					1		171	9	180	交易
2021/09/20	AT27060004					1		43	2	45	交易
2021/09/20	AT27060005					1		62	3	65	交易
2021/09/20	AT27060006		1		70						作廢
2021/09/20	AT27060007					1		90	5	95	交易
2021/09/20	AT27060008		1		50						作廢
2021/09/20	AT27060009					1		1249	62	1311	交易
2021/09/20	AT27060010					1		1505	75	1580	交易
2021/09/20	AT27060011					1		129	6	135	交易
2021/09/20	AT27060012					1		1219	61	1280	交易

作廢張數	作廢金額	發票張數	免稅金額	應稅淨額	發票稅額	發票金額
3	285	91	0	42174	2104	44213

上一頁 下一頁 匯出EXCEL 預覽 列印 EMAIL 格式

步驟 4 匯出結果 匯出圖檔 預覽 列印 EMAIL 格式

ⓔ 付款統計表

步驟 1 指定帳日範圍【2021/09/20~2021/09/22】

請指定期間(帳日)範圍：
從 2021/09/20 日曆 到 2021/09/22 日曆

步驟 2 指定銷售對象【所有消費者】

請指定銷售對象範圍：
◉ 所有消費者 ○ 會員消費者 ○ 非會員消費者

步驟 3 指定【篩選】付款方式【全部付款】

請指定篩選付款方式：
全部付款

步驟 4 執行<付款統計表>

執行結果畫面：

機台	帳日	時間	交易序	發票	收銀金額	現金	信用卡	現金禮券	不可退禮券	商品禮券	悠遊卡	其他付款五	第三方支付	線上付款
01	2021/09/20	09:55	0001	AT27060000	85	85								
01	2021/09/20	09:55	0002	AT27060001	1501	1501								
01	2021/09/20	09:56	0003	AT27060002	40	40								
01	2021/09/20	09:56	0004	AT27060003	180	180								
01	2021/09/20	09:57	0005	AT27060004	45	45								
01	2021/09/20	10:29	0006	AT27060005	65	65								
01	2021/09/20	10:32	0008	AT27060007	95	-5		100						
01	2021/09/20	10:53	0011	AT27060009	1311		311	1000						
01	2021/09/20	10:56	0012	AT27060010	1580	1000	580							
01	2021/09/20	11:03	0013	AT27060011	135	135								
01	2021/09/20	11:04	0014	AT27060012	1280				1500					
01	2021/09/20	11:34	0015	AT27060013	48	48								
01	2021/09/20	11:39	0016	AT27060014	24	24								

現金	信用卡	現金禮券	不可退禮券	商品禮券	悠遊卡	其他付款五	第三方支付	線上付款	記帳	收銀金額
27655	10598	7415	5150	1580	0	285	0	0	0	52008

步驟 5 匯出結果 匯出圖檔 預覽 列印 EMAIL 格式

Ⓕ 信用卡統計表

步驟 1 指定帳日範圍【過去 7 天，2021/09/16~2021/09/22】

請指定期間(帳日)範圍：
過去7天 從 ‹ 2021/09/16 › 日曆 到 ‹ 2021/09/22 › 日曆

步驟 2 指定銷售對象【所有消費者】

請指定銷售對象範圍：
◉ 所有消費者 ○ 會員消費者 ○ 非會員消費者

步驟 4 執行<信用卡統計表>

執行結果畫面：

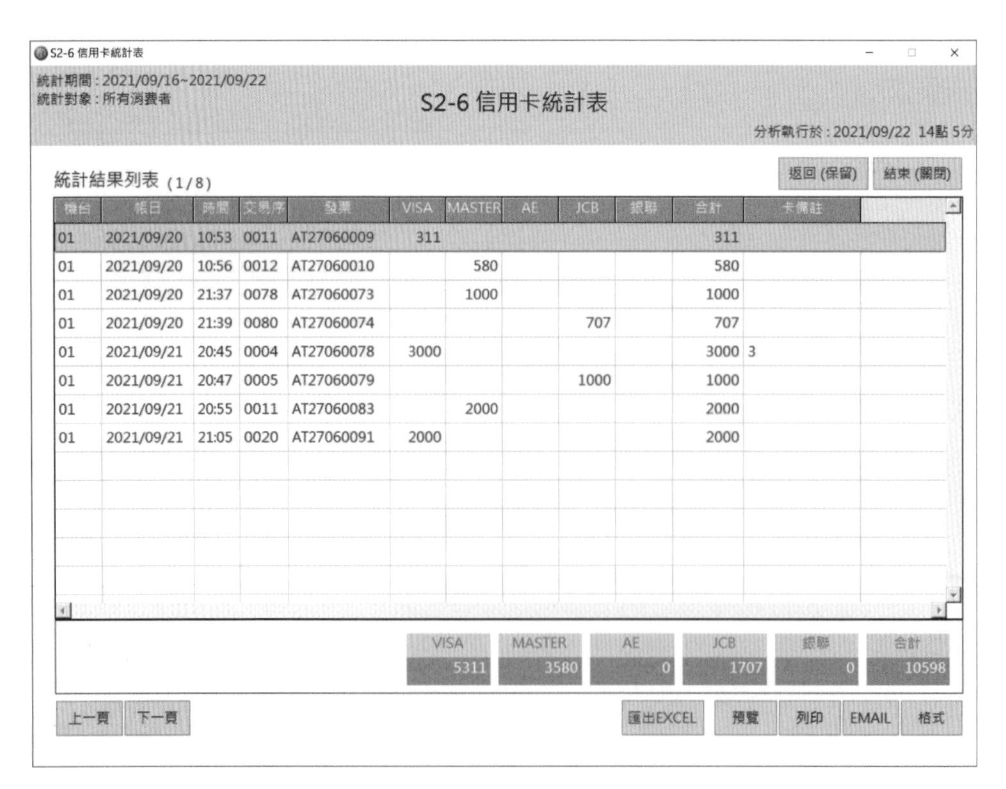

機台	帳日	時間	交易序	發票	VISA	MASTER	AE	JCB	銀聯	合計	卡備註
01	2021/09/20	10:53	0011	AT27060009	311					311	
01	2021/09/20	10:56	0012	AT27060010		580				580	
01	2021/09/20	21:37	0078	AT27060073		1000				1000	
01	2021/09/20	21:39	0080	AT27060074				707		707	
01	2021/09/21	20:45	0004	AT27060078	3000					3000	3
01	2021/09/21	20:47	0005	AT27060079				1000		1000	
01	2021/09/21	20:55	0011	AT27060083		2000				2000	
01	2021/09/21	21:05	0020	AT27060091	2000					2000	

VISA	MASTER	AE	JCB	銀聯	合計
5311	3580	0	1707	0	10598

步驟 5 匯出結果 匯出圖檔 預覽 列印 EMAIL 格式

G 擴充支付

< 擴充支付 > 為特殊需求開發的功能，其作為與 < 已開立支付 > 功能更俱有彈性。使用擴充支付功能須先完成設定，支援【收銀結帳作業】，營業統計可以統計紀錄。

< 擴充支付 > 於【**第七章 設定客製篇**】將會完整介紹設定、收銀結帳及統計操作。

H 已開立支付

步驟 1 指定帳日範圍【今天，2021/09/22~2021/09/22】

請指定期間(帳日)範圍：
今天 ▾ 從 ‹ 2021/09/22 › 日曆 到 ‹ 2021/09/22 › 日曆

步驟 2 執行<已開立支付統計表>

執行結果畫面：

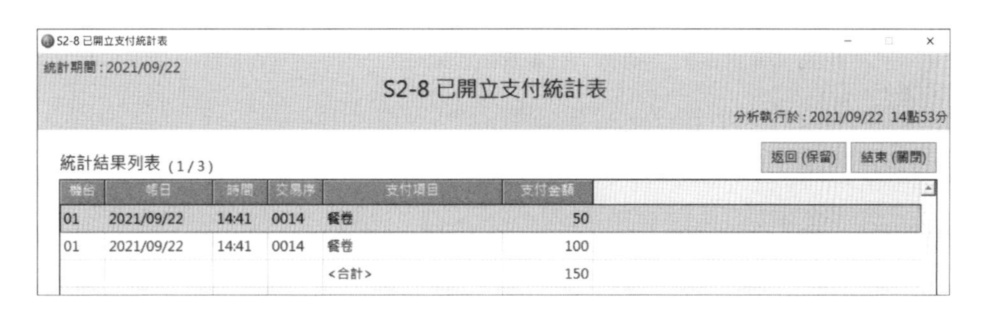

步驟 3 匯出結果 匯出圖檔 預覽 列印 EMAIL 格式

5-2-3 品項統計

Ⓐ 商品統計表

步驟 1 指定帳日範圍【2021/09/22】

請指定期間(帳日)範圍：
○單一班別 ◉單一日期 ○期間範圍
‹ 2021/09/22 › 日曆

步驟 2 指定時段【無指定 ~ 全部時段】

請指定時段範圍： : ~ : 重置

步驟 3 指定銷售對象【所有消費者】

請指定銷售對象範圍：
◉所有消費者 ○會員消費者 ○非會員消費者

步驟 4 指定交易記錄狀態【有效交易紀錄】

請指定交易記錄狀態： ◉有效交易記錄 ○只有作廢記錄

步驟 5 指定排序項目【品項編號】

請指定排序項目：
◉品項編號 ○銷售數量 ○銷售金額 □區分不同價格 □區分不同調味 □顯示商品規格

步驟 6 指定數量條件【全部銷售】

請指定數量條件： ◉全部銷售 ○正數量銷售 ○負數量銷售

步驟 7 設定品項篩選【無設定 ~ 全部商品】

步驟 8 執行<商品統計表>

執行結果畫面：

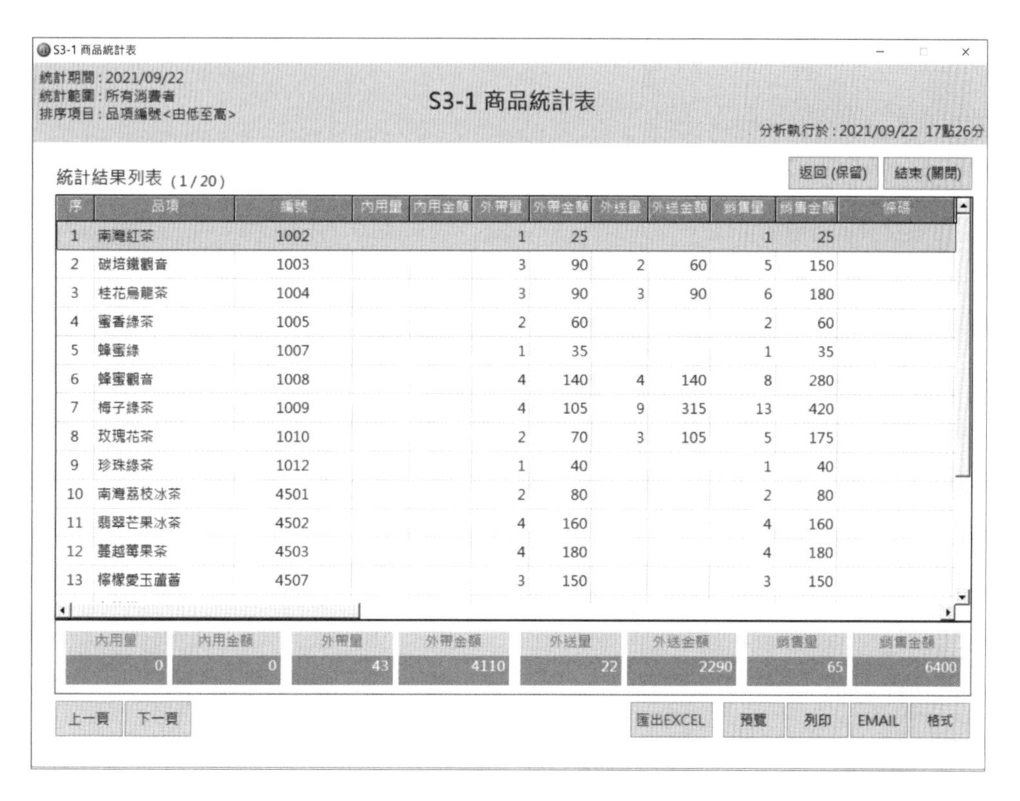
S3-1 商品統計表

統計期間：2021/09/22
統計範圍：所有消費者
排序項目：品項編號<由低至高>

S3-1 商品統計表

分析執行於：2021/09/22 17點26分

統計結果列表 (1/20)

返回(保留) 結束(關閉)

序	品項	編號	內用量	內用金額	外帶量	外帶金額	外送量	外送金額	銷售量	銷售金額	條碼
1	南瀾紅茶	1002			1	25			1	25	
2	碳培鐵觀音	1003			3	90	2	60	5	150	
3	桂花烏龍茶	1004			3	90	3	90	6	180	
4	蜜香綠茶	1005			2	60			2	60	
5	蜂蜜綠	1007			1	35			1	35	
6	蜂蜜觀音	1008			4	140	4	140	8	280	
7	梅子綠茶	1009			4	105	9	315	13	420	
8	玫瑰花茶	1010			2	70	3	105	5	175	
9	珍珠綠茶	1012			1	40			1	40	
10	南瀾荔枝冰茶	4501			2	80			2	80	
11	翡翠芒果冰茶	4502			4	160			4	160	
12	蔓越莓果茶	4503			4	180			4	180	
13	檸檬愛玉蘆薈	4507			3	150			3	150	

內用量	內用金額	外帶量	外帶金額	外送量	外送金額	銷售量	銷售金額
0	0	43	4110	22	2290	65	6400

上一頁 下一頁 匯出EXCEL 預覽 列印 EMAIL 格式

步驟 9 匯出結果 匯出EXCEL 預覽 列印 EMAIL 格式

Ⓑ 商品【類別】統計表

步驟 1 指定帳日範圍【2021/09/22】

請指定期間(帳日)範圍：

○ 單一班別　◉ 單一日期　○ 期間範圍

‹ 2021/09/22 › 日曆

步驟 2 指定銷售對象【所有消費者】

請指定銷售對象範圍：

◉ 所有消費者　○ 會員消費者　○ 非會員消費者

步驟 3 指定排序項目【品項編號】

請指定排序項目：

◉ 品項編號　○ 銷售數量　○ 銷售金額

步驟 4 執行<類別統計表>

執行結果畫面：

S3-2 類別統計表

統計期間：2021/09/20
統計範圍：所有消費者
排序項目：品項編號<由低至高>
分析執行於：2021/09/22 17點40分

統計結果列表 (1/12)

序	品項	編號	內用量	內用金額	外帶量	外帶金額	外送量	外送金額	銷售量	銷售金額	條碼
1	系統項目				7	-672			7	-672	
2	茗迴茶	10			20	731	13	404	33	1135	
3	鮮果樂多	15			12	591	6	300	18	891	
4	沙沙冰	20					1	75	1	75	
5	香醇奶茶	25			7	290	3	115	10	405	
6	鮮果茶	30			2	90			2	90	
7	新鮮牧場	35			1	50			1	50	
8	冬瓜釀	40			8	280			8	280	
9	纖活冰茶	45			8	344	16	705	24	1049	
10	鮮榨果飲	50			4	240	26	1485	30	1725	
11	泰繽紛	55			1	65	8	520	9	585	
12	12吋蛋糕	65			10	14543			10	14543	

內用量	內用金額	外帶量	外帶金額	外送量	外送金額	銷售量	銷售金額
0	0	80	16552	73	3604	153	20156

返回 (保留)　結束 (關閉)　上一頁　下一頁　匯出EXCEL　預覽　列印　EMAIL　格式

步驟 5 匯出結果　匯出EXCEL　預覽　列印　EMAIL　格式

C 贈品統計表

步驟 1 指定帳日範圍【2021/09/22】

步驟 2 指定排序項目【品項編號】

請指定排序項目：
◉ 品項編號　○ 銷售數量　○ 銷售金額

步驟 3 指定集合條件【品項集合統計】

請指定集合條件：
◉ 品項集合統計　○ 不集合

步驟 4 執行<贈品統計表>

執行結果畫面：

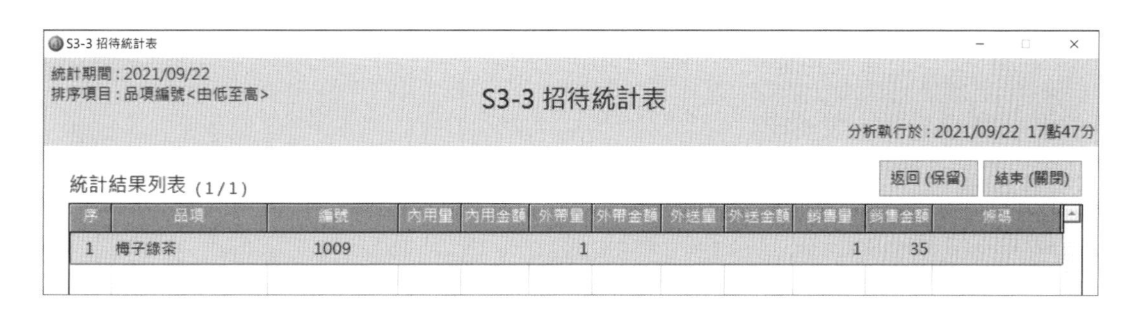

序	品項	編號	內用量	內用金額	外帶量	外帶金額	外送量	外送金額	銷售量	銷售金額	條碼
1	梅子綠茶	1009			1				1	35	

步驟 5 匯出結果　匯出EXCEL　預覽　列印　EMAIL　格式

D 商品檢貨表

步驟 1 指定帳日範圍【2021/09/22】

步驟 2 指定檢貨表格式【預設格式】

請指定檢貨表格式：
◉ 預設格式　○ 會員等級集合格式

步驟 3 指定銷售對象【所有消費者】

請指定銷售對象範圍：

◉ 所有消費者　○ 會員消費者　○ 非會員消費者

步驟 4 設定品項篩選【無設定 ~ 全部商品】

步驟 5 執行<商品檢貨表>

執行結果畫面：

S3-4 商品檢貨表

統計期間：2021/09/22
統計對象：會員 0001 / 呂浩慈

S3-4 商品檢貨表

分析執行於：2021/09/22 18點22分

統計結果列表 (1/6)

返回 (保留)　結束 (關閉)

商品編號	商品名稱	總數量	帳日	交易序	客戶名稱	單據備註	數量
750001	美國 Natural Soda 食	3	2021/09/22	0023	呂浩慈		3
750002	日本 白神酵母 麵包機	2	2021/09/22	0023	呂浩慈		2
750003	西班牙 果膠粉(分裝)	3	2021/09/22	0023	呂浩慈		3
750004	法國 OPERA歌劇巧克	1	2021/09/22	0023	呂浩慈		1
750005	日本 高梨乳業 北海道	1	2021/09/22	0023	呂浩慈		1
750006	LAKANTO羅漢果糖(黃	2	2021/09/22	0023	呂浩慈		2

步驟 6 匯出結果　匯出EXCEL　預覽　列印　EMAIL　格式

S3-4 商品檢貨表

統計期間：2021/09/22
統計對象：會員 0001 / 呂浩慈

商品編號	商品名稱	總數量
750001	美國 Natural...	3
750002	日本 白神酵母 麵...	2
750003	西班牙 果膠粉(分裝)	3
750004	法國 OPERA歌劇...	1
750005	日本 高梨乳業 北...	1
750006	LAKANTO羅漢果...	2

E 退菜統計表

步驟 1 指定帳日範圍【2021/09/22】

請指定期間(帳日)範圍：
○單一班別 ◉單一日期 ○期間範圍
‹ 2021/09/22 › 日曆

步驟 2 指定排序項目【品項編號】

請指定排序項目：
◉品項編號 ○銷售數量 ○銷售金額

步驟 3 執行<退菜統計表>

執行結果畫面：

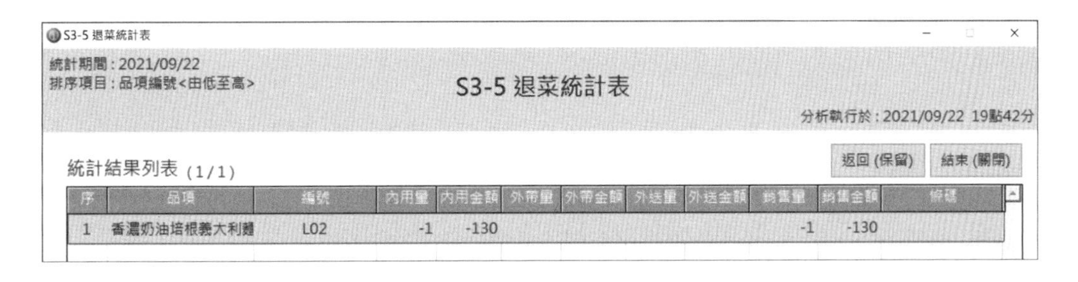
S3-5 退菜統計表

統計期間：2021/09/22
排序項目：品項編號<由低至高>

S3-5 退菜統計表

分析執行於：2021/09/22 19點42分

統計結果列表 (1/1)　返回 (保留)　結束 (關閉)

序	品項	編號	內用量	內用金額	外帶量	外帶金額	外送量	外送金額	銷售量	銷售金額	條碼
1	香濃奶油培根義大利麵	L02	-1	-130					-1	-130	

步驟 4 匯出結果 匯出EXCEL 預覽 列印 EMAIL 格式

F 生鮮統計表

步驟 1 指定帳日範圍【2021/09/22】

步驟 2 指定排序項目【品項編號】

請指定排序項目：
◉品項編號 ○銷售數量 ○銷售金額

步驟 3 指定資料集合方式【交易明細＜個別＞顯示】

請指定資料集合方式：

◉ 交易明細<個別>顯示　　○ 相同項目<加總>顯示

步驟 4 執行<生鮮統計表>

執行結果畫面：

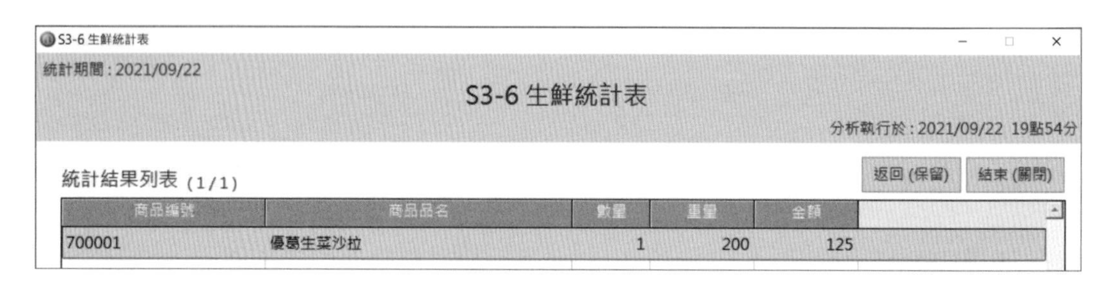

商品編號	商品品名	數量	重量	金額
700001	優葛生菜沙拉	1	200	125

步驟 5 匯出結果　匯出EXCEL　預覽　列印　EMAIL　格式

G 類別日報表

步驟 1 指定帳日範圍【2021/09/22】

步驟 2 指定統計項目【統計類別＜銷售金額＞】

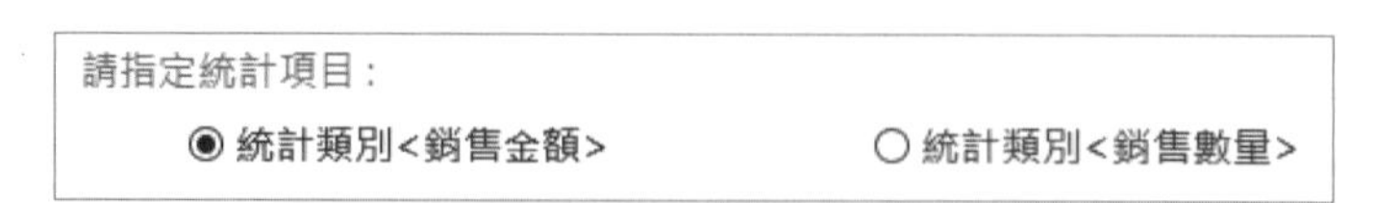

步驟 3 設定類別篩選【無設定～全部商品】

步驟 4 執行<類別日報表>

執行結果畫面：

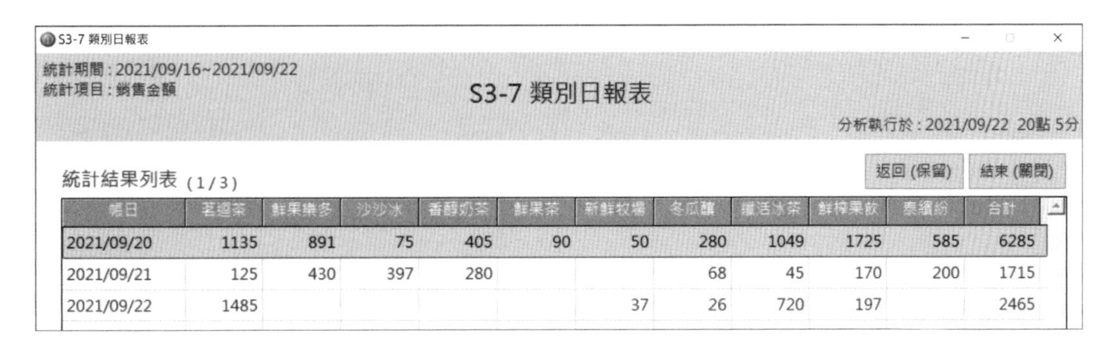

S3-7 類別日報表

統計期間：2021/09/16~2021/09/22
統計項目：銷售金額

S3-7 類別日報表

分析執行於：2021/09/22 20點 5分

統計結果列表 (1/3)　　返回 (保留)　結束 (關閉)

帳日	茗迴茶	鮮果繽多	沙沙冰	香醇奶茶	鮮果茶	新鮮牧場	冬瓜蘿	耀活冰茶	鮮檸果飲	泰繽紛	合計
2021/09/20	1135	891	75	405	90	50	280	1049	1725	585	6285
2021/09/21	125	430	397	280			68	45	170	200	1715
2021/09/22	1485					37	26	720	197		2465

步驟 5 匯出結果　匯出EXCEL　預覽　列印　EMAIL　格式

Ⓗ 調味統計表

步驟 1 指定帳日範圍【2021/09/22】

步驟 2 執行<調味統計表>

執行結果畫面：

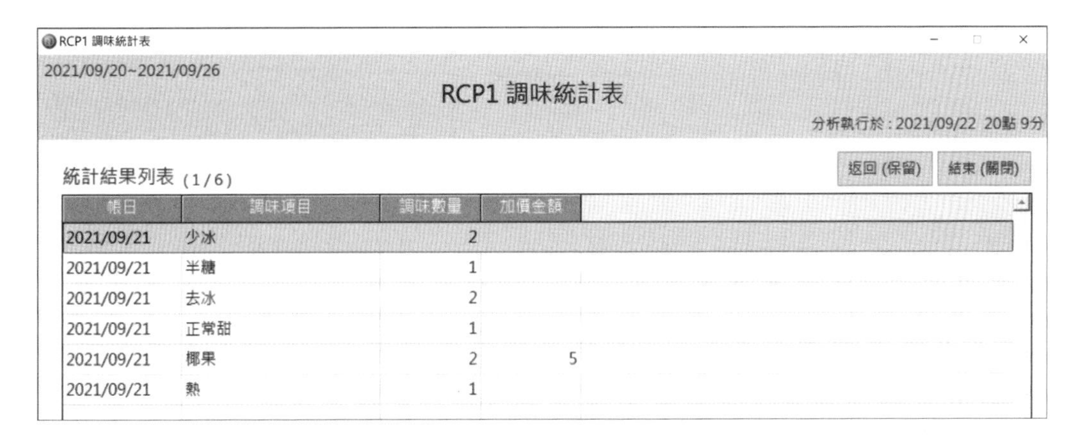

RCP1 調味統計表

2021/09/20~2021/09/26

RCP1 調味統計表

分析執行於：2021/09/22 20點 9分

統計結果列表 (1/6)　　返回 (保留)　結束 (關閉)

帳日	調味項目	調味數量	加價金額
2021/09/21	少冰	2	
2021/09/21	半糖	1	
2021/09/21	去冰	2	
2021/09/21	正常甜	1	
2021/09/21	椰果	2	5
2021/09/21	熱	1	

步驟 5 匯出結果　匯出EXCEL　預覽　列印　EMAIL　格式

5-2-4 期間營收

銷售統計作業

鍵盤 首頁

S1 營運統計 | S2 交易統計 | S3 品項統計 | S4 期間營收 | S5 時段統計 | S6 其它統計 | S7 桌位統計 | S8 毛利統計

全部機台

您可以從<期間營收>結果列表查看期間合併交易數據，包含<年度/每月/每日>等統計單位

S4-1 每日營收表 | S4-2 每月營收表 | S4-3 年度營收表 | S4-4 日營收比較表 | S4-5 月營收比較表 | S4-6 年營收比較表

A 每日營收表：瞭解門市每日營收的趨勢狀況。

步驟 1 指定帳日範圍【2021/9/17~2021/09/23】

請指定期間(帳日)範圍：

本周 從 ‹ 2021/9/17 › 日曆 到 ‹ 2021/09/23 › 日曆

步驟 2 執行<每日營收表>

執行結果畫面：

S4-1 每日營收表

統計期間：2021/09/17~2021/09/23

S4-1 每日營收表

分析執行於：2021/09/23 9點24分

統計結果列表 (1/4)

帶入其它統計 | 返回 (保留) | 結束 (關閉)

期間	原銷售額	結帳折價	現金	信用卡	其他付款	消費人次	人均消費	營收金額	服務費	外帶折扣	運費
110/09/20	20156		11728	2598	6470	76	265	20156			
110/09/21	31917	65	15927	8000	7960	22	1448	31852			
110/09/22	9597	35	3292		5055	26	368	9562			
110/09/23	5100		5100			4	1275	5100			

步驟 3 匯出結果 匯出EXCEL | 預覽 | 列印 | EMAIL | 格式

B 每月營收表：瞭解門市每月營收的趨勢狀況。

步驟 1 指定帳日範圍【2021/9~2021/9】

步驟 2 執行<每月營收表>

執行結果畫面：

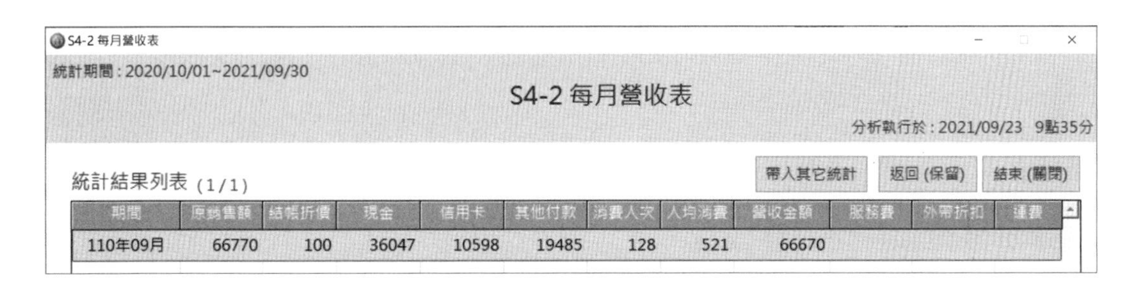

期間	原銷售額	結帳折價	現金	信用卡	其他付款	消費人次	人均消費	營收金額	服務費	外帶折扣	運費
110年09月	66770	100	36047	10598	19485	128	521	66670			

步驟 3 匯出結果 匯出EXCEL 預覽 列印 EMAIL 格式

Ⓒ 年度營收表：瞭解門市每年營收的趨勢狀況。

步驟 1 自動需跳出訊息畫面【含所有期間】

[年度營收表] 統計系統內含資料的所有期間範圍

步驟 2 執行<年度營收表>

執行結果畫面：

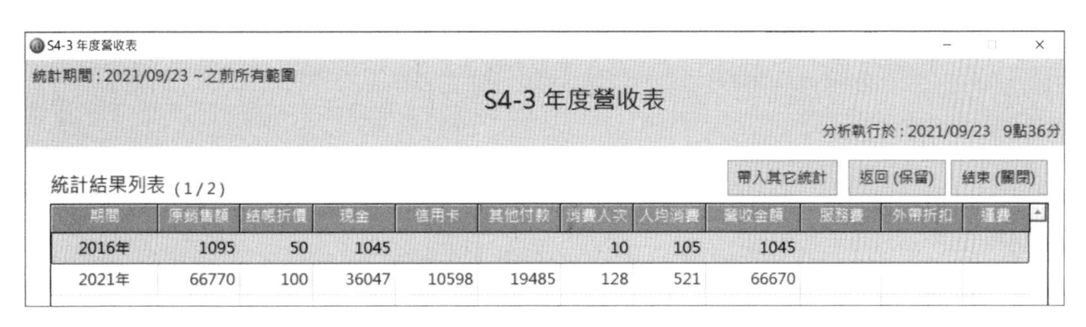

期間	原銷售額	結帳折價	現金	信用卡	其他付款	消費人次	人均消費	營收金額	服務費	外帶折扣	運費
2016年	1095	50	1045			10	105	1045			
2021年	66770	100	36047	10598	19485	128	521	66670			

步驟 3 匯出結果 匯出EXCEL 預覽 列印 EMAIL 格式

Ⓓ 日營收比較表：< 營收成長 > 比率瞭解門市營運的現況與

步驟 1 指定帳日範圍【2021/09/20~2021/09/23】

請指定期間(帳日)範圍：
今天 ▾ 從 ‹ 2021/9/20 › 日曆 到 ‹ 2021/09/23 › 日曆

步驟 2 執行<日營收比較表>

執行結果畫面：

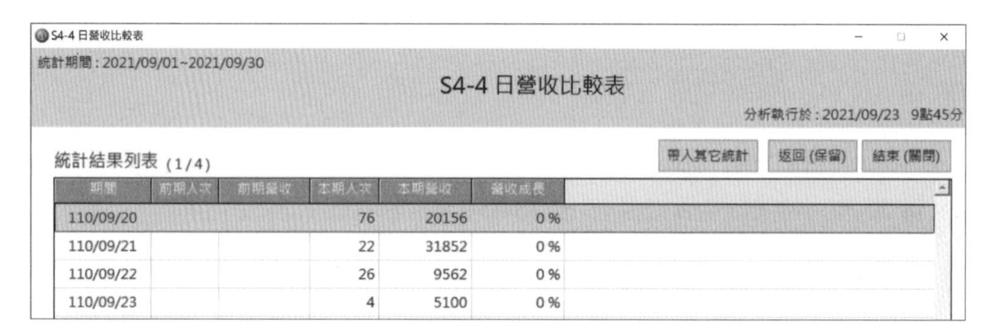

S4-4 日營收比較表

統計期間：2021/09/01~2021/09/30

S4-4 日營收比較表

分析執行於：2021/09/23 9點45分

統計結果列表 (1/4)

帶入其它統計 | 返回 (保留) | 結束 (關閉)

期間	前期人次	前期營收	本期人次	本期營收	營收成長
110/09/20			76	20156	0 %
110/09/21			22	31852	0 %
110/09/22			26	9562	0 %
110/09/23			4	5100	0 %

步驟 3 匯出結果 匯出EXCEL 預覽 列印 EMAIL 格式

Ⓔ 月營收比較表

步驟 1 指定帳日範圍【2020/10~2021/9】

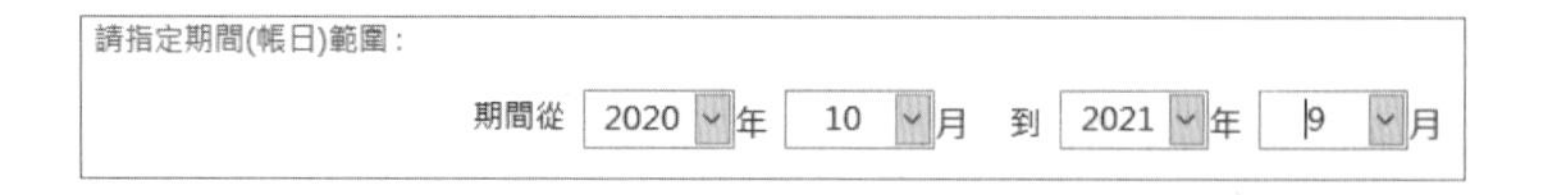

請指定期間(帳日)範圍：
期間從 2020 年 10 月 到 2021 年 9 月

步驟 2 執行<月營收比較表>

執行結果畫面：

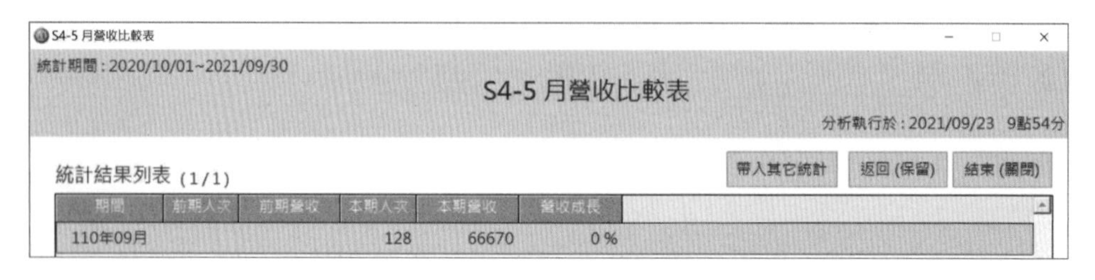

S4-5 月營收比較表

統計期間：2020/10/01~2021/09/30

S4-5 月營收比較表

分析執行於：2021/09/23 9點54分

統計結果列表 (1/1)

帶入其它統計 | 返回 (保留) | 結束 (關閉)

期間	前期人次	前期營收	本期人次	本期營收	營收成長
110年09月			128	66670	0 %

步驟 3 匯出結果 匯出EXCEL 預覽 列印 EMAIL 格式

F **年營收比較表**：瞭解門市每年營收的趨勢狀況。

步驟 1 自動需跳出訊息畫面【含所有期間】

[年度營收表] 統計系統內含資料的所有期間範圍

步驟 2 執行<年營收比較表>

執行結果畫面：

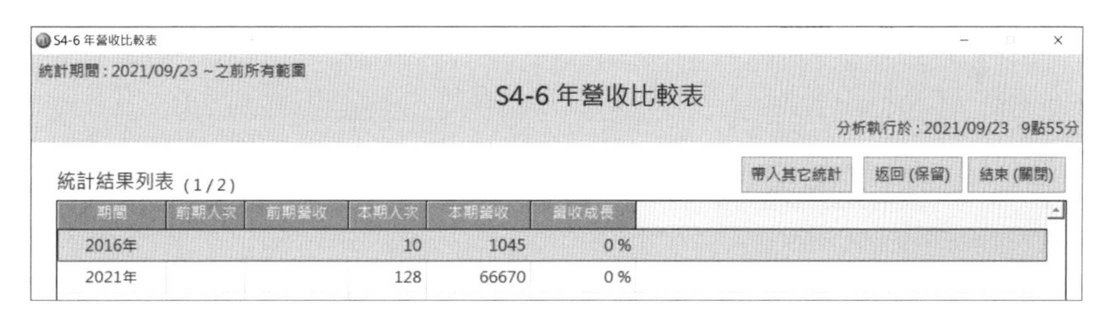

步驟 3 匯出結果 匯出EXCEL 預覽 列印 EMAIL 格式

5-2-5 時段統計

收銀大師 2 提供時段統計資料：1. 來客數 2. 營業額 3. 人均消費 4. 銷售數量四大項目。

操作步驟

步驟 1 指定統計期間範圍：【本周，2021/09/18~2021/09/24】

請指定期間(帳日)範圍：

本周 從 ‹ 2021/09/18 › 日曆 到 ‹ 2021/09/24 › 日曆

步驟 2 執行（例） 執行<來客數統計表>

執行結果畫面：

A 來客數統計表

S5-1 來客數統計表

統計期間：2021/09/18~2021/09/24

S5-1 來客數-時段統計表

分析執行於：2021/09/24 11點14分

統計結果列表 (1/12)　　返回 (保留)　結束 (關閉)

時段	週一	週二	週三	週四	週五	週六	週日	每日(平均)
上午 9 點	5 人			4 人				5 人
上午 10 點	4 人							4 人
上午 11 點	15 人							15 人
中午 12 點	18 人							18 人
下午 14 點			20 人					20 人
下午 15 點	4 人		1 人					3 人
下午 16 點	11 人							11 人
下午 17 點	9 人		1 人					5 人
晚上 18 點	1 人		1 人					1 人
晚上 19 點			3 人					3 人
晚上 20 點		14 人						14 人
晚上 21 點	9 人	8 人						9 人

B 營業額統計表

S5-2 營業額統計表

統計期間：2021/09/18~2021/09/24

S5-2 營業額-時段統計表

分析執行於：2021/09/24 11點26分

統計結果列表 (1/12)　　返回 (保留)　結束 (關閉)

時段	週一	週二	週三	週四	週五	週六	週日	每日(平均)
上午 9 點	1851 元			5100 元				3476 元
上午 10 點	3051 元							3051 元
上午 11 點	2602 元							2602 元
中午 12 點	1570 元							1570 元
下午 14 點			6220 元					6220 元
下午 15 點	650 元		55 元					353 元
下午 16 點	540 元							540 元
下午 17 點	1220 元		125 元					673 元
晚上 18 點	225 元		2782 元					1504 元
晚上 19 點			380 元					380 元
晚上 20 點		23557 元						23557 元
晚上 21 點	8447 元	8295 元						8371 元

C 人均消費統計表

S5-3 人均消費統計表

統計期間 : 2021/09/18~2021/09/24

S5-3 人均消費-時段統計表

分析執行於 : 2021/09/24 11點33分

統計結果列表 (1/12)　　返回 (保留)　結束 (關閉)

時段	週一	週二	週三	週四	週五	週六	週日	每日(平均)
上午 9 點	370 元			1275 元				823 元
上午 10 點	763 元							763 元
上午 11 點	173 元							173 元
中午 12 點	87 元							87 元
下午 14 點			311 元					311 元
下午 15 點	163 元		55 元					109 元
下午 16 點	49 元							49 元
下午 17 點	136 元		125 元					131 元
晚上 18 點	225 元		2782 元					1504 元
晚上 19 點			127 元					127 元
晚上 20 點		1683 元						1683 元
晚上 21 點	939 元	1037 元						988 元

D 銷售數量統計表

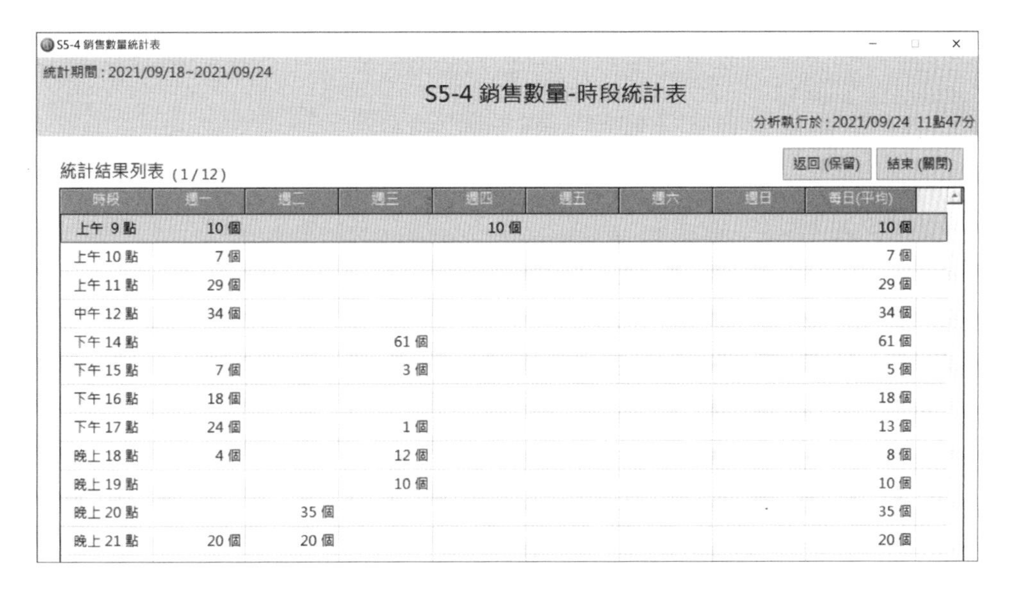

S5-4 銷售數量統計表

統計期間 : 2021/09/18~2021/09/24

S5-4 銷售數量-時段統計表

分析執行於 : 2021/09/24 11點47分

統計結果列表 (1/12)　　返回 (保留)　結束 (關閉)

時段	週一	週二	週三	週四	週五	週六	週日	每日(平均)
上午 9 點	10 個			10 個				10 個
上午 10 點	7 個							7 個
上午 11 點	29 個							29 個
中午 12 點	34 個							34 個
下午 14 點			61 個					61 個
下午 15 點	7 個		3 個					5 個
下午 16 點	18 個							18 個
下午 17 點	24 個		1 個					13 個
晚上 18 點	4 個		12 個					8 個
晚上 19 點			10 個					10 個
晚上 20 點		35 個						35 個
晚上 21 點	20 個	20 個						20 個

步驟 3 匯出結果　匯出圖檔　預覽　列印　EMAIL　格式

5-2-6 其他統計

銷售統計作業

S1 營運統計 | S2 交易統計 | S3 品項統計 | S4 期間營收 | S5 時段統計 | S6 其它統計 | S7 桌位統計 | S8 毛利統計

全部機台

您可以從<其他統計>的各項列表查詢期間的<非收銀>交易數據

S6-1 代收支統計表 | S6-2 報廢商品統計表

Ⓐ 待收支統計表

步驟 1 指定統計期間範圍【今天，2021/09/24~2021/09/24】

請指定期間(帳日)範圍：
今天 從 2021/09/24 日曆 到 2021/09/24 日曆

步驟 2 指定型態篩選【全部】

請指定型態篩選：
◉ 全部 ○ 代收 ○ 代支

步驟 3 指定資料集合方式【收支明細 < 個別 > 顯示】

步驟 4 執行<代收支統計表>

執行結果畫面：

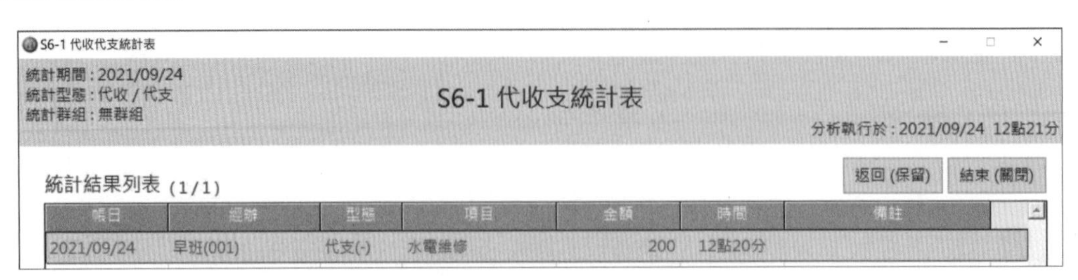
S6-1 代收代支統計表

統計期間：2021/09/24
統計型態：代收 / 代支
統計群組：無群組

S6-1 代收支統計表

分析執行於：2021/09/24 12點21分

返回 (保留) 結束 (關閉)

統計結果列表 (1/1)

帳日	經辦	型態	項目	金額	時間	備註
2021/09/24	早班(001)	代支(-)	水電維修	200	12點20分	

步驟 5 匯出結果 匯出圖檔 預覽 列印 EMAIL 格式

❸ 報廢商品統計表

步驟 1 指定統計期間範圍【過去 7 天，2021/09/18~2021/09/24】

請指定期間(帳日)範圍：

過去7天 從 ‹ 2021/09/18 › 日曆 到 ‹ 2021/09/24 › 日曆

步驟 2 指定資料集合方式【報廢明細 < 個別 > 顯示】

請指定資料集合方式：

◉ 報廢明細<個別>顯示　　○ 相同項目<加總>顯示

步驟 3 執行<報廢商品統計表>

執行結果畫面：

步驟 3 匯出結果　匯出圖檔　預覽　列印　EMAIL　格式

5-2-7 桌位統計

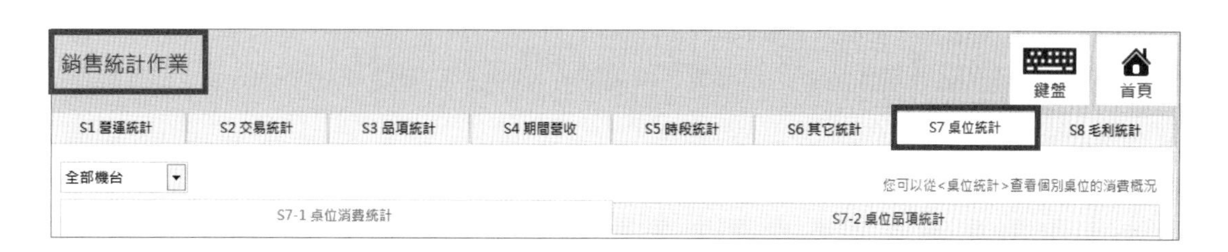

Ⓐ 桌位消費統計

步驟 1 指定統計期間範圍【過去 1 年，2020/09/25~2021/09/24】

請指定期間(帳日)範圍：
過去1年 ▾ 從 ‹ 2020/09/25 › 日曆 到 ‹ 2021/09/24 › 日曆

步驟 2 執行<桌位消費統計>

執行結果畫面：

S7-1 桌位統計表

統計期間：2020/09/25~2021/09/24

S7-1 桌位消費統計

分析執行於：2021/09/24 12點36分

統計結果列表 (1/13)　　返回 (保留)　結束 (關閉)

桌位	消費次	人數	品項數	消費金額	每次消費	每人消費	每項消費	消費占比
<外送>	4 次	4 人	12 項	1430 元	357 /次	357 /人	119 /項	5.98 %
<外帶>	5 次	5 人	9 項	825 元	165 /次	165 /人	91 /項	3.45 %
<空號>	46 次	46 人	185 項	12185 元	264 /次	264 /人	65 /項	50.93 %
Z1_A1	5 次	5 人	24 項	753 元	150 /次	150 /人	31 /項	3.15 %
Z1_A2	10 次	12 人	39 項	2055 元	205 /次	171 /人	52 /項	8.59 %
Z1_A3	8 次	11 人	20 項	1250 元	156 /次	113 /人	62 /項	5.23 %
Z1_A5	2 次	4 人	5 項	275 元	137 /次	68 /人	55 /項	1.15 %
Z1_A6	5 次	7 人	16 項	460 元	92 /次	65 /人	28 /項	1.92 %
Z1_A7	15 次	18 人	27 項	1545 元	103 /次	85 /人	57 /項	6.46 %
Z1_A8	5 次	5 人	8 項	975 元	195 /次	195 /人	121 /項	4.08 %
Z1_A9	14 次	14 人	32 項	1765 元	126 /次	126 /人	55 /項	7.38 %
Z2_B1	1 次	3 人	4 項	230 元	230 /次	76 /人	57 /項	0.96 %
Z3_01.	1 次	5 人	2 項	175 元	175 /次	35 /人	87 /項	0.73 %

消費次	人數	品項數	銷費金額	每次消費	每人消費	每項消費
121 次	139 人	383 項	23923 元	181 /次	143 /人	67 /項

上一頁　下一頁　　匯出EXCEL　預覽　列印　EMAIL　格式

步驟 3 匯出結果　匯出圖檔　預覽　列印　EMAIL　格式

Ⓑ 桌位品項統計

步驟 1 指定統計期間範圍【過去 1 年，2020/09/25~2021/09/24】

請指定期間(帳日)範圍：

過去1年 從 ‹ 2020/09/25 › 日曆 到 ‹ 2021/09/24 › 日曆

步驟 2 指定桌位範圍【全部，Z1.1~Z1.3】

請指定桌位)範圍：

Z1_1. ~ Z1_3.

步驟 3 執行<桌位品項統計>

執行結果畫面：

S7-2 桌位品項統計表

統計期間：2020/09/25~2021/09/24
統計範圍：Z1_A1-Z3_01.

S7-2 桌位品項統計

分析執行於：2021/09/24 12點36分

統計結果列表 (1/85) 返回(保留) 結束(關閉)

桌位	品項名稱	品項編號	平均單價	消費數量	消費金額
Z1_A1	火腿蔬野三明治	A01	19	2	37
Z1_A1	培根蔬野三明治	A02		1	
Z1_A1	美式沙朗豬排三明治	A07	20	3	60
Z1_A1	花生起司手打豬肉三明治	A11	80	1	80
Z1_A1	黃金花枝排堡	C03	60	1	60
Z1_A1	黃金魚排堡	C05		1	
Z1_A1	波浪薯條	H02	12	3	35
Z1_A1	紅茶(I/H)	T01	4	5	18
Z1_A1	柳橙汁(I)	T03	5	1	5
Z1_A1	1號餐	U0001	70	1	70
Z1_A1	3號餐	U0003	64	2	128
Z1_A1	4號餐	U0004	86	2	171
Z1_A1	8號餐	U0008	89	1	89

消費數量	銷費金額
177	9483

上一頁 下一頁 匯出EXCEL 預覽 列印 EMAIL 格式

步驟 4 匯出結果 匯出圖檔 預覽 列印 EMAIL 格式

5-2-8 毛利統計

銷售統計作業　鍵盤　首頁

S1 營運統計　S2 交易統計　S3 品項統計　S4 期間營收　S5 時段統計　S6 其它統計　S7 桌位統計　S8 毛利統計

全部機台　您可以從<毛利統計>查看交易細項或期間商品的毛利, 並可即時調整交易成本

S8-1 毛利明細表　S8-2 商品毛利表

收銀大師 2 提供毛利統計資料：1. 毛利明細表 2. 商品毛利表 二大項目。

操作步驟

步驟 1 指定統計期間範圍【今天，2021/09/24】

請指定期間(帳日)範圍：
今天　從 ‹ 2021/09/24 › 日曆　到 ‹ 2021/09/24 › 日曆

步驟 2 指定＜商品類別＞或＜品項篩選＞

無：

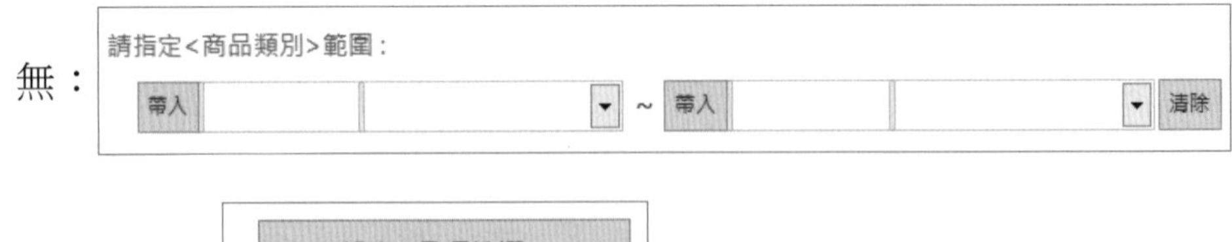

指定品項：

設定<品項篩選>
樂事-椒香辛辣

步驟 3 指定＜廠商＞

無：

請指定<廠商>範圍：
帶入　~　帶入　清除

步驟 4 (例) 執行<毛利明細表>

執行結果畫面：

A 毛利明細表

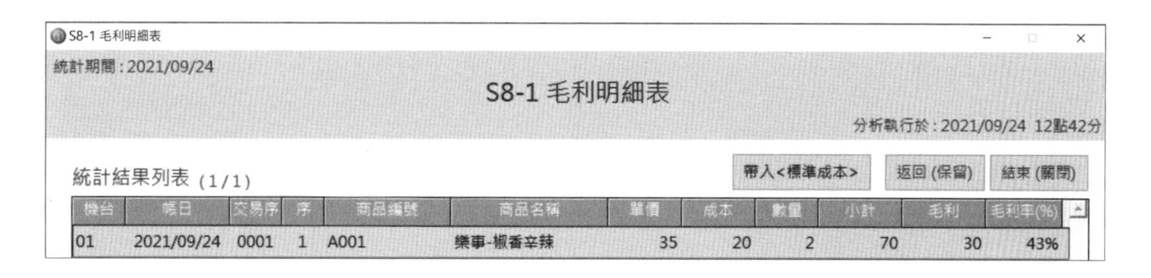

機台	帳日	交易序	序	商品編號	商品名稱	單價	成本	數量	小計	毛利	毛利率(%)
01	2021/09/24	0001	1	A001	樂事-椒香辛辣	35	20	2	70	30	43%

B 商品毛利表

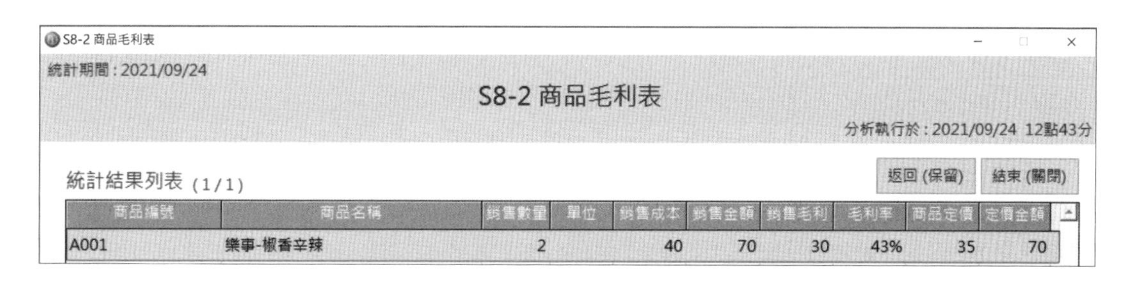

商品編號	商品名稱	銷售數量	單位	銷售成本	銷售金額	銷售毛利	毛利率	商品定價	定價金額
A001	樂事-椒香辛辣	2		40	70	30	43%	35	70

步驟 5　匯出結果

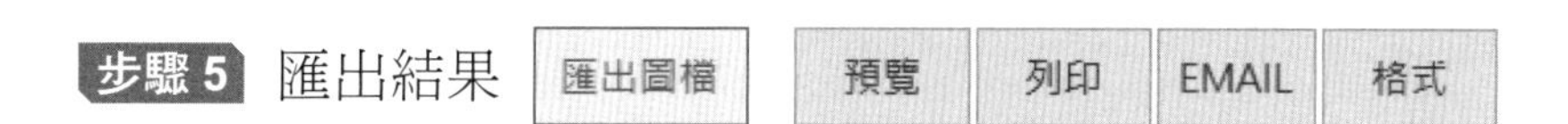

統計資料僅是將門市營業將相關資料做統計，門市經營者可以善用資料，加以分析了解後，可以利用改變品項或是行銷策略等，增強門市商品力、競爭力，提高營運利潤。有待經營者的彈性運用。

6

CHAPTER

收銀客製篇

商品、**顧客**、**員工**是構成門市經營管理的三大基本要素，如何使商品具備競爭力而且要能像活水般的流動管理？如何能提昇顧客的關注度與忠誠度？如何讓員工適才適量滿意的工作？都是經營者都要面對處理且思考如何精進的基本課題。

收銀大師 2 **為零售業的微型 ERP 系統**，除了基本的收銀前後檯功能外，更提供**人員管理**、**商品管理**、**進銷存管理**、**會員管理**等，讓零售業者能有事半功倍的成效。本章將做系統應用的說明。

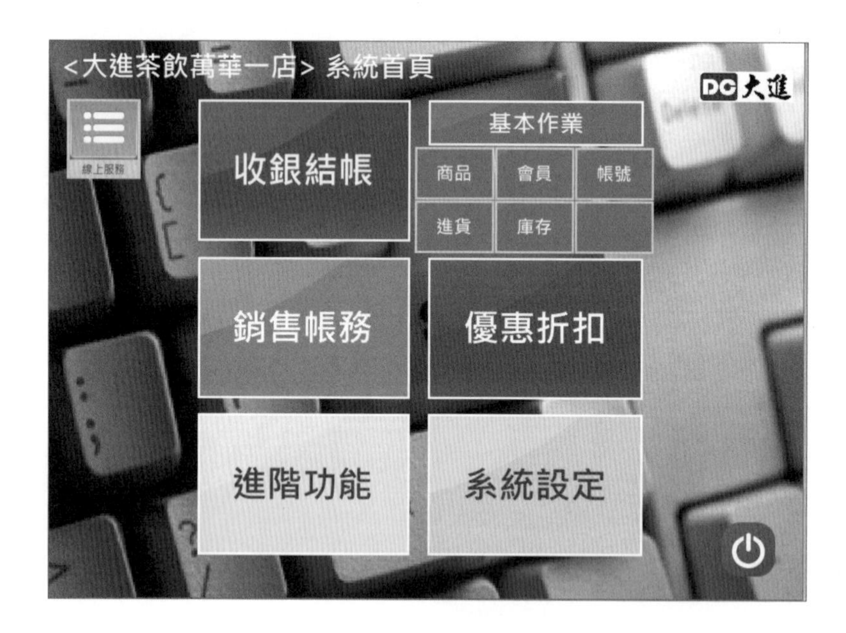

收銀大師 2 提供門市運用管理系統。系統提供：

(1) 商品管理

(2) 會員管理

(3) 帳號管理

(4) 進貨管理

(5) 庫存管理，五大類管理作業系統

6-1 帳號管理作業（人力資源管理）

『人』是經營者成敗的最關鍵要素，但也是最難管理的因素。『人』不同於『事』的單純與齊一；數量也非等同人力的質量。人力的素質與工作的需求量分配以及相互的支援性是公司效率的指標，所以在部門的工作任務和所付予的權責分野得更加小心謹慎。

由於門市人員的流動性頗高，在建立員工資料時，提醒應詳細填寫更應有對應『查證』的作業，避免未來有爭議時，資訊錯誤而無法連絡的窘境。

點按【基本作業】➔【帳號】：

進入帳號（人員）管理頁面，系統建立六大管理項目：

1 人員帳號	2 出勤設定	3 人員排班	4 出勤記錄	5 銷售獎金設定	6 業績統計

6-1-1 人員帳號

◉ 人員資料　○ 帳號權限　○ 薪資結構

Ⓐ 建立人員資料

步驟 1 建立人員資料 ➔ 新增

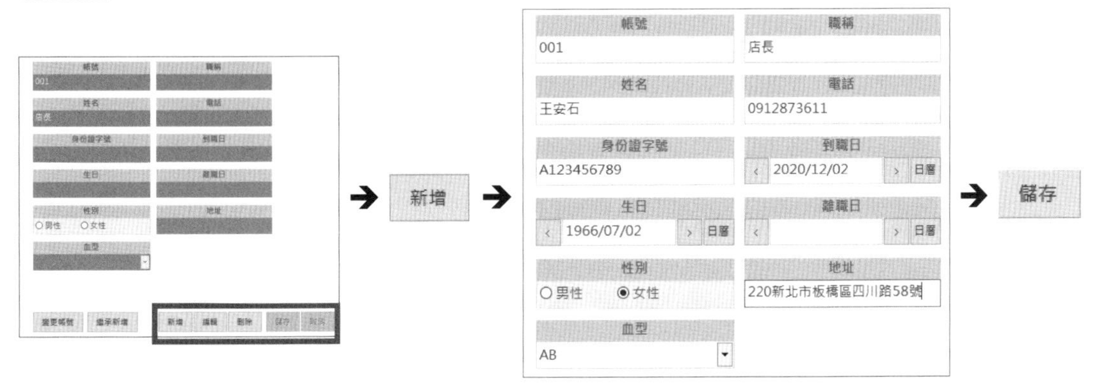

完成三筆員工資料建立：

步驟 2 **人員基本資料【新增、編輯、刪除】：** 新增 編輯 刪除

步驟 3 **人員基本資料【變更帳號、繼承新增】：** 變更帳號 繼承新增

B 帳號權限

步驟 1 **指定人員資料：** 點選設定權限員工。

步驟 2 新增 編輯 刪除

步驟 3 **勾選人員權限：** 勾選賦予該名員工作業之權限。

權力愈大責任愈大，是權限開放的基本原則。

A 登入指向＜收銀結帳＞：在登入系統時會直接進入收銀結帳作業，適合無進入後檯管理作業的員工使用。

* 登入選項
☐ 登入指向<收銀結帳>

❸ 基本作業權限：系統預設勾選，可以反勾選除去權限

* 基本作業

☑菜單管理　☑人員帳號(人員資料)
☑會員管理　☑人員帳號(帳號權限)
☑進貨管理　☑成本權限
☑庫存管理

❹ 銷售帳務作業權限：系統預設勾選，可以反勾選除去權限

* 銷售帳務

☑交班日結　☑銷售統計

❺ 系統設定權限：系統預設勾選，可以反勾選除去權限

* 系統設定

☑操作設定　☑報表設定
☑硬體設定　☑功能鍵盤
☑環境設定(以及系統工具權限)

❻ 系統設定權限：

* 特殊收銀權限

☑<價格變更>權限
☑<收銀招待>權限
☑<作廢/退換貨>權限
☑<取消關帳>權限
☐<商品報廢>權限
☐<已出單據>權限
☐<退菜>權限
☑<結帳/開啟錢箱>權限

❼ 其他設定權限：

* 其他設定

密碼	
折扣額度(折)	折讓額度(金額)
50	100

< 密碼 > 欄若空白，則代表不需密碼即可登入系統。

C 薪資結構

步驟 1 **指定人員資料**：點選設定權限員工。

步驟 2 新增 編輯 刪除

步驟 3 **記錄薪資資料權限**：

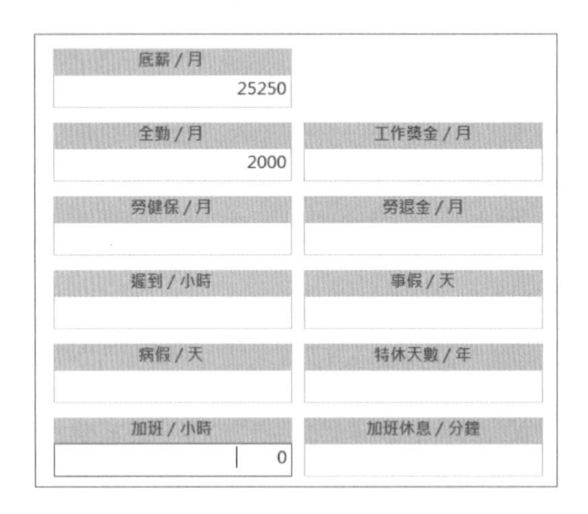

6-1-2 出勤設定

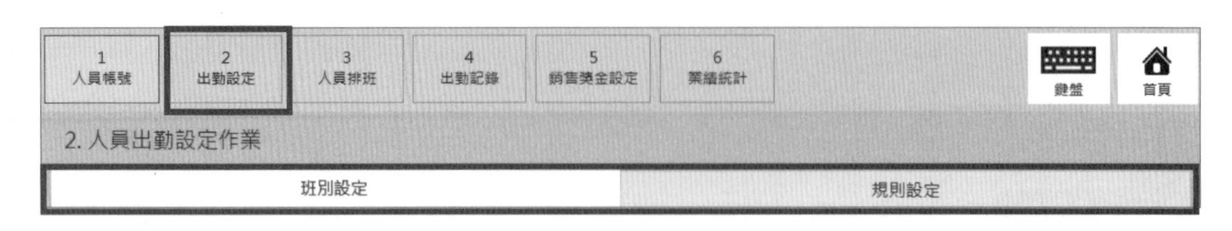

班別設定

說明：管理者可設定 3 班別的名稱、上下班時間、上下班可打卡範圍、休息時間與休息結束時間、休息可打卡範圍，修改後點選 < 儲存 > 完成設定。

【完成範例】

班	班別名稱	上班時間	下班時間	上下班可打卡範圍
第 1 班	早班	09 : 00	17 : 00	08 30 ~ 09 30 17 00 ~ 18 00
	儲存	休息時間	休息結束	休息可打卡範圍
重置				
第 2 班	中班	11 : 00	19 : 00	10 30 ~ 11 30 19 00 ~ 20 00
		休息時間	休息結束	休息可打卡範圍
重置				
第 3 班	晚班	14 : 00	22 : 00	13 30 ~ 14 30 22 00 ~ 23 00
		休息時間	休息結束	休息可打卡範圍
重置				

Ⓑ 規則設定

說明：管理者可設定出勤規定，但需配合勞動條件的規定。設定後 < 儲存 > 完成。

步驟 1【超出可打卡範圍】：

步驟 2【工時核算單位】：

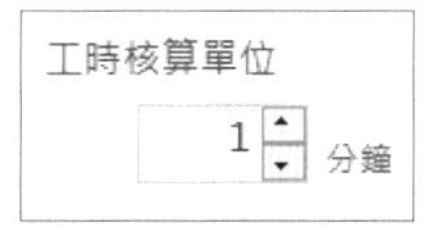

步驟 3【加班核算單位】：

加班核算單位	加班核算係數	核算係數區隔
1 分鐘	1.33 / 1.67	2.0 小時

加班核算係數為 1.33 / 1.67 核算係數區隔 2 小時為例，加班時數 2 小時以內則薪資以乘 1.33 倍計算，若是超過的部分則以 1.67 倍計算。

步驟 4【請假時數換算】：

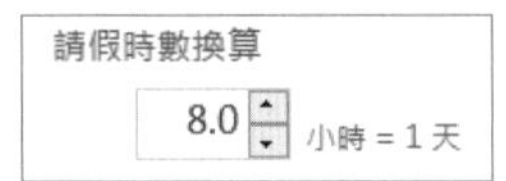

6-1-3 人員排班

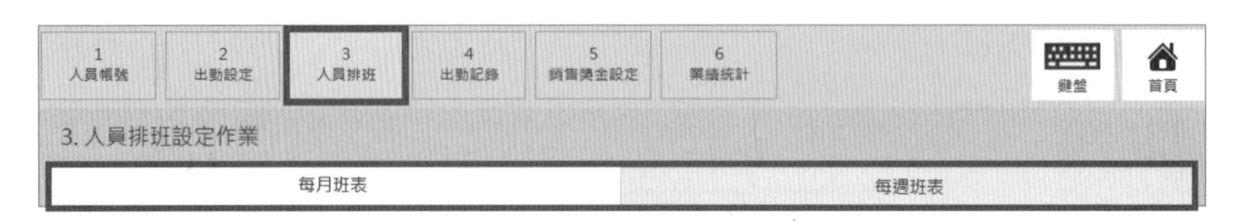

說明：選擇【每月班表】或【每週班表】採下拉方式帶入【**6-1-2 出勤設定**】中「Ⓐ **班別設定**」選項，排定後點選 < 儲存 > 完成設定。

月班表

2021 年 9 月

值班日期	001 王安石	002 林黛玉	003 張獻忠
2021/09/01 (三)			
2021/09/02 (四)			
2021/09/03 (五)			
2021/09/04 (六)			
2021/09/05 (日)			
2021/09/06 (一)			
2021/09/07 (二)			
2021/09/08 (三)			
2021/09/09 (四)			
2021/09/10 (五)			
2021/09/11 (六)			
2021/09/12 (日)			
2021/09/13 (一)			
2021/09/14 (二)			

週班表

< 2021/08/02 ~ 2021/08/08 >　　上一頁　下一頁

值班 人員	星期一 08/02	星期二 08/03	星期三 08/04	星期四 08/05	星期五 08/06	星期六 08/07	星期日 08/08
001 - 王安石							
002 - 林黛玉							
003 - 張獻忠							

6-1-4 出勤記錄

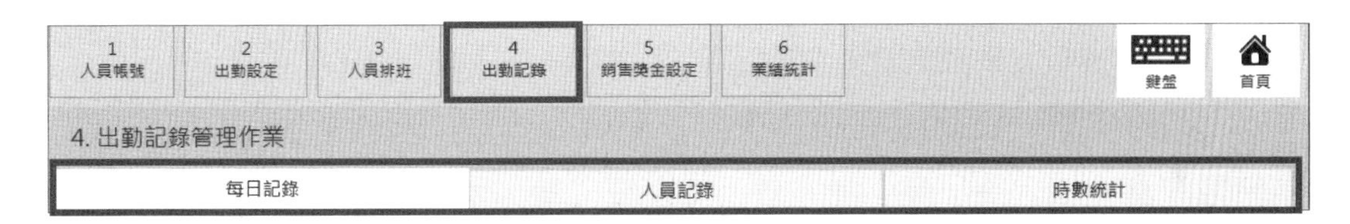

Ⓐ 每日記錄：可瞭解查詢**當天**的出勤狀況。

每日記錄為動態資料，所以必須先點按【資料重算】。

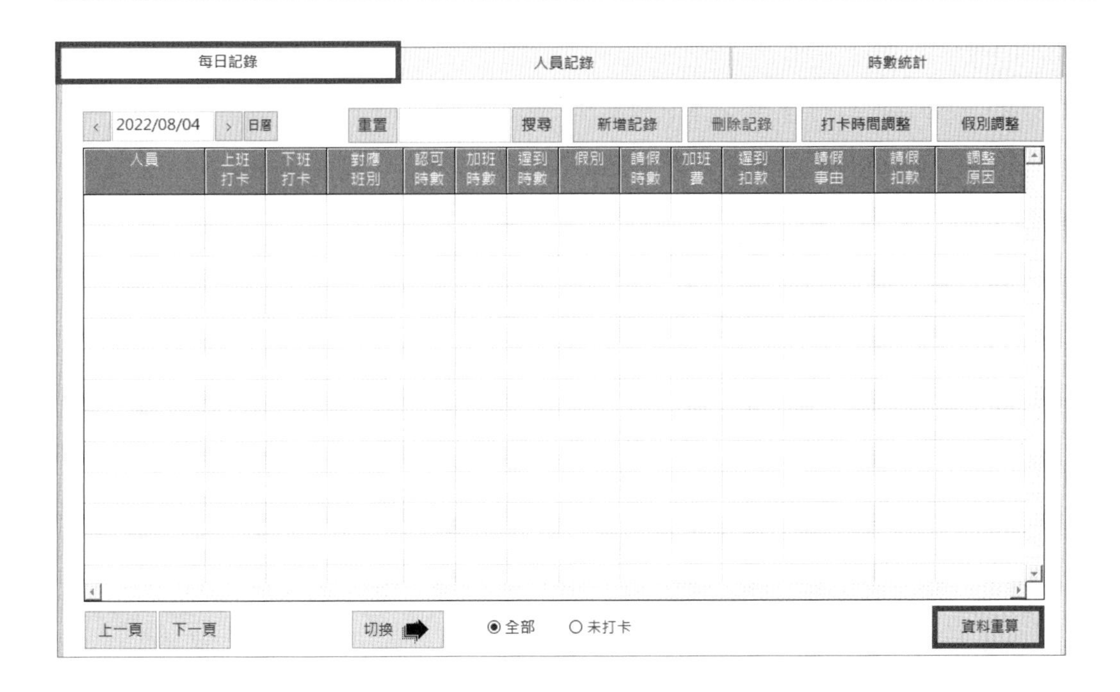

Ⓑ 人員記錄

步驟 1 可瞭解與調整個人出勤記錄。

步驟 2 可將資料匯出或列印等作業。

匯出 PNG | 全部 EXCEL | 單筆 EXCEL | 預覽 | 列印 | EMAIL | 格式

Ⓒ 時數統計

步驟 1 可瞭解查詢當月的出勤時數。

步驟 2 可將資料匯出或列印等作業。

6-1-5 銷售獎金設定

方式一：逐一針對商品進行獎金設定。

上一頁 下一頁 關鍵字 清除 茗迴茶

商品編號	商品名稱	單位	類別	零售價	銷售獎金
1001	龍井茶		茗迴茶	25	2
1002	南灣紅茶		茗迴茶	25	2
1003	碳培鐵觀音		茗迴茶	30	3
1004	桂花烏龍茶		茗迴茶	30	3
1005	蜜香綠茶		茗迴茶	30	3
1006	蜂蜜紅		茗迴茶	35	4
1007	蜂蜜綠		茗迴茶	35	4

方式二：點選【批次修改獎金】。

說明：

基準價	運算子	系數	= 銷售獎金
< 內用價 > < 外帶價 > < 外送價 > < 指定價 >	< × 乘 > < / 除 > < + 加 > < - 減 >		

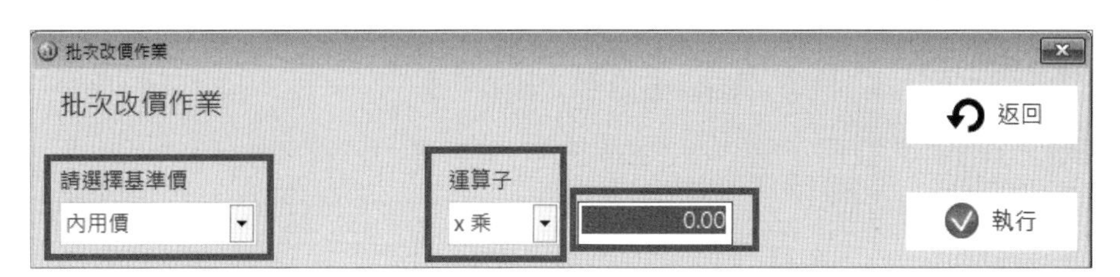

6-1-6 業績統計

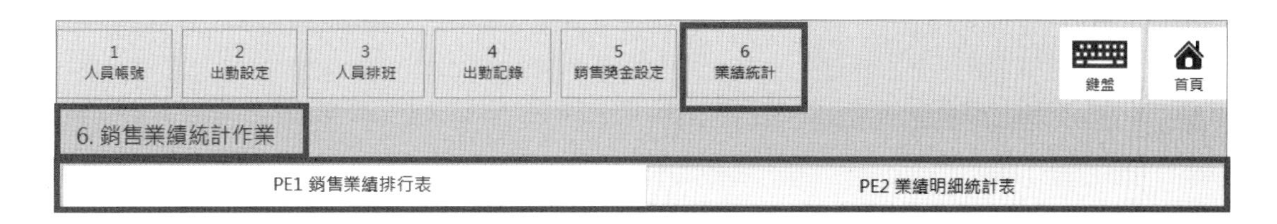

Ⓐ 銷售業績排行表

步驟 1 指定期間（帳日）範圍：【過去 30 天，2022/07/06~2022/08/04】

步驟 2 設定品項篩選：【無 , 全部】

步驟 3 執行<業績排行表>

Ⓑ 業績明細統計表

步驟 1 指定期間（帳日）範圍：【過去 30 天，2022/07/06~2022/08/04】

步驟 2 指定統計 < 銷售人員 >：【下拉式選單】

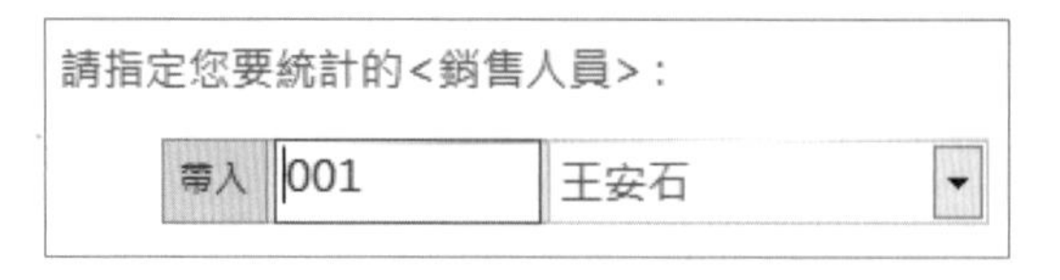

步驟 3 設定品項篩選：【無 , 全部】

步驟 4 執行<業績明細表>

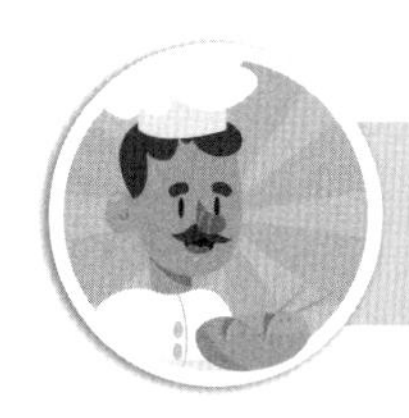

6-2 商品管理作業（零售業系統）

隨著生活型態及周休假日的勞動環境改變，餐飲業已成新創產業的主流。為了吸引消費者，經營者所販售的商品組合多元且多變，配合顧客需求的客製化已是相當普遍的情形，再加上包裝、季節、新舊汰換等因素，商品的種類數量甚至是倍數成長。如何簡化顧客點餐流程以提高結帳效率，因此必須將商品其做有效的分類歸屬管理，簡化商品查詢作業上所耗費的效率，以及在日後進行相關營運分析時做出精確的報表，提供營運策略改善參考，因此收銀大師 2 也強化商品分類的系統導入。

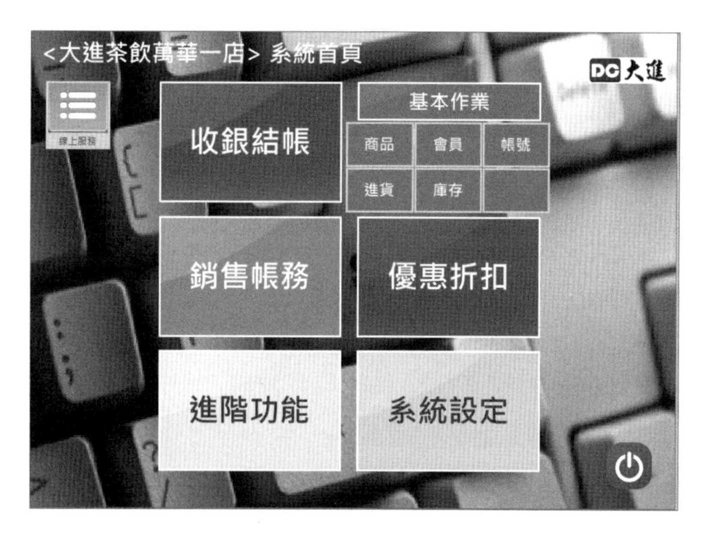

點按【基本作業】➔【商品】:

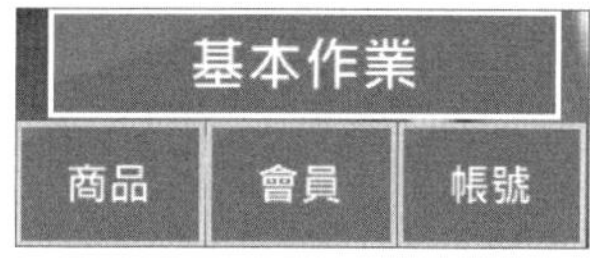

進入帳號（人員）管理頁面，系統建立六大管理項目：

1 類別資料	2 商品資料	3 PLU 設定	4 商品包裝	5 組合商品設定	6 匯入建檔

6-2-1 類別資料

A 新增（OR 編輯）類別資料：

批次建立商品　新增　編輯　刪除　變更類別編號

類別編號	類別名稱	類別簡稱	
60	套餐	套餐	複製

➔ 
存檔

B 刪除類別資料：

編號	名稱	簡稱
60	套餐	套餐
70	TEST	TEST
80	TEST	TEST

步驟 1 指定商品：點按商品，出現反灰條

步驟 2 點按刪除 刪除

步驟 3 確認

【是】➔ 刪除類別編號

TIPS

已有商品配置後將無法刪除。

系統訊息：作業中斷

目前指定的類別已經連結至<菜單配置>

系統無法執行<刪除>作業!

6-2-2 商品資料

Ⓐ 新增（OR 編輯）類別資料： 新增 編輯 刪除 變更商品編號

步驟 1 所屬類別：下拉式選單【已設定類別】。

所屬類別 商品編號
茗迴茶 1001

步驟 2 建立（輸入）資料：

TIPS

商品條碼輸入 EAN-13 條碼號碼。

步驟 3 主供應商：下拉式選單【已設定廠商資料（進貨管理系統建立）】

主供應商
帶入
智冠科技股份有限公司
台灣百事食品股份有限
進貨價

步驟 4 輸入管理資料：

進貨價 標準成本
安全存量

步驟 5 輸入銷售資料：

步驟 6 傳入商品圖片：

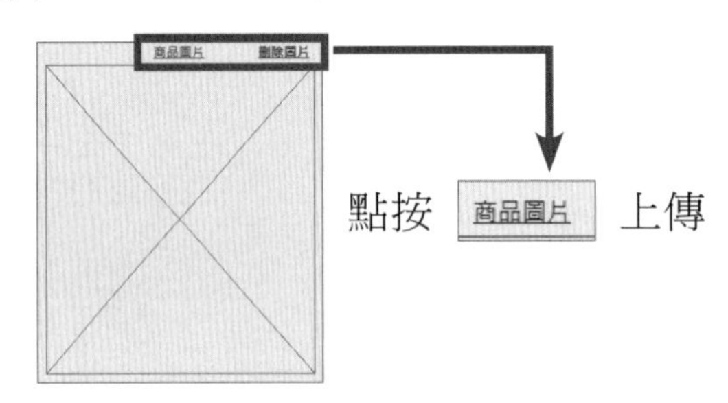

步驟 7 設定管理選項：

- ☐ 設定為<暫停銷售>
- ☐ 不接受<折扣優惠>
- ☐ 設定為<開放價格>
- ☐ 設定為<0元不列印>
- ☐ 設定為<負數量>銷售

步驟 8 設定庫存管理選項：

- ◉ 一般庫存商品
- ○ 不計算庫存商品
- ○ BOM 商品
- ○ 當日庫存商品

【條碼資料】

名稱	簡稱	類別	零售價	條碼	編號
維尼優酪布丁桶		禮盒類	219	471017410731	J001
布丁果凍桶		禮盒類	219	496267961320	J002
貓熊果凍桶		禮盒類	219	471017411123	J003
小瓜呆脆笛酥禮盒		禮盒類	169	471024701851	J004
可口上賓蛋捲新年禮盒		禮盒類	159	471024701625	J005
奧利奧經典三明治禮盒(		禮盒類	165	471024701665	J006

商品為門市經營的命脈，資料建立甚為重要。收銀大師 2 提供完整資料欄位，門市可依型態需要建立資料。

6-2-3 PLU 設定：PLU 為類別快捷鍵

1. 已設定【類別】。
2. 商品已新增並完成設定。

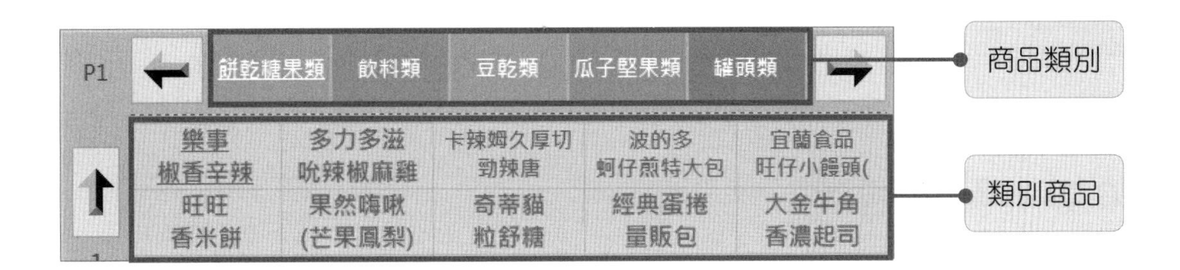

步驟 1 點選（按）快捷鍵位置：

步驟 2 點選（按）快捷鍵位置【類別】:

編號	名稱	簡稱	位置
A	餅乾糖果類		01
B	飲料類		02
C	豆乾類		03
D	瓜子堅果類		04
E	罐頭類		05
F	沖泡類		06

步驟 3 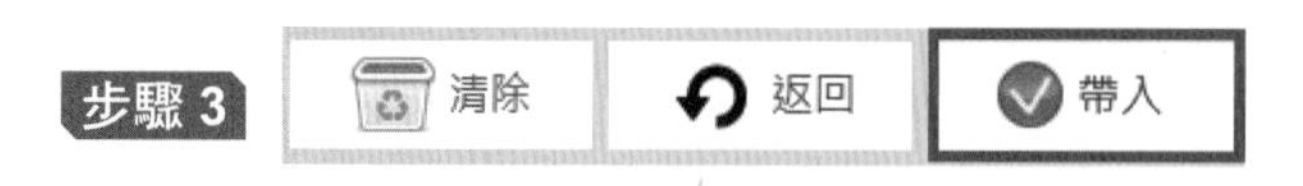

完成 PLU（編號 06 位置）類別設定

沖泡類商品自動帶入：

步驟 4 運用資料：匯入 匯出

6-2-4 商品包裝

商品單位數量管理過程中，有些商品進貨單位為一箱或一打的整數值，而商品在銷售或批發作業時的單位卻為一個或一支等的零散值，此時管理者就可運用商品包裝設定作業方式處理（此作業為特殊版本功能，須搭配對應的 ERP 系統才能使用）。另一種方式可使用 < 基本作業 > < 庫存 > 選擇 <7 BOM 表格 > 作業處理，於【**第七章 設定客製篇**】中說明。

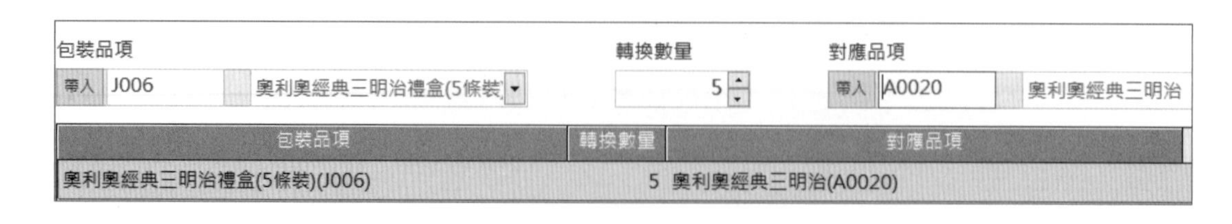

6-2-5 組合商品設定

適用於配合節慶活動推出組合商品。

步驟 1 建立商品類別：

步驟 2 建立商品資料：

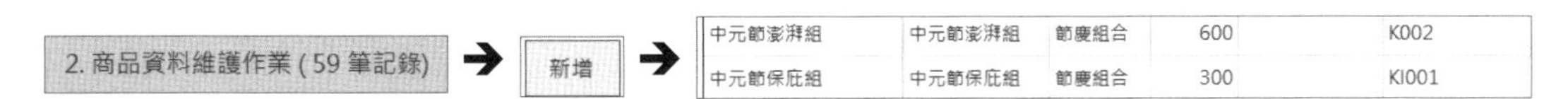

步驟 3 設定組合商品：

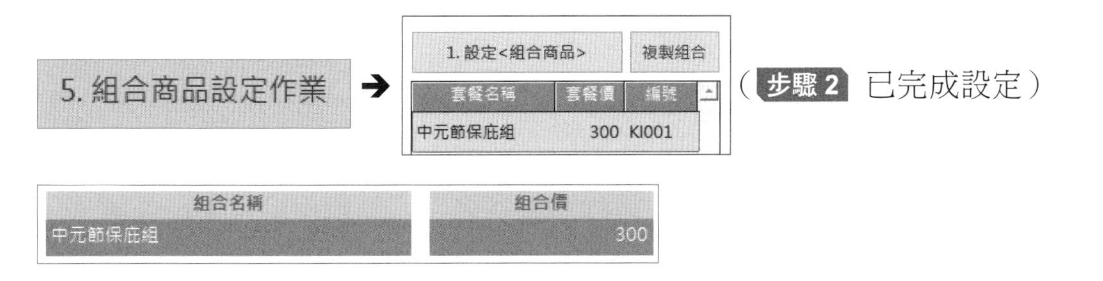

步驟 4 設定組合明細：

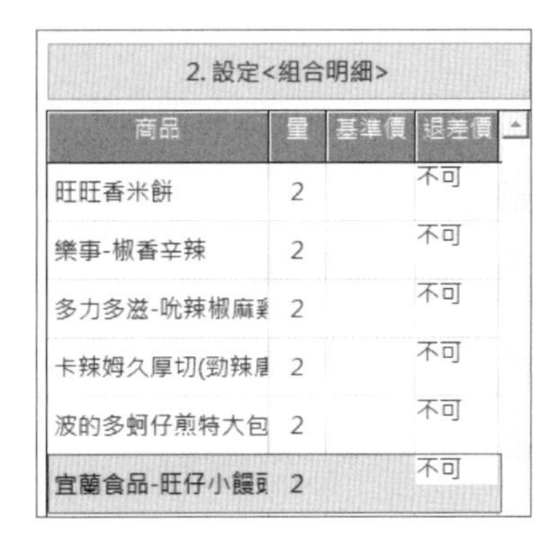

步驟 5 調整數量： 數量+1 數量-1

步驟 6 調整價格異動： 基準價 退價差

步驟 7 設定替換選項：

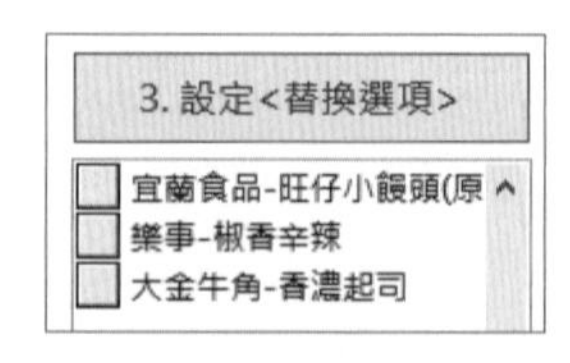

步驟 8 設定 PLU（快捷鍵）： 3. PLU 商品鍵定作業

6-2-6 匯入建檔

商品資料匯入建檔作業功能是將盤點機所產生的文字檔匯入系統，可大幅加快商品資料建檔速度。（此作業為特殊版本功能，必須搭配對應的**盤點機**系統才能使用。）

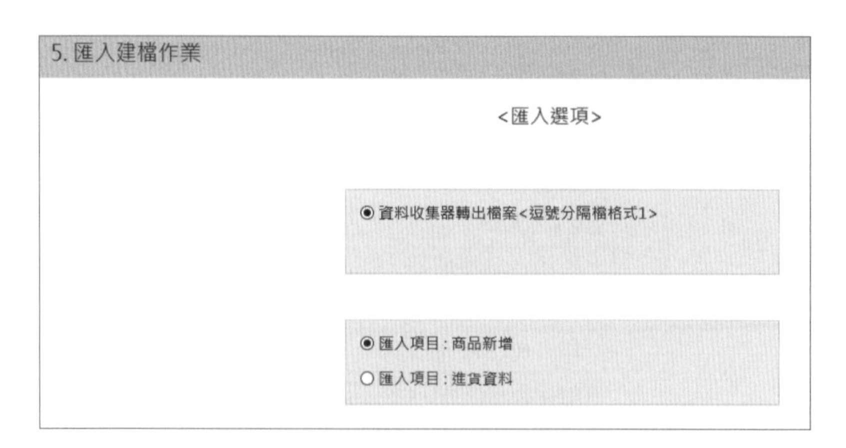

由於零售業與餐飲業的商業管理需求大不相同，因此本節是針對 < 零售業管理系統 > 模式做相關功能說明。欲使用餐飲業管理系統於**【第七章 設定客製篇】**中說明。

6-3 進貨管理作業（供應鏈管理）

經營者想提高售價從中獲取更多的利潤空間，而殺價進貨降低成本卻又是經營的基本目標，兩者之間存在著奪城掠地與唇齒相依的矛盾交易關係。因此如何能從交易的夥伴關係提升為策略的夥伴關係，以及如何能由設法從對方牟利到共同攜手開發客戶價值的合作模式，仰賴雙方彼此長期的互信互惠基礎下才能達成，經營者必須體認到，再強的軍隊如果沒有良好的後勤補給也是惘然。

進貨作業的關鍵有二，其一是驗收作業，當廠商將商品經由物流通路送交門市時，雙方必須親自驗收並完成點交簽名，如有發現短少破損或溢收時應當場改正進貨單上之明細，並且要求對方簽名留底，以確保資料的正確性與未來對帳時的方便性。某些業種業態商品是直接交由貨運公司運送，因此門市人員簽收時並未來的及完成驗收，所以在之後拆箱點貨時，如發現短少破損或溢收等狀況，應儘快通知廠商處理並完成雙方單據修正，以免日後對帳時徒增困擾與爭議。

其二是入帳作業，由於進貨的單據是由廠商發貨時所提供，因此在入帳時應明確輸入該進貨單之單號及發貨日期，以確保日後廠商寄送對帳單時，作為逐筆核帳作業之主要依據；相反地，如果是退貨單作業就應該以我方系統所產生之單據單號為核帳依據。另外，採購前置時間也是必須要與廠商經常確認和協調的重點。

進貨及庫存管理作業但必須自行開啟。開啟設定步驟：

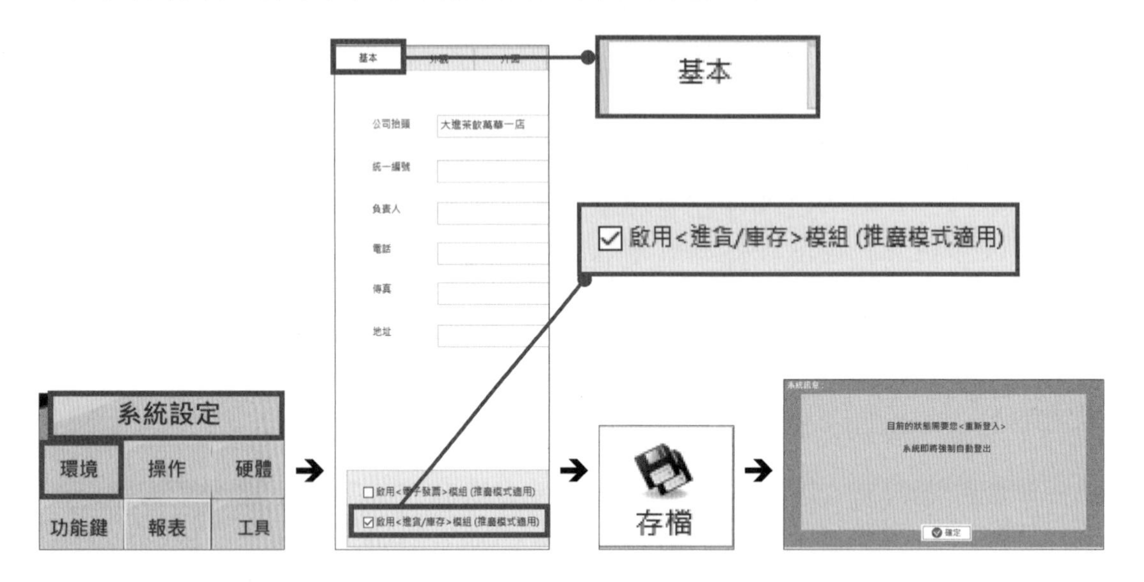

➔ 重新登入

點按【基本作業】➔【進貨】:

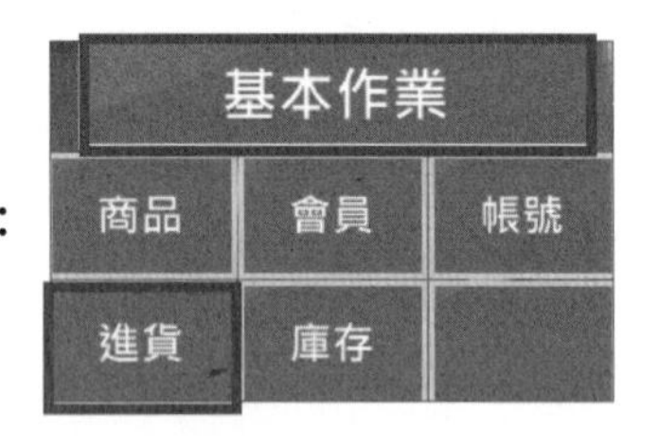

進入進貨管理頁面，系統建立四大管理項目：

6-3-1 廠商資料

Ⓐ 建立廠商資料

廠商資訊	主供應商品

步驟 1 建立廠商資料 ➔ 新增

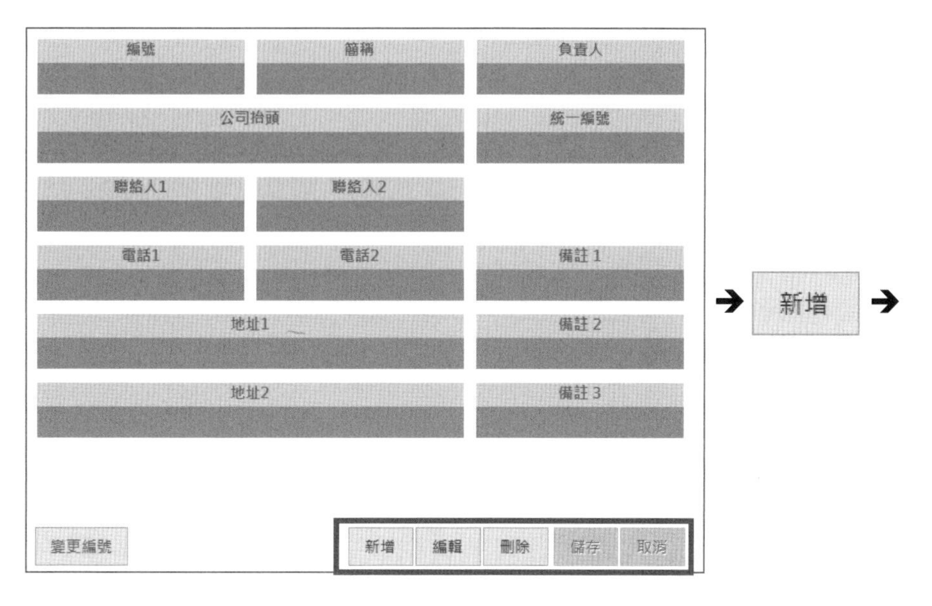

➔ 新增 ➔

廠商資訊　主供應商品

編號	簡稱	負責人
A001	智冠科技	王俊博

公司抬頭	統一編號
智冠科技股份有限公司	81231585

聯絡人1	聯絡人2
王俊博	

電話1	電話2	備註 1
02-26530566		

地址1	備註 2
高雄市前鎮區擴建路一段16號18樓	

地址2	備註 3

➔ 儲存

完成二筆廠商資料建立：

1. 廠商資料維護作業

重置　搜尋

編號	名稱
A001	智冠科技股份有限公
A002	台灣百事食品股份有

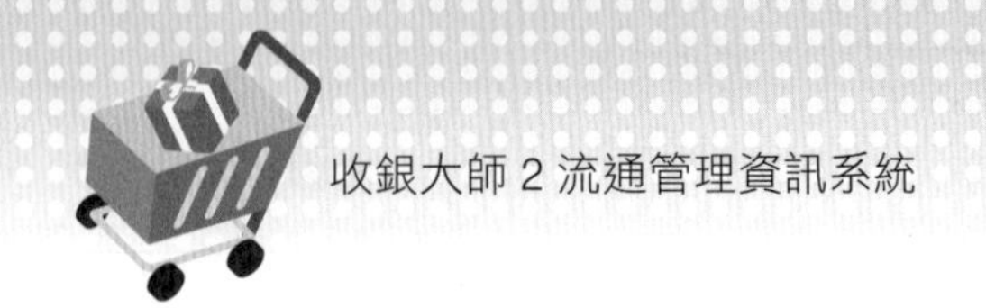

步驟 2 **主供應商品**：主供應商品於商品管理作業已設定【主供應商】，所以點按後，直接連動表列【主供應商品】。

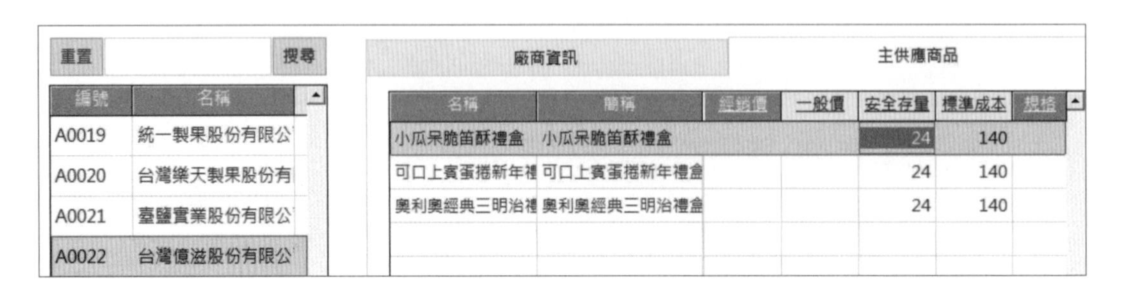

編號	名稱
A0019	統一製果股份有限公
A0020	台灣樂天製果股份有
A0021	臺鹽實業股份有限公
A0022	台灣億滋股份有限公

名稱	簡稱	經銷價	一般價	安全存量	標準成本	規格
小瓜呆脆笛酥禮盒	小瓜呆脆笛酥禮盒			24	140	
可口上賓蛋捲新年禮	可口上賓蛋捲新年禮盒			24	140	
奧利奧經典三明治禮	奧利奧經典三明治禮盒			24	140	

6-3-2 進貨資料

Ⓐ 新增（OR 編輯）進貨（進貨退出）資料： 新增 編輯 刪除

步驟 1 輸入進貨資料。

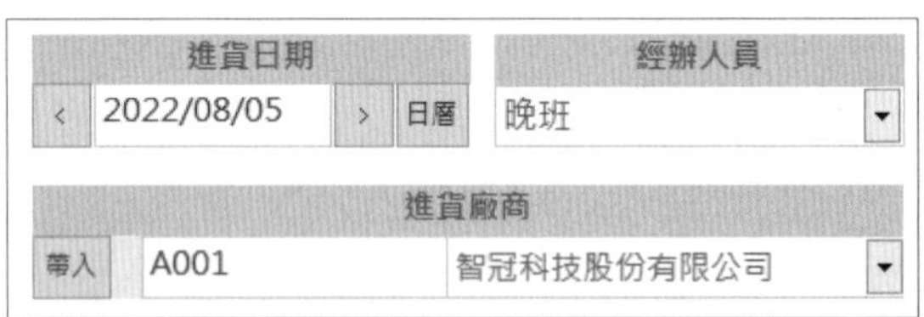

步驟 2 輸入進貨商品明細資料。

（方式一）輸入商品資訊。

序	商品編號	商品名稱	進貨價	數量	單位	金額	備註	[illegible]	[illegible]
0001	5014	黃金比粒L	100	1		100		☐搭贈	刪除
0002	1001	龍井茶	20	1		20		☐搭贈	刪除

（方式二）【多筆選入】功能開啟 < 進貨帶入作業 > 頁面。

【勾選進貨商品項目】　　【輸入進貨量】

（方式三）【檔案匯入】功能匯入＜進貨商品＞。

因需由進貨廠商完成相關設定，將於【**第七章 設定客製篇**】說明。

B 查詢進貨（進貨退出）資料

步驟 1 選擇查詢資料。

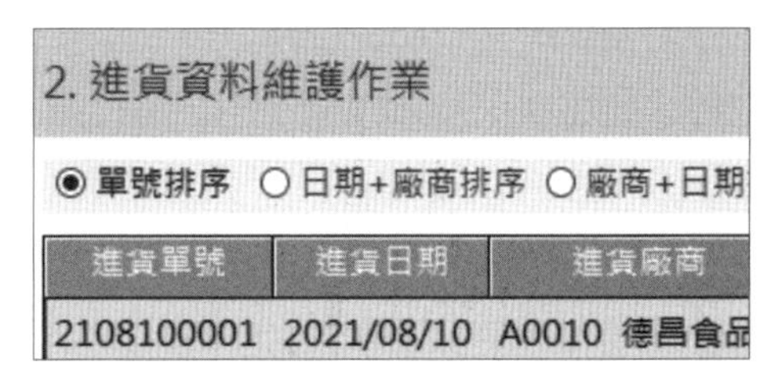

步驟 2 選擇查詢資料模式 ➔ 資料呈現。

◉全部單據 ○已沖銷單據 ○未沖銷單據 ◉標準模式 ○瀏覽模式

新增 編輯 刪除

單據別：進貨單　進貨廠商：A0010 德昌食品股份有限公司　進貨折讓：

進貨單號：2108100001　進貨發票：DG51118051　進貨金額：1440

進貨日期：2021/08/10　廠商單號：C2021081001　進貨稅額：69

單據備註：　付款狀態：未付

經辦人員：　進貨數量：72

歷史進價 商品新增 商品編輯

序號	商品編號	商品名稱	進價	數量	單位	金額	備
0001	C001	德昌-沙茶珍味	20	24	包	480	
0002	C002	德昌-蒜絲豆干	20	24		480	
0003	C003	德昌-五香豆皮	20	24	包	480	

步驟 3 選擇資料整理模式。

預覽 列印 EMAIL 格式

6-3-3 進貨價【設定】作業

方式一：個別輸入法：表格藍色字體欄位直接修改＜進貨價＞及＜標準成本＞。

3. 進貨價設定作業

上一頁 下一頁 關鍵字 清除 蛋糕 以進貨價帶入<標準成本> 批次修改進貨價

商品編號	商品名稱	類別	內用價	外帶價	外送價	進貨價	單位
S01	黑森林	蛋糕	50	50	50	38	
S02	波士頓	蛋糕	50	50	50	32	
S03	粉紅佳人	蛋糕	50	50	50	34	
S04	原味起司	蛋糕	50	50	50	36	

方式二：批次輸入法：以進貨價帶入<標準成本>　批次修改進貨價

說明：

基準價	運算子	系數	= 進貨價格
< 內用價 > < 外帶價 > < 外送價 > < 指定價 >	< x 乘 > < / 除 > < + 加 > < - 減 >		

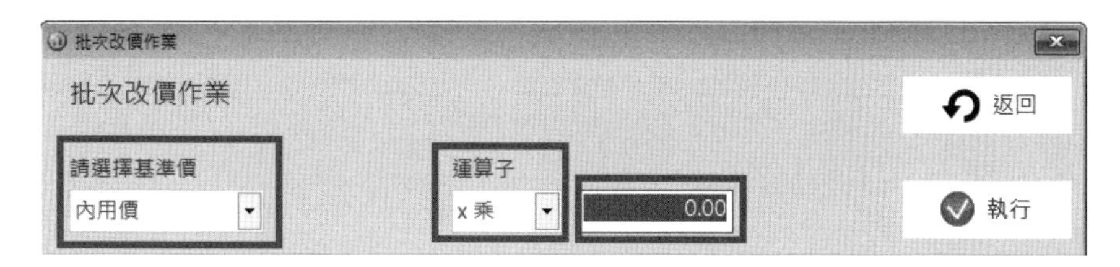

6-3-4 進貨統計作業

4. 進貨資料統計作業

P1 進貨簡要表 | P2 進貨明細表 | P3 採購建議表 | P4 廠商期間銷貨表 | P5 進貨品項表

Ⓐ 進貨簡要表 + Ⓑ 進貨明細表【操作程序皆相同】

步驟 1 指定統計 < 進貨期間 > 範圍：【本月，2021/08/01~2021/08/31】

請指定您要統計的<進貨期間>範圍：

本月 從 ‹ 2021/08/01 › 日曆 到 ‹ 2021/08/31 › 日曆

步驟 2 指定統計 < 進貨廠商 > 範圍：【A0010，德昌食品股份有限公司 ~A0022，台灣億滋食品股份有限公司】

請指定您要統計的<進貨廠商>範圍：

帶入 A0010 德昌食品股份有限公 ~ 帶入 A0022 台灣億滋食品股份有 清除

步驟 3 指定篩選 < 帳款狀態 >：【所有帳款記錄】

請指定您要篩選的帳款狀態：

◉ 所有帳款記錄 ○ 只有已付帳款 ○ 只有未付帳款

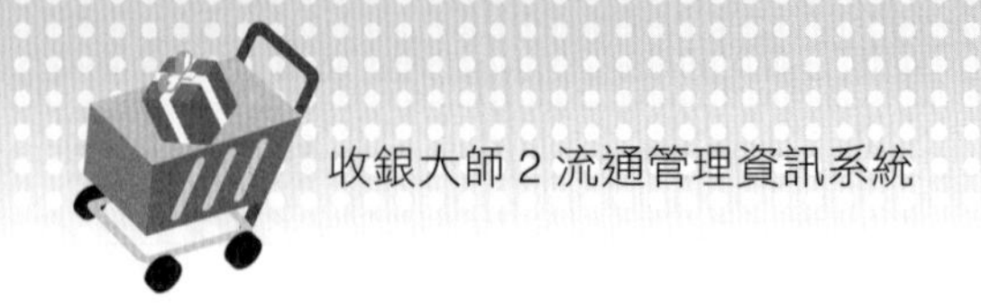

步驟 4 指定篩選 < 單據類別 > :【所有單據】

請指定您要篩選的單據類別：

◉ 所有單據　　○ 只有進貨單　　○ 只有進貨退回單

步驟 5 執行<進貨簡要表>

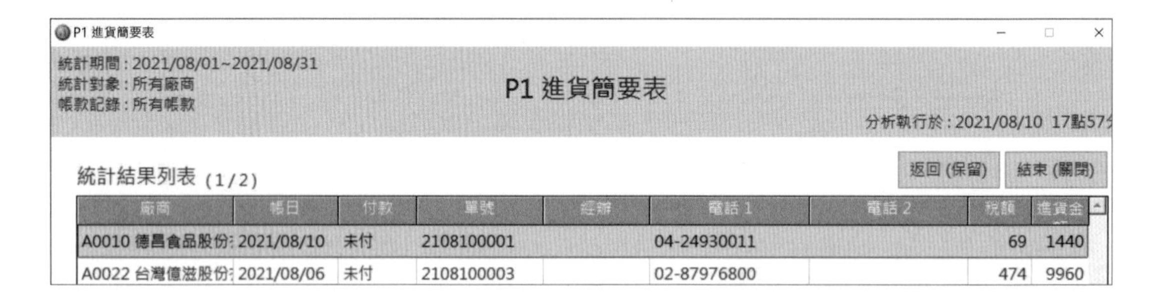

P1 進貨簡要表

統計期間：2021/08/01~2021/08/31
統計對象：所有廠商
帳款記錄：所有帳款

P1 進貨簡要表

分析執行於：2021/08/10 17點57分

統計結果列表 (1/2)

返回 (保留)　結束 (關閉)

廠商	帳日	付款	單號	經辦	電話 1	電話 2	稅額	進貨金
A0010 德昌食品股份	2021/08/10	未付	2108100001		04-24930011		69	1440
A0022 台灣億滋股份	2021/08/06	未付	2108100003		02-87976800		474	9960

步驟 6 執行<進貨明細表>

P2 進貨明細表

統計期間：2021/08/04~2021/08/10
統計對象：所有廠商
資料記錄：所有帳款

P2 進貨明細表

分析執行於：2021/08/10 18點 9

統計結果列表 (1/6)

返回 (保留)　結束 (關閉)

帳日	單號	廠商	序	貨號	品名	進價	數量	小計	進貨發票
2021/08/06	2108100003	A0022 台灣億滋股	0001	J004	小瓜呆脆笛酥禮盒	140	24	3360	CB12345678
2021/08/06	2108100003	A0022 台灣億滋股	0002	J005	可口上賓蛋捲新年禮盒	140	24	3360	CB12345678
2021/08/06	2108100003	A0022 台灣億滋股	0003	J006	奧利奧經典三明治禮盒	135	24	3240	CB12345678
2021/08/10	2108100001	A0010 德昌食品股	0001	C001	德昌-沙茶珍味	20	24	480	DG51118051
2021/08/10	2108100001	A0010 德昌食品股	0002	C002	德昌-蒜絲豆干	20	24	480	DG51118051
2021/08/10	2108100001	A0010 德昌食品股	0003	C003	德昌-五香豆皮	20	24	480	DG51118051

步驟 7 運用資料　匯出EXCEL　預覽　列印　EMAIL　格式

C 採購建議表

步驟 1 指定統計 < 進貨期間 > 範圍：【今天，2021/03/05~2021/03/05】

步驟 2 指定統計 < 進貨廠商 > ：【A002，台灣百事食品股份有限公司】

步驟 3 統計 < 採購條件 > ：【期間進貨數量 OR 低於安全存量】

下面兩種統計條件都是為了提供經營者下採購時之判斷依據使用：

請指定您要統計採購條件：

○ 期間進貨數量　◉ 低於安全存量

< 期間進貨數量 > 可列出期間的進貨量、銷售數、目前庫存量、安全量做比對。

< 低於安全存量 > 可列出所查詢的商品項目中低於安全量資料。

步驟 4 執行<採購建議表>

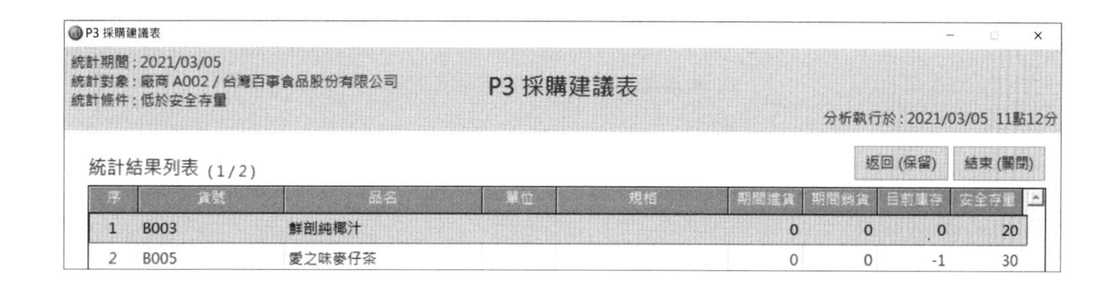

序	貨號	品名	單位	規格	期間進貨	期間銷貨	目前庫存	安全存量
1	B003	鮮剖純椰汁			0	0	0	20
2	B005	愛之味麥仔茶			0	0	-1	30

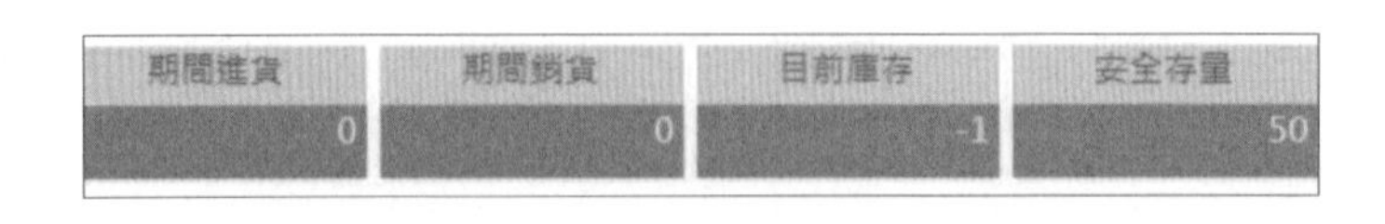

步驟 5 運用資料：匯出EXCEL　預覽　列印　EMAIL　格式

D 廠商期間銷貨表

可針對供應廠商列出供應之商品的銷售數量表，做為與供應商協商談判的依據資料。

步驟 1 指定統計 < 銷貨期間 > 範圍：【今天，2021/03/06~2021/03/06】

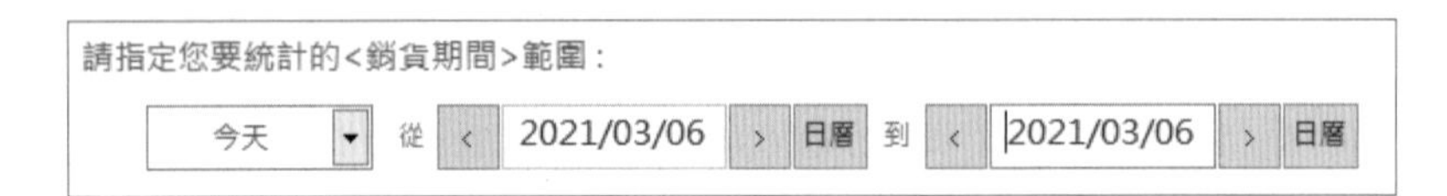

步驟 2 指定統計 < 主供應商 > ：【A001，智冠科技股份有限公司】

步驟 3 指定 < 排序項目 > ：【品項編號】

請指定排序項目：
◉ 品項編號　○ 銷售數量　○ 銷售金額

步驟 4 指定 < 資料遮蔽 > ：【無遮蔽】

請指定資料遮蔽：
◉ 無遮蔽　○ 遮蔽銷售金額

步驟 5 執行<廠商期間銷貨表>

步驟 6 運用資料　匯出EXCEL　預覽　列印　EMAIL　格式

E 進貨品項表：可針對廠商統計出＜商品最後進貨日＞及＜平均進價＞等資料，做為經營者判斷查詢商品迴轉率之優劣的依據。

步驟 1 指定統計＜銷貨期間＞範圍：【今天，2021/03/05~2021/03/05】

請指定您要統計的<銷貨期間>範圍：
今天　從　2021/03/05　日曆　到　2021/03/05　日曆

步驟 2 指定統計＜進貨廠商＞：【A001，智冠科技股份有限公司】

請指定您要統計的<進貨廠商>：
帶入　A001　智冠科技股份有限公

步驟 3 指定＜排序項目＞：【品項編號】

步驟 4 執行<廠商期間銷貨表>

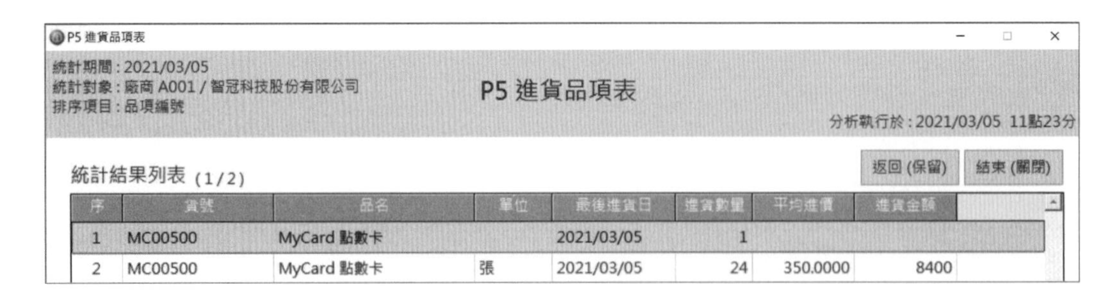

序	貨號	品名	單位	最後進貨日	進貨數量	平均進價	進貨金額
1	MC00500	MyCard 點數卡		2021/03/05	1		
2	MC00500	MyCard 點數卡	張	2021/03/05	24	350.0000	8400

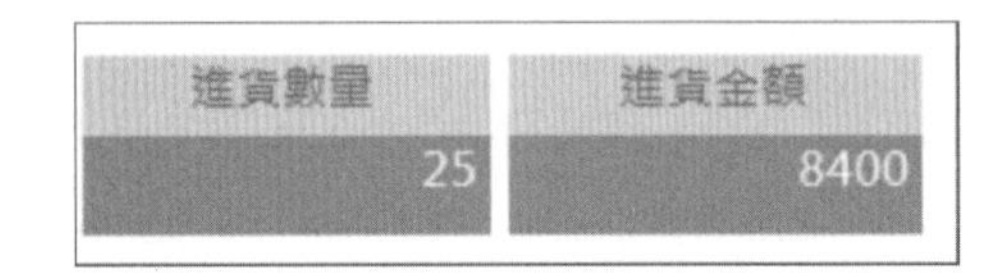

步驟 5 運用資料 匯出EXCEL 預覽 列印 EMAIL 格式

6-4 庫存管理作業

由於門市盤點作業所需要的時間取決於其門市商品的種類及數量多寡，而多數的門市不可能為了執行盤點作業而停止對外營運的業務，因此收銀大師 2 建議管理者依照本身需求，選擇下列三種盤點方式作業：

(1) **臨時抽盤法**【新增鍵＋盤點合併＋更新帳上庫存＋盤點轉檔】：適用在盤點單品種類數量不多的盤點作業。

(2) **分區盤點法**【商品資料轉入＋盤點合併＋更新帳上庫存＋盤點轉檔】：適用在欲盤點的品項總類太多時，可分部門分區分次完成盤點作業。

(3) **檢視差異抽盤法**【商品資料轉入＋盤點合併＋更新帳上庫存＋帳盤轉入實盤＋盤點轉檔】：適用於初步檢核作業時使用，在帳盤轉入實盤與盤點轉檔之間，只需找出表列差異值過大的品項，直接修正該品項之實盤量後，再執行轉檔作業即可。

盤點的計算公式：

【期末庫存量＝期初庫存量＋期間進退貨－期間銷貨量＋期間異動】

點按【基本作業】➔【庫存】：

進入庫存管理頁面，系統建立九大管理項目：

6-4-1 異動項目

步驟 1 建立（新增 OR 編輯）異動項目資料：編號＋名稱。

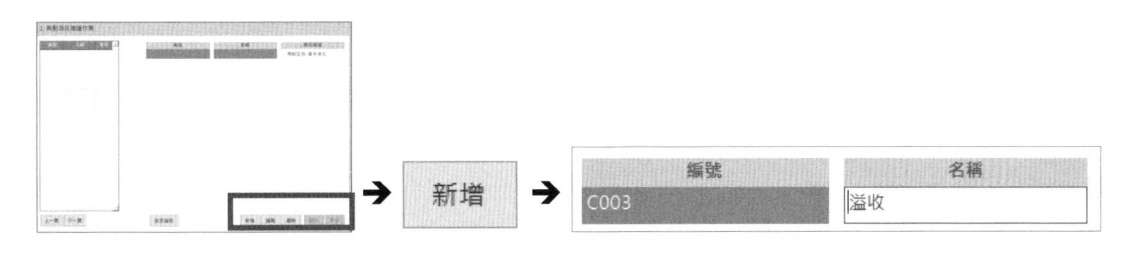

步驟 2 選擇庫存【增加 OR 減少】➔ 儲存

6-4-2 異動作業

步驟 1 建立（新增 OR 編輯）異動資料維護：新增

步驟 2 選擇異動項目：

➔ 儲存

步驟 3 選擇異動日期 + 經辦人員：

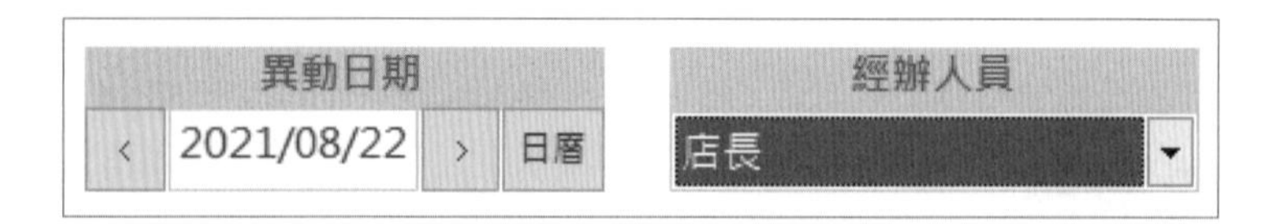

步驟 4 輸入異動商品編號、數量：

序	商品編號	商品名稱	數量
0001	A05	*鮪魚蔬野三明治	-1

步驟 5 存檔：

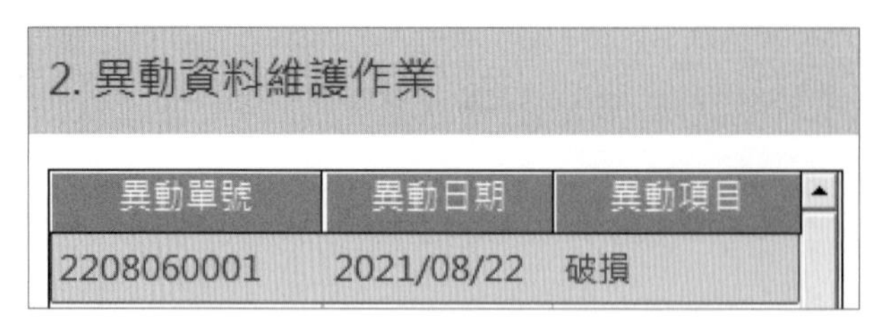

6-4-3 異動統計

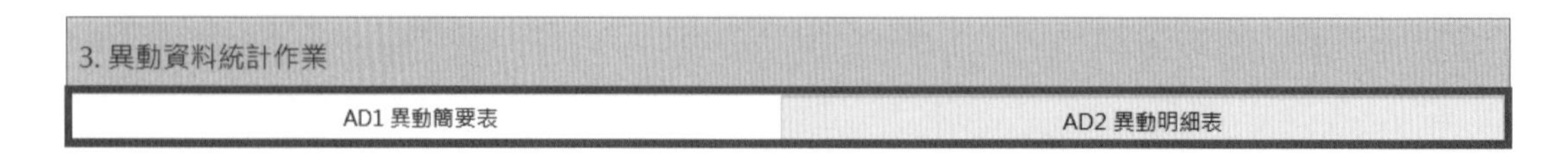

Ⓐ 異動簡要表

步驟 1 指定統計 < 異動期間 > 範圍：【本月，2021/03/01~2021/03/31】

請指定您要統計的<異動期間>範圍：

本月 從 ‹ 2021/03/01 › 日曆 到 ‹ 2021/03/31 › 日曆

步驟 2 指定 < 異動項目 >：【無，全部】

請指定您要統計的<異動項目>範圍：

~

步驟 3 執行<異動簡要表>

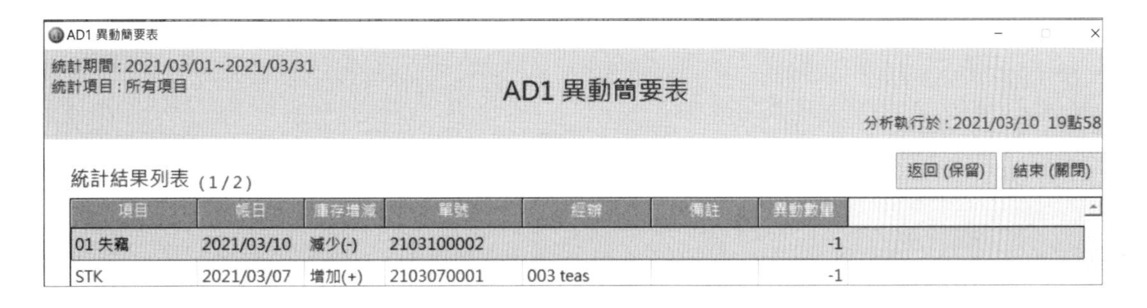

AD1 異動簡要表

統計期間：2021/03/01~2021/03/31
統計項目：所有項目

AD1 異動簡要表

分析執行於：2021/03/10 19點58

統計結果列表 (1/2)

返回 (保留) 結束 (關閉)

項目	帳日	庫存增減	單號	經辦	備註	異動數量
01 失竊	2021/03/10	減少(-)	2103100002			-1
STK	2021/03/07	增加(+)	2103070001	003 teas		-1

步驟 4 運用資料 匯出EXCEL 預覽 列印 EMAIL 格式

Ⓑ 異動明細表

步驟 1 指定統計 < 異動期間 > 範圍：【本月，2021/03/01~2021/03/31】

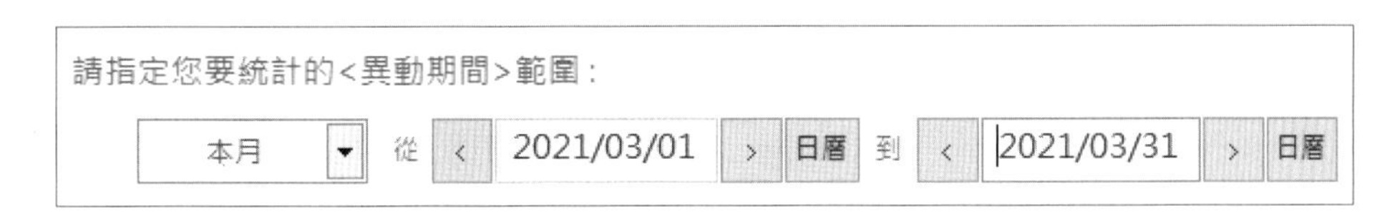

請指定您要統計的<異動期間>範圍：

本月 從 ‹ 2021/03/01 › 日曆 到 ‹ 2021/03/31 › 日曆

步驟 2 指定 < 異動項目 > :【無，全部】

請指定您要統計的<異動項目>範圍 :

~

步驟 3 指定 < 主供應商 > 範圍 :【無，全部】

請指定您要統計的<主供應商>範圍 :

帶入 ~ 帶入 清除

步驟 4 設定 < 品項篩選 > :【無，全部】

步驟 5 執行<異動明細表>

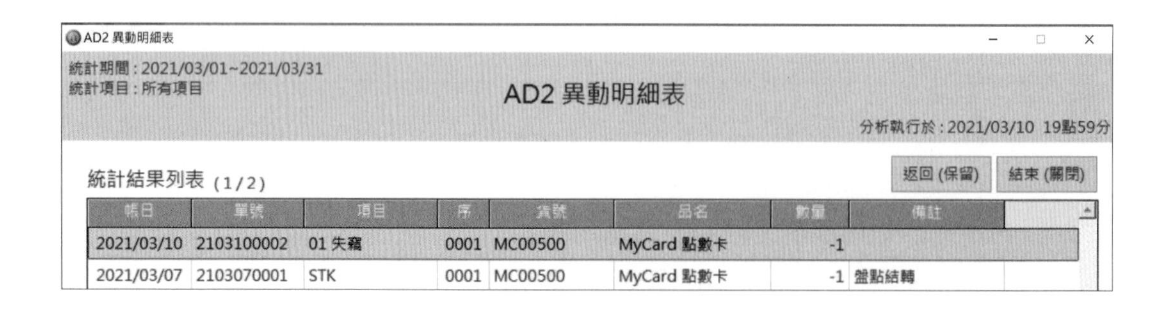

帳日	單號	項目	序	貨號	品名	數量	備註
2021/03/10	2103100002	01 失竊	0001	MC00500	MyCard 點數卡	-1	
2021/03/07	2103070001	STK	0001	MC00500	MyCard 點數卡	-1	盤點結轉

步驟 6 運用資料 匯出EXCEL 預覽 列印 EMAIL 格式

6-4-4 商品進銷存表

步驟 1 重算進銷表

方式一：【指定日期 】 重算日期 ‹ 2022/08/06 › 日曆 重算<指定日期>

方式二：【目前】 重算<目前>進銷表

步驟 2 選取【類別】【廠商】【商品】範圍 ➔【無 , 全部】➔ 帶入

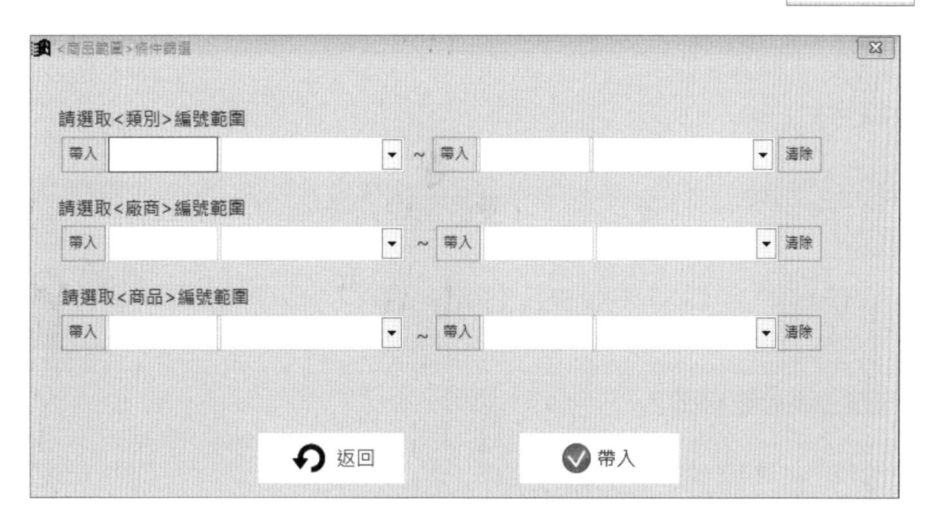

步驟 3 資料列出檢視後如需要調整時，可使用庫存 < 修改 > 鍵逐一進行調整。

商品編號	商品名稱	期初日期	期初庫存	期間進貨	期間銷貨	期間異動	目前庫存	庫存修改
A01	火腿蔬野三明治						0	修改
A02	培根蔬野三明治						0	修改
A03	香腸蔬野三明治						0	修改
A04	肉鬆火腿起司蛋三明治						0	修改
A05	鮪魚蔬野三明治					-1	-1	修改
A06	黑椒豬排三明治						0	修改
A07	美式沙朗豬排三明治						0	修改
A08	嫩煎雞腿排三明治							

◉ 全部庫存　○ 有效庫存　○ 無效庫存

全部庫存：將所有庫存資料列出。

有效庫存：將實際有庫存數量的資料列出。

無效庫存：將無庫存數量的資料列出。

步驟 4 運用資料 匯出EXCEL　預覽　列印　EMAIL　格式

6-4-5 商品盤點

期末日期調整設定：

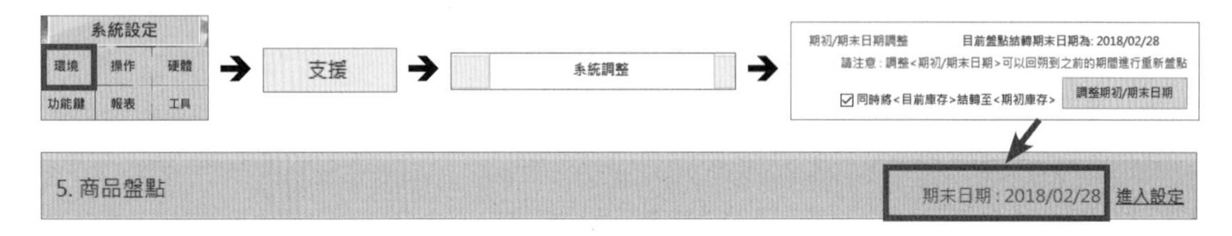

步驟 1 盤點商品資料帶入

方式一：【新增】 新增　編輯　刪除

方式二：【資料匯入】 記錄合併　資料匯入　盤點匯出 ➔ 從商品檔　鍵盤　返回

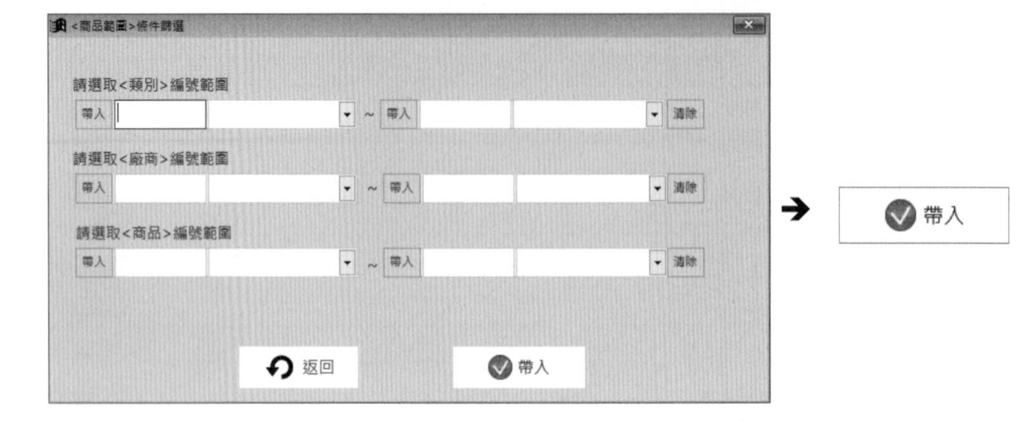

方式三：【資料匯入】篩選 ➔ 轉出EXCEL 轉入EXCEL 記錄合併 資料匯入 盤點匯出 ➔ 填入盤點數量 ➔ 轉出EXCEL 轉入EXCEL 記錄合併 資料匯入 盤點匯出

TIPS

細部操作步驟（畫面）將於【**第七章 設定客製篇**】說明。

方式四：【盤點機】 盤點匯出 盤點機 新增 ：操作步驟（畫面）將於【**第七章 設定客製篇**】說明。

步驟 2 **輸入盤點數量**：< 盤點輸入 > 欄位將盤點後的數量手動逐一輸入，完成後點擊 < 繼續 > 進行後續作業。

重置 搜尋 盤點一 (7 / 10) ◉全部 ○已輸入 ○未輸入 ◉原始排序 ○編號排序

商品編號	商品名稱	售價	期初日期	期初庫存	期末庫存	盤點時間	盤點輸入	單位
A001	樂事-椒香辛辣	35	2021/07/01	22	2	2021/08/22 17:05:14	21	包
A002	多力多滋-吮辣椒麻雞	20	2021/07/01	21	2	2021/08/22 17:05:17	21	包
A003	卡辣姆久厚切(勁辣唐辛	20	2021/07/01	50	5	2021/08/22 17:05:17	50	包
A004	波的多蚵仔煎特大包	99	2021/07/01	24	2	2021/08/22 17:05:18	24	包
A005	宜蘭食品-旺仔小饅頭(	10	2021/07/01	21	2	2021/08/22 17:05:18	21	包
A006	旺旺香米餅	15	2021/07/01	22	2	2021/08/22 17:05:21	20	包
A007	果然嗨啾(芒果鳳梨)	25	2021/07/01	24	2	/ / : :	23	條
A008	奇蒂貓粒舒糖	25	2021/07/01	24	2	/ / : :	24	盒
A009	經典蛋捲量販包	100	2021/07/01	24	2	/ / : :	24	盒

6-4-6 庫存結轉

步驟 1 記錄合併 即時結轉 記錄合併 期末結轉 清空 返回 ：可以將不同分區（1 ～ 5）的資料做合併統計。

TIPS

商品盤點，收銀大師 2 提供分（五）區盤點功能，所以提供【記錄合併】功能。

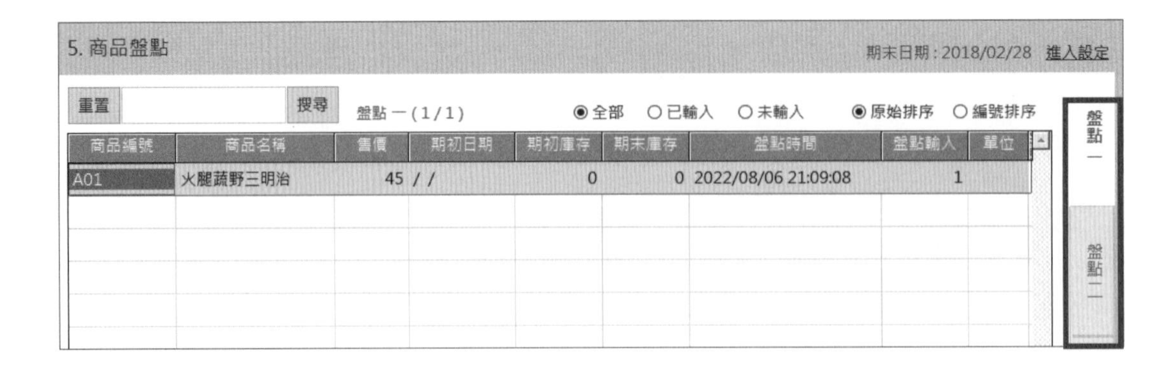

步驟 2 結轉

方式一：即時結轉 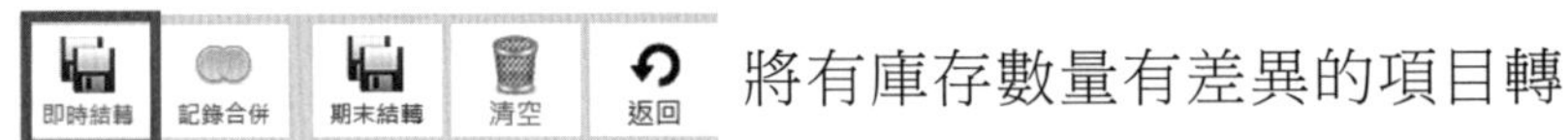

將有庫存數量有差異的項目轉至 2 異動作業 直接進行調整。

方式二：期末結轉 

期末結轉的作業規則與操作較為複雜麻煩，於【**第七章 設定客製篇**】說明。

6-4-7 BOM 表格 

TIPS

收銀大師 2 提供 BOM 功能，也是稱為【微型 ERP】關鍵所在。

BOM 表（Bill Of Material）物料清單又簡稱為「料表」，「料表」在 MRP 系統指的是組成一個產品的所有零件及組件之材料清單表。在餐飲商品管理作業中經常會有某一項商品是由多項商品明細所組合而成的情況。另外在零售商品管理作業中同一種商品因包裝的數量不同有不同的售價組合，但在某些時候必須將整盒商品包裝拆散進行零賣的情況。遇上述情況時就可以使用此功能進行 <BOM 庫存重算 > 作業。

作業規則與操作較為複雜麻煩，將於【**第七章 設定客製篇**】說明 。

6-4-8 每日庫存作業

適用於當天自製品銷售的商品模式使用（例如爭鮮的握壽司）。

啟用設定

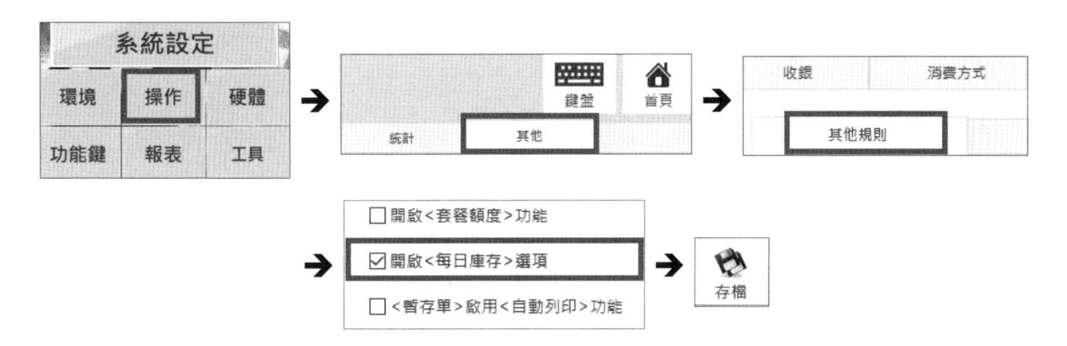

每日庫存作業流程：【A：DS-2 每日期初設定】➔【B：DS-1 今日庫存（檢視）】➔【C：DS-3 每日庫存統計】

Ⓐ 每日期初設定

步驟 1 設定當日庫存商品：

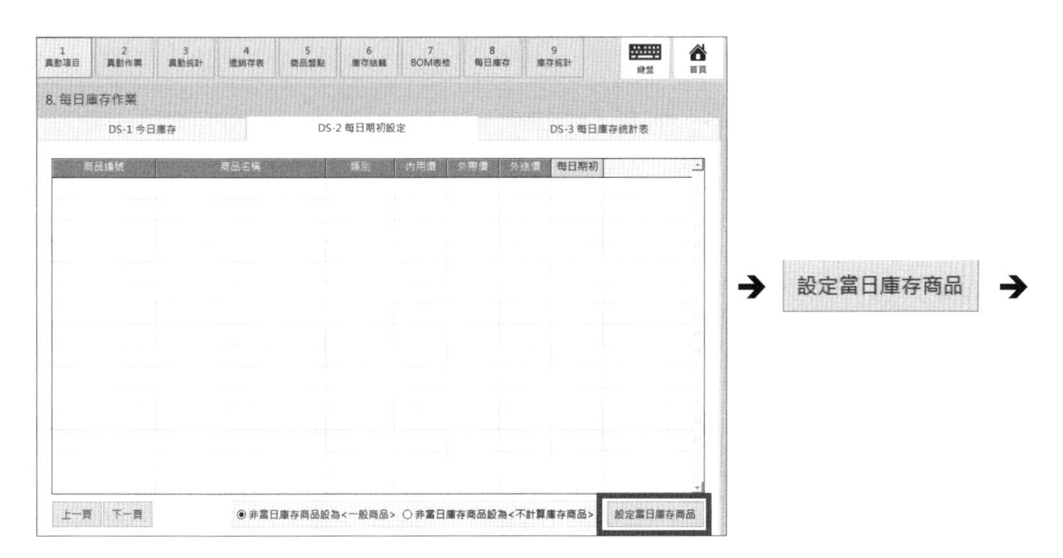

步驟 2 輸入【每日期初】數量：

商品編號	商品名稱	類別	內用價	外帶價	外送價	每日期初
A03	香腸蔬野三明治	鐵板三明治	55	55	55	20
A05	鮪魚蔬野三明治	鐵板三明治	55	55	55	40
A06	黑椒豬排三明治	鐵板三明治	60	60	60	0

步驟 3 設定商品性質：

○ 非當日庫存商品設為<一般商品> ◉ 非當日庫存商品設為<不計算庫存商品>

TIPS

【一般商品】：當天未銷售完的商品可以隔日再賣。

【不計算庫存商品】：當天未銷售完的商品報廢無法列入庫存。

Ⓑ 今日庫存

步驟 1 檢視＜每日庫存＞商品數量狀況：開啟 DS-1 今日庫存 表列

商品編號	商品名稱	今日期初	今日銷貨	今日進貨	今日異動	結餘庫存
A03	香腸蔬野三明治	20				20
A05	鮪魚蔬野三明治	40				40
A06	黑椒豬排三明治					

步驟 2 運用資料：匯出EXCEL 預覽 列印 EMAIL 格式

Ⓒ 每日庫存統計表

步驟 1 指定統計期間【今天，2021/08/23~2021/08/23】

請指定您要統計的期間(帳日)範圍：
今天 從 ‹ 2021/08/23 › 日曆 到 ‹ 2021/08/23 › 日曆

步驟 2 執行<每日庫存統計表>

步驟 3 運用資料：匯出EXCEL 預覽 列印 EMAIL 格式

6-4-9 庫存統計

資料列出提供檢視。

步驟 1 選取【類別】【廠商】【商品】範圍 ➔【無，全部】

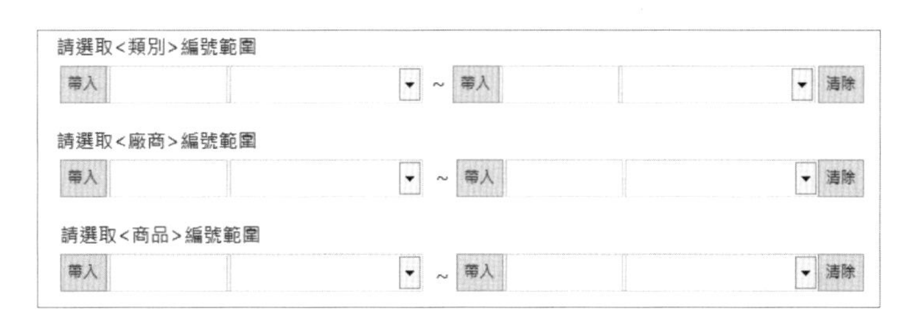

步驟 2 執行<安全存量表>

類別 B / 飲料類
所有廠商

IS1 安全存量表

分析執行於：2021/03/10 20點56分

統計結果列表 (1/4)　返回(保留)　結束(關閉)

序	貨號	品名	單位	規格	目前庫存	安全存量	主供應商
1	B001	旺仔牛奶			-4	0	-
2	B002	形動-海洋深層水			-2	0	-
3	B003	鮮剖純椰汁			0	20	A002-台灣百事食品股
4	B005	愛之味麥仔茶			-12	30	A002-台灣百事食品股

步驟 3 運用資料：匯出EXCEL 預覽 列印 EMAIL 格式

6-5 會員管理作業（顧客關係管理）

會員管理是建立顧客關係管理（CRM）很重要的一環。門市經營的可以利用會員管理培養和鞏固顧客的忠誠度，並藉由會員卡的使用頻率可判斷顧客的再來率與流失率。會員制度也可以使經營者取得明確且有效的市場調查訊息，並藉由這些訊息做出精準的促銷廣告活動，達到精準行銷提昇營業的實質效益。藉由會員制度可以使常客享有優惠的消費折扣，獲得加倍的尊榮消費感。

點按【基本作業】➔【會員】:

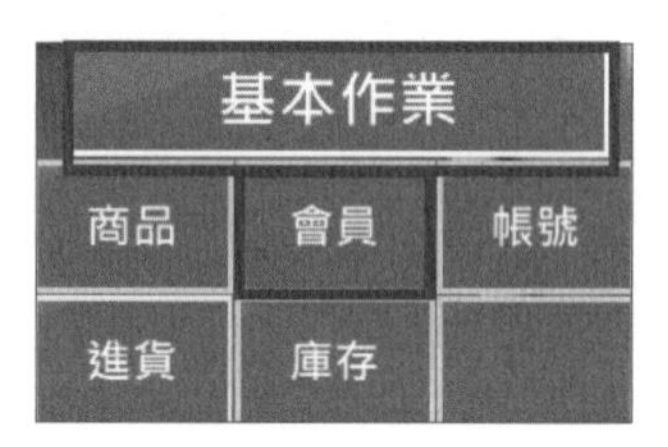

進入會員管理頁面，系統建立五大管理項目：

6-5-1 會員等級

步驟 1 建立（新增 OR 編輯）會員等級：編號 + 名稱

步驟 2 設定會員價方式【會員價】

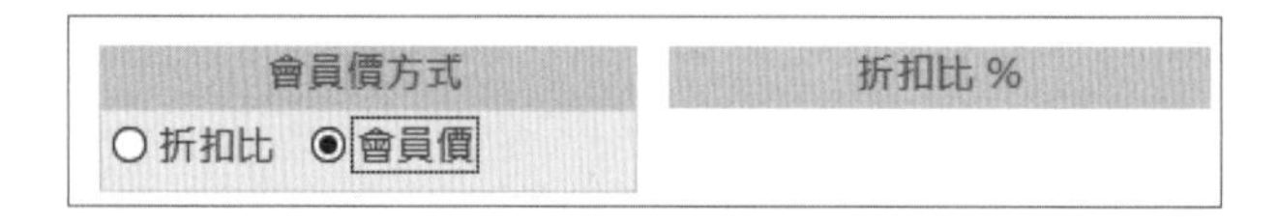

步驟 3 設定結帳方式【未提供交易記帳】

結帳方式

☐ 交易記帳

【交易記帳】功能適用於有記帳月結營業需求之業態使用。

步驟 4 設定當月生日禮【啟用】

當月生日禮

☑ 啟用生日來店贈禮提示

TIPS

勾選啟用，會員於生日當月來店消費時系統會提示 < 當月生日禮 > 活動。

步驟 5 設定結帳註記【觸發】

結帳註記

☑ 觸發結帳註記

TIPS

勾選【觸發結帳註記】功能將於 < 收銀結帳 > 會員交易時觸發此功能，並於 < 消費明細單 > 中列印出註記內容。

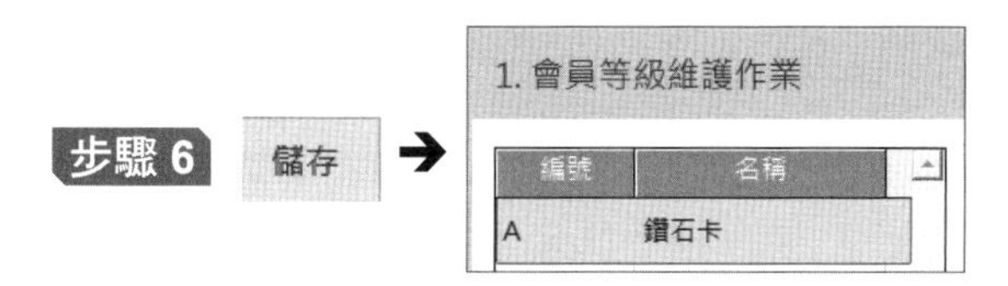

6-5-2 會員等級維護作業

主要資訊	聯絡資訊

Ⓐ 主要資訊

步驟 1 建立（新增 OR 編輯）會員等級：編號 + 名稱

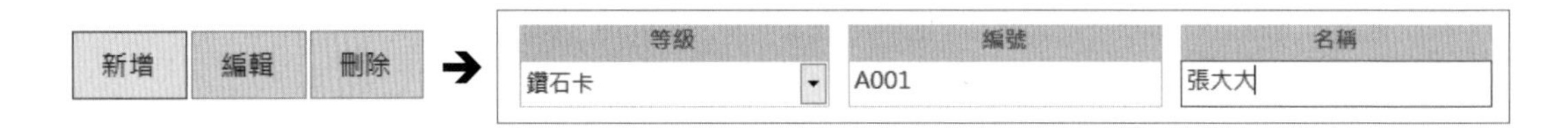

步驟 2 設定佣金方式【未記算佣金】

TIPS

使用此功能必須先至 < 系統設定 >< 環境 >< 基本 > 勾選啟用 < 會員佣金 > 模組後才有作用。

★設定使用請參照第 7-4 節之說明。

步驟 3 設定會員基本資料

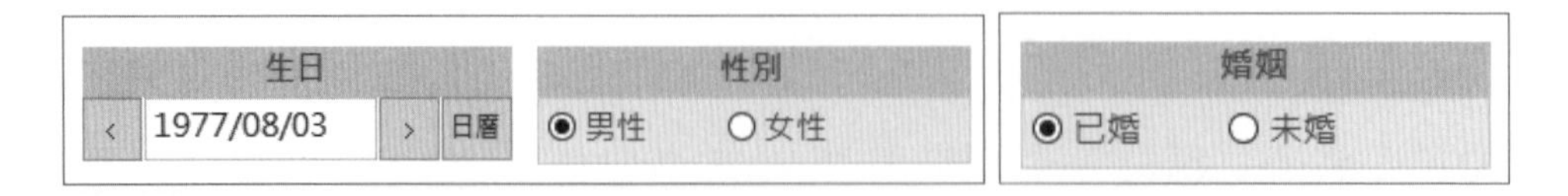

步驟 4 設定證號

證號
A0010001

步驟 5 設定公司資料

公司統編	公司抬頭
03768006	大進圖書有限公司

步驟 6 設定【彙開發票】

TIPS

勾選此功能會員於 < 收銀結帳 > 交易時將不會立即開立發票，待之後點選功能鍵的 < 彙開發票 > 後篩選彙集一起開立。

步驟 7 設定【會員客製條件】

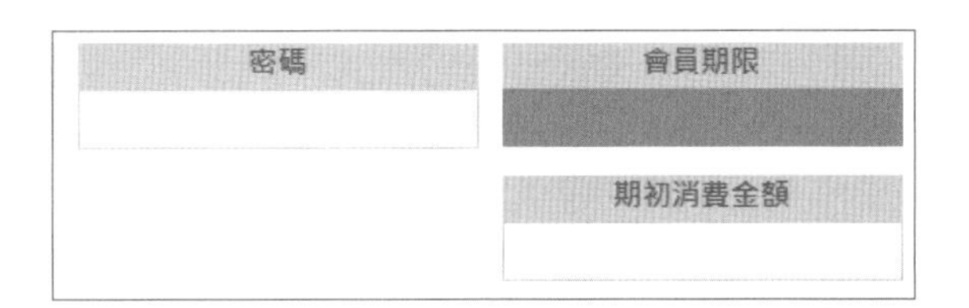

TIPS

< **會員密碼** >：輸入密碼後，會員於 < 收銀結帳 > 交易時使用 < 儲值卡 > 消費或 < 寄存取貨 > 時，系統會出現會員 < 驗證密碼 > 框供輸入密碼驗證執行作業。

步驟 8

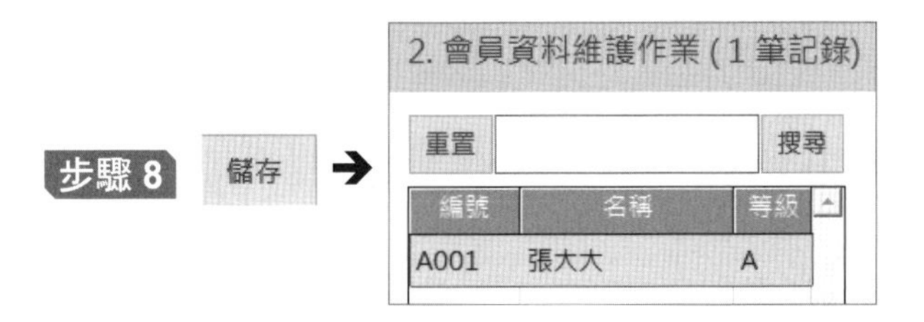

B 聯絡資訊

步驟 1 填入會員聯絡資訊等級：

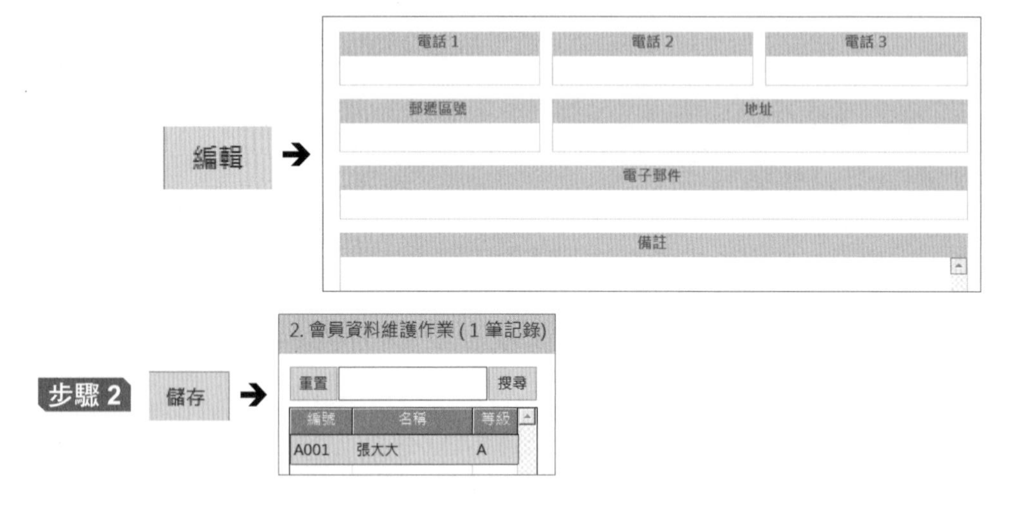

步驟 2 儲存

6-5-3 會員價

步驟 1 選定 < 會員等級 > :

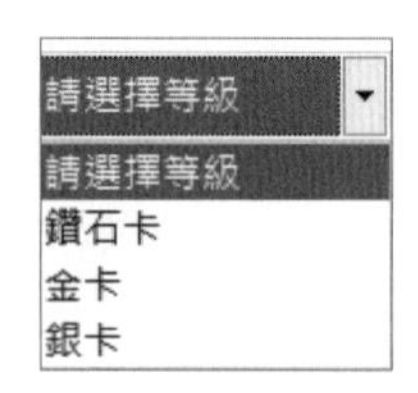

步驟 2 選擇 < 商品類別 > :

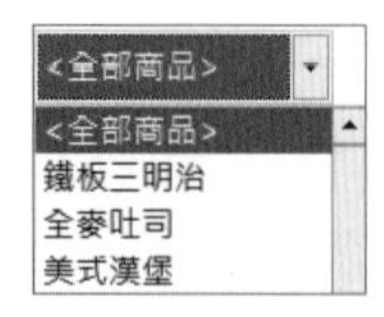

步驟 3 設定會員價：

方式一：逐一輸入：

商品編號	商品名稱	類別	內用價	外帶價	外送價	會員特價
A01	火腿蔬野三明治	A	45	45	45	43
A02	培根蔬野三明治	A	55	55	55	52
A03	香腸蔬野三明治	A	55	55	55	

方式二：批次修改：

6-5-4 記帳統計

4. 會員記帳統計作業
M1 記帳簡要表　M2 記帳明細表

Ⓐ 記帳簡要表 + Ⓑ 記帳明細表 操作步驟皆相同，僅差別於查詢對象。

步驟 1 指定統計期間【今天，2021/08/28~2021/08/28】

請指定您要統計的期間(帳日)範圍：
今天　從 2021/08/28 日曆 到 2021/08/28 日曆

步驟 2 指定統計銷售對象

Ⓐ 記帳簡要表【範圍】：

請指定您要統計的銷售對象範圍：
帶入 0001 呂浩瑜 ~ 帶入 0001 呂浩瑜 清除

Ⓐ 記帳明細表【單一】：

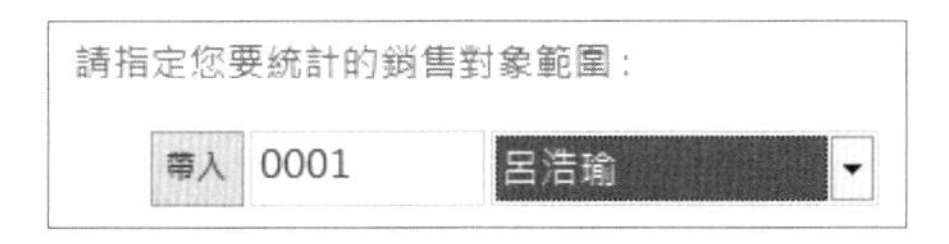

步驟 3 篩選帳款狀態

記帳簡要表：

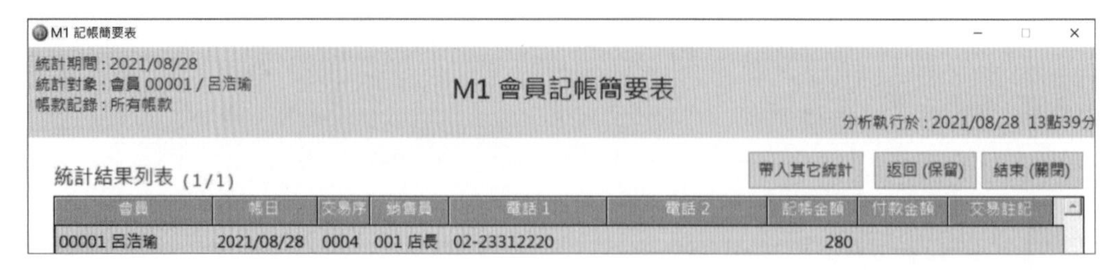
M1 記帳簡要表
統計期間：2021/08/28
統計對象：會員 00001 / 呂浩瑜
帳款記錄：所有帳款
M1 會員記帳簡要表
分析執行於：2021/08/28 13點39分
統計結果列表 (1/1)
帶入其它統計 返回 (保留) 結束 (關閉)

會員	帳日	交易序	銷售員	電話 1	電話 2	記帳金額	付款金額	交易註記
00001 呂浩瑜	2021/08/28	0004	001 店長	02-23312220		280		

記帳明細表：

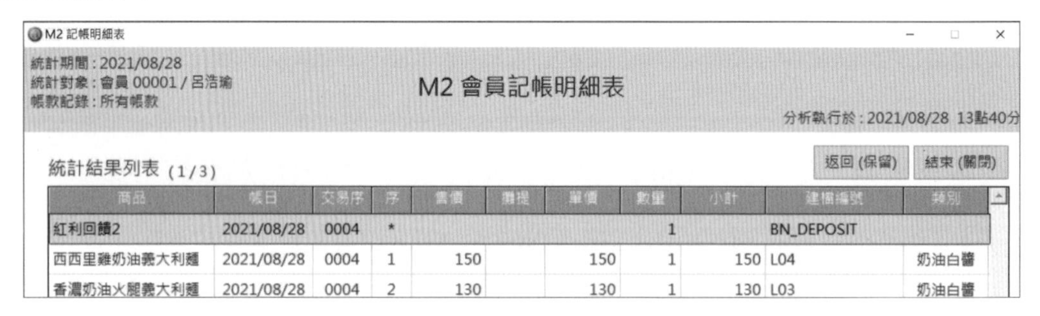
M2 記帳明細表
統計期間：2021/08/28
統計對象：會員 00001 / 呂浩瑜
帳款記錄：所有帳款
M2 會員記帳明細表
分析執行於：2021/08/28 13點40分
統計結果列表 (1/3)
返回 (保留) 結束 (關閉)

商品	帳日	交易序	序	售價	贈提	單價	數量	小計	建檔編號	類別
紅利回饋2	2021/08/28	0004	*				1		BN_DEPOSIT	
西西里雞奶油義大利麵	2021/08/28	0004	1	150		150	1	150	L04	奶油白醬
香濃奶油火腿義大利麵	2021/08/28	0004	2	130		130	1	130	L03	奶油白醬

步驟 4 運用資料： 匯出EXCEL 預覽 列印 EMAIL 格式

6-5-5 會員統計

5. 會員相關統計作業

M3 會員消費排行	M4 會員生日統計表	M5 會員消費日報表

Ⓐ 會員消費排行

步驟 1 指定統計期間【今天，2021/08/28~2021/08/28】

步驟 2 指定統計會員範圍：

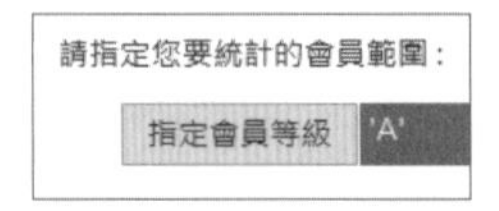

步驟 3 指定排序條件：

請指定排序條件：

○會員編號　○會員名稱　◉消費金額　0 筆資料

步驟 4 執行<會員消費排行表>

步驟 5 運用資料：　匯出EXCEL　預覽　列印　EMAIL　格式

Ⓑ 會員生日統計表

步驟 1 指定統計期間（月份）【8~8 月】：

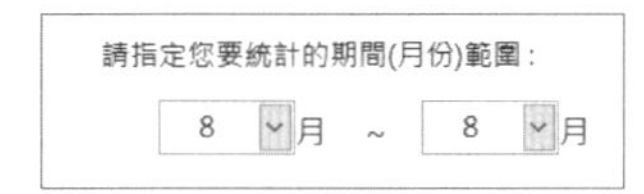

步驟 2 指定統計會員範圍：

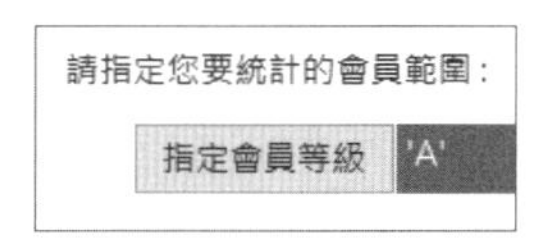

步驟 3 執行<會員生日統計表>

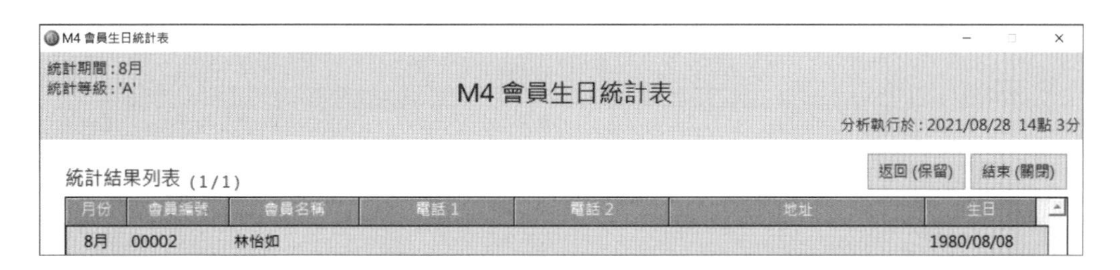

步驟 4 運用資料： 匯出EXCEL 預覽 列印 EMAIL 格式

Ⓒ 會員消費日報表

步驟 1 指定統計期間範圍：【本周，2021/08/23~2021/08/29】：

請指定您要統計的期間(帳日)範圍：

本周 ▾ 從 ‹ 2021/08/23 › 日曆 到 ‹ 2021/08/29 › 日曆

步驟 2 指定統計會員：

請指定您要統計的會員：

帶入 0001 呂浩瑜 ▾

步驟 3 執行<會員消費日報表>

M5 會員消費日報表

統計期間：2021/08/23~2021/08/29
統計對象：會員 00001 / 呂浩瑜

M5 會員消費日報表

分析執行於：2021/08/28 14點 7分

統計結果列表 (1 / 31)　　返回 (保留)　結束 (關閉)

消費日期	商品編號	商品名稱	消費數量	消費金額
2021/08/27	A03	香腸蔬野三明治		
2021/08/27	A06	黑椒豬排三明治	1	60
2021/08/27	A07	美式沙朗豬排三明治	2	120
2021/08/27	A08	嫩煎雞腿排三明治	1	65
2021/08/27	BN_DEPOSIT	紅利回饋1	2	
2021/08/27	T01	紅茶(I/H)	12	200
		<當日合計>	18	445
2021/08/28	A02	培根蔬野三明治	1	55

步驟 4 運用資料： 匯出EXCEL 預覽 列印 EMAIL 格式

智慧門市管理｜收銀大師 2 流通管理資訊系統

作　　者：楊潔芝 / 張谷光 / 呂育德
企劃編輯：郭季柔
文字編輯：江雅鈴
設計裝幀：張寶莉
發 行 人：廖文良

發 行 所：碁峰資訊股份有限公司
地　　址：台北市南港區三重路 66 號 7 樓之 6
電　　話：(02)2788-2408
傳　　真：(02)8192-4433
網　　站：www.gotop.com.tw
書　　號：AEI007700
版　　次：2022 年 12 月初版
建議售價：NT$390

國家圖書館出版品預行編目資料

智慧門市管理：收銀大師. 2 流通管理資訊系統 / 楊潔芝, 張谷光, 呂育德著. -- 初版. -- 臺北市：碁峰資訊, 2022.12
面； 公分
ISBN 978-626-324-353-8(平裝)
1.CST：管理資訊系統 2.CST：商店管理 3.CST：零售業
498.2029　　111017714

讀者服務

● 感謝您購買碁峰圖書，如果您對本書的內容或表達上有不清楚的地方或其他建議，請至碁峰網站：「聯絡我們」\「圖書問題」留下您所購買之書籍及問題。（請註明購買書籍之書號及書名，以及問題頁數，以便能儘快為您處理）
http://www.gotop.com.tw

● 售後服務僅限書籍本身內容，若是軟、硬體問題，請您直接與軟、硬體廠商聯絡。

● 若於購買書籍後發現有破損、缺頁、裝訂錯誤之問題，請直接將書寄回更換，並註明您的姓名、連絡電話及地址，將有專人與您連絡補寄商品。